全国中国特色社会主义政治经济学研究中心（福建师范大学）学者文库

# 生态文明视阈下的中国环境竞争力

## CHINA'S ENVIRONMENTAL COMPETITIVENESS FROM THE PERSPECTIVE OF ECOLOGICAL CIVILIZATION

叶　琪◎著

中国财经出版传媒集团
经济科学出版社
Economic Science Press

**图书在版编目（CIP）数据**

生态文明视阈下的中国环境竞争力/叶琪著. —北京：经济科学出版社，2020. 5

（全国中国特色社会主义政治经济学研究中心（福建师范大学）学者文库）

ISBN 978 -7 -5218 -1548 -1

Ⅰ. ①生… Ⅱ. ①叶… Ⅲ. ①环境经济 - 竞争力 - 研究 - 中国 Ⅳ. ①X196

中国版本图书馆 CIP 数据核字（2020）第 075536 号

责任编辑：孙丽丽 何 宁
责任校对：蒋子明
责任印制：李 鹏 范 艳

**生态文明视阈下的中国环境竞争力**

叶 琪 著

经济科学出版社出版、发行 新华书店经销

社址：北京市海淀区阜成路甲 28 号 邮编：100142

总编部电话：010 -88191217 发行部电话：010 -88191522

网址：www. esp. com. cn

电子邮箱：esp@ esp. com. cn

天猫网店：经济科学出版社旗舰店

网址：http：//jjkxcbs. tmall. com

北京季蜂印刷有限公司印装

710 × 1000 16 开 17. 5 印张 330000 字

2020 年 8 月第 1 版 2020 年 8 月第 1 次印刷

ISBN 978 -7 -5218 -1548 -1 定价：68. 00 元

# 总　序*

在2017年春暖花开之际，从北京传来喜讯，中共中央宣传部批准福建师范大学经济学院为重点支持建设的全国中国特色社会主义政治经济学研究中心。中心的主要任务是组织相关专家学者，坚持以马克思主义政治经济学基本原理为指导，深入分析中国经济和世界经济面临的新情况和新问题，深刻总结改革开放以来中国发展社会主义市场经济的实践经验，研究经济建设实践中所面临的重大理论和现实问题，为推动构建中国特色社会主义政治经济学理论体系提供学理基础，培养研究力量，为中央决策提供参考，更好地服务于经济社会发展大局。于是，全国中国特色社会主义政治经济学研究中心（福建师范大学）学者文库也就应运而生了。

中国特色社会主义政治经济学这一概念是习近平总书记在2015年12月21日中央经济工作会议上第一次提出的，随即传遍神州大地。恩格斯曾指出："一门科学提出的每一种新见解都包含这门科学的术语的革命。"[①] 中国特色社会主义政治经济学的产生标志着马克思主义政治经济学的发展进入了一个新阶段。我曾把马克思主义政治经济学150多年发展所经历的三个阶段分别称为1.0版、2.0版和3.0版。1.0版是马克思主义政治经济学的原生形态，是马克思在批判英国古典政治经济学的基础上创立的科学的政治经济学理论体系；2.0版是马克思主义政治经济学的次生形态，是列宁、斯大林等人对1.0版的

* 总序作者：李建平，福建师范大学原校长、全国中国特色社会主义政治经济学研究中心（福建师范大学）主任。

① 马克思：《资本论（第1卷）》，人民出版社2004年版，第32页。

坚持和发展；3.0 版的马克思主义政治经济学是当代中国马克思主义政治经济学，它发端于中华人民共和国成立后的20世纪50~70年代，形成于1978年党的十一届三中全会后开始的40年波澜壮阔的改革开放过程，特别是党的十八大后迈向新时代的雄伟进程。正如习近平所指出的："当代中国的伟大社会变革，不是简单套用马克思主义经典作家设想的模板，不是其他国家社会主义实践的再版，也不是国外现代化发展的翻版，不可能找到现成的教科书。"[①] 我国的马克思主义政治经济学"应该以我们正在做的事情为中心，从我国改革发展的实践中挖掘新材料、发现新问题、提出新观点，构建新理论。"[②] 中国特色社会主义政治经济学就是具有鲜明特色的当代中国马克思主义政治经济学。

中国特色社会主义政治经济学究竟包含哪些主要内容？近年来学术理论界进行了深入的研究，但看法并不完全一致。大体来说，包括以下12个方面：新中国完成社会主义革命、确定社会主义基本经济制度、推进社会主义经济建设的理论；社会主义初级阶段理论；社会主义本质理论；社会主义初级阶段基本经济制度理论；社会主义初级阶段分配制度理论；经济体制改革理论；社会主义市场经济理论；使市场在资源配置中起决定性作用和更好发挥政府作用的理论；新发展理念的理论；社会主义对外开放理论；经济全球化和人类命运共同体理论；坚持以人民为中心的根本立场和加强共产党对经济工作的集中统一领导的理论。对以上各种理论的探讨，将是本文库的主要任务。但是应该看到，中国特色社会主义政治经济学和其他事物一样，有一个产生和发展过程。所以，对中华人民共和国成立七十年来的经济发展史和马克思主义经济思想史的研究，也是本文库所关注的。从2011年开始，当代中国马克思主义经济学家的经济思想研究进入了我们的视野，宋涛、刘国光、卫兴华、张薰华、陈征、吴宣恭等老一辈经济学家，他们有坚定的信仰、不懈的追求、深厚的造诣、丰硕的研究成果，为中国特色社会主义政治经济学做出了不可磨灭的

---

① 李建平：《构建中国特色社会主义政治经济学的三个重要理论问题》，载于《福建日报（理论周刊）》2017年1月17日。

② 习近平：《在哲学社会科学工作座谈会上的讲话》，人民出版社2016年版，第21~22页。

贡献，他们的经济思想也是当代和留给后人的一份宝贵的精神财富，应予阐释发扬。

全国中国特色社会主义政治经济学研究中心（福建师范大学）的成长过程几乎和改革开放同步，经历了40年的风雨征程：福建师范大学政教系1979年开始招收第一批政治经济学研究生，标志着学科建设的正式起航。以后相继获得：政治经济学硕士学位授权点（1985年）、政治经济学博士学位授权点（1993年），政治经济学成为福建省“211工程”重点建设学科（1995年）、国家经济学人才培养基地（1998年，全国仅13所高校）、理论经济学博士后科研流动站（1999年）、经济思想史博士学位授权点（2003年）、理论经济学一级学科博士学位授权点（2005年）、全国中国特色社会主义政治经济学研究中心（2017年，全国仅七个中心）。在这期间，1994年政教系更名为经济法律学院，2003年经济法律学院一分为三，经济学院是其中之一。40载的沐雨栉风、筚路蓝缕，福建师范大学理论经济学经过几代人的艰苦拼搏，终于从无到有、从小到大、从弱到强，成为一个屹立东南、在全国有较大影响的学科，成就了一段传奇。人们试图破解其中成功的奥秘，也许能总结出许多条，但最关键的因素是，在40年的漫长岁月变迁中，我们不忘初心，始终如一地坚持马克思主义的正确方向，真正做到了咬定青山不放松，任尔东西南北风。因为我们深知，“在我国，不坚持以马克思主义为指导，哲学社会科学就会失去灵魂、迷失方向，最终也不能发挥应有作用。”① 在这里，我们要特别感谢中国人民大学经济学院等国内同行的长期关爱和大力支持！因此，必须旗帜鲜明地坚持以马克思主义为指导，使文库成为学习、研究、宣传、应用中国特色社会主义政治经济学的一个重要阵地，这就是文库的“灵魂”和“方向”，宗旨和依归！

是为序。

李建平

2019年3月11日

① 习近平：《在哲学社会科学工作座谈会上的讲话》，人民出版社2016年版，第9页。

# 序 言

人与自然关系是贯穿于人类经济社会发展进程的最基本的关系，从依附于自然的愚昧无知到逐步利用自然来改善生产生活条件，再到运用先进的科学技术创造满足人类生产生活的各种机器设备、物质产品和现代服务，人类在处理人与自然关系中推动了农业革命、工业革命和现代信息技术革命，不断颠覆和重塑着人类社会生产关系和经济社会组织结构，强化人、自然、经济社会构成的系统，也推动着人类文明从原始文明到农业文明再到工业文明的跨越。我国用改革开放以来短短的40多年时间基本完成了发达国家花费百余年走过的工业化、城镇化、全球化进程，但也遭遇了发达国家同样经历的资源能源不足和生态环境污染的“瓶颈”约束，如何在经济发展与环境保护中寻求新的平衡考验着中国经济社会发展的持续性和创新性。然而，中国作为发展中的社会主义国家不能完全效仿发达国家，过于依赖追求经济利润最大化的市场机制来引导市场主体的生态行为，不能寄希望于把高能耗、高排放、高污染产业向其他国家转移，不能不顾及补齐经济社会发展不平衡不充分的短板，而是要走一条适合中国国情、顺应民本民意、符合经济发展规律、造福全球环境改善的中国特色的经济发展与环境保护协调之路。

生态文明是工业文明发展到一定阶段的产物，是实现人与自然和谐共生的新要求。中共十八大以来，以习近平同志为核心的党中央高瞻远瞩，创造性地提出了关于生态文明建设的一系列新理念新思想新战略，开展一系列根本性、开创性、长远性工作，并在实践中取得了突出成就，从生态文明建设理念的提出到作为统筹推进“五位一体”

总体布局和协调推进“四个全面”战略布局的重要内容，再到上升为中华民族永续发展的根本大计，生态文明建设快速推进，生态文明理念日益深入人心，污染治理力度之大、制度出台频度之密、监管执法尺度之严、环境质量改善速度之快，推动我国生态环境保护发生历史性、转折性、全局性变化，正以平稳扎实的步伐走在从打赢污染防治攻坚战到美丽中国建设再到建设社会主义现代化美丽强国的中华民族伟大复兴征程中。我国已成为全球生态文明建设的重要参与者、贡献者、引领者，为世界生态文明建设贡献了中国经验和中国方案，携手全球人民共同打造绿色发展、清洁美丽的人类命运共同体。

竞争是世界经济发展永恒的主题，不同时代竞争的焦点各不相同，从争夺领土和资源的军事竞争到争夺市场与要素的经济竞争，再到争夺主导权和话语权的政治、经济、文化、科技等全方位、多层次的竞争，全球竞争的范畴愈加广泛，竞争的内容愈加深刻。在应对全球气候变化、自然资源锐减、能源存量不足、极端天气频发、生物多样性减少、石漠化荒漠化形势严峻等全球生态环境难题中，各个国家和地区展开了对资源能源、生存空间、承载空间的争夺，以及对减排责任划分、治理成本分摊、环境规则制定的地位的争取，环境竞争成为了全球竞争的焦点。生态环境既是一个国家或地区参与国际竞争的外在基础条件，也关系着一个国家或地区竞争的潜力和可持续性，因此，环境竞争力是一个国家和地区的基础力、承载力和持续力，以生态环境治理和保护为目标的体制改革、结构调整、产业转型、科技创新、社会进步等成为一个国家和地区竞争优势的重要源泉。

20 世纪 60 ~ 70 年代以来，随着全球生态意识觉醒和环境保护运动的开展，中国也积极参与全球环境治理，从联合国环境大会的参与者到主动融入全球环境治理体系、从碳排放大国到主动承诺减排推动国际环境合作、从可持续发展理念到绿色发展理念和生态文明思想向国际传递、从建设绿色“一带一路”到北京世界园艺博览会的生态文明成果展示，中国在全球环境竞争与合作中正逐步走向全球环境治理的中心。生态文明既是中国长期生态环境保护和治理实践基础上的理论创新，是不同于西方生态环境治理思路的中国治理逻辑，也是中国参与全球环境竞争的独特智慧和优势。在中国特色社会主义生态文明理念指导下，中国主动参与全球环境竞争，积极推动全球环境合作，努力维护生态安全，在不断超越资本逻辑主导下的全球环境治理中构建生态正义，持续提升中国综合竞争力水平。

本书立足于生态文明视阈来探讨中国环境竞争力问题，全面而系统地梳理了马克思主义生态思想、西方生态思想、中国古代、近代与现代生态思想的历史演变和特征，分别探讨其对提升中国环境竞争力的启示。对中西方生态思想进行比较，把握中西方国家在全球环境治理竞争中的态度、立场和行动差异的本质原因。深入探讨生态文明与环境竞争力的深刻内涵和相互促进、相互反馈、相互提升的作用机理，构建系统性理论框架，在此基础上构建环境竞争力评价指标体系，并根据数学模型和运用相关统计方法，对OECD、G20、金砖国家等具有代表性的43个发达国家和新兴发展中国家2010年和2017年的环境竞争力进行评价和比较，得出中国环境竞争力在全球所处的地位以及优劣势所在，把握提升中国环境竞争力的着力点。进一步从典型国家和地区提升环境竞争力的做法和特征中总结可供借鉴的经验与启示。随着中国特色社会主义进入了新时代，我国生态文明建设也迈上了新台阶，赋予了更大的机遇，也面临着更严峻的任务，中国环境竞争力提升步入了新阶段，要适应经济转向高质量发展、巩固污染防治攻坚战成果、面向社会主义现代化美丽强国建设的需要，构筑中国环境竞争力提升的动力体系，化解中国环境竞争力提升的内外矛盾，并形成理论层、目标层、作用层的整体提升思路，分阶段、分步骤地推进中国环境竞争力的稳步提升。

全球化是不可逆的趋势，竞争是全球化永恒的主题，只有融入全球环境治理体系，在竞争中合作，在合作中竞争，才能不断催生提升全球环境竞争力的动力。中国已经在全球环境竞争中走在了世界前列，中国的生态文明思想也在广泛实践中被反复证明不仅适用于中国，也适用于其他国家。在不断创新的生态文明理论与实践指引下，中国环境竞争力的提升将行之更快、行之更稳、行之更强、行之更远。

# 目录
CONTENTS

# 第一章

# 生态文明与环境竞争的兴起

人类文明发展的历史并不像其字面上给人以平静、包容、高雅的感觉，而是充斥着不同文明的竞争、斗争甚至是流血和暴力，千百年来，不同文化价值观在排斥、冲突、征服中又相互同化和融合，文明的类型也在彼此适应中相互交流、优胜劣汰中减少，形成了一些传递范围更广、能被更多人认可的文明形式。文明不是实体的物质，也不是财富的象征，没有好坏、对错之分，只有适应和认可之别，但是文明的冲突却远远比物质争夺的战争更加频繁和持久，导致的裂痕往往比战争更难以抚平，因为它首先支配人的理念和意识，而后才决定人的行动。文明的形成是千百年来历史文化的沉淀。时至今日，不同文明之间的冲突依然频繁，要形成人类统一的文明是难以实现的，但是不同的文明可以彼此借鉴、相互交流，“应该推动不同文明相互尊重、和谐共处，让文明交流互鉴成为增进各国人民友谊的桥梁、推动人类社会进步的动力、维护世界和平的纽带。”① 生态文明是中国千百年来文化积淀中孕育出的对生态环境问题的深刻认识，是对当前人类发展面临共同的生态环境难题的深邃思考，也是中国从人类生存和发展的高度凝练出的核心价值。当前，生态环境污染和资源能源不足已是全球面临的共同难题，必然会加大争夺生态环境资源和环境治理话语权的冲突，环境竞争已经植入了各国的政治、经济和社会发展进程中。适当合理的环境竞争有助于各国加快破解生态环境问题对经济增长造成的“瓶颈”和枷锁，生态文明可以形成环境竞争合理的约束，这是中国提升环境竞争力的核心基础所在，也是中国为全球环境竞争秩序形成做的努力和贡献。

---

① 习近平：《文明交流互鉴是推动人类文明进步和世界和平发展的重要动力》，载于《求是》2019年第9期。

## 第一节　人类步入生态文明时代

人类生存和发展的历史就是一部文明进化史，从有人类活动足迹开始，文明就孕育而生，最初的文明是简单朴素的，原始人对大自然的敬畏、顺从和简单活动的同时也在影响着周围的世界，在这段漫长的未被记载的历史中，虽然被称为是“野蛮”“未开化”的，但是却开创了一个不同于以往只有生命没有意识的时代，原始人为了生存开始利用简单的工具，甚至会对工具进行简单改进，自然界中出现了有意识、会思考的动物，文明开始萌芽。在适应自然和改造自然的进化中，人类的劳动能力和认知能力不断提升，物质财富和精神财富的积累，不断缔造出人类灿烂的历史文化。

“文明”一词在中国文献中最早出现在《易经·文言》中“见龙在田，天下文明”。这里的天为社会显达，田为平民乡野，意思是说有德识的人并不是高高在上，而是会深入社会基层，这有利于推动整个社会的发展和进步。唐代孔颖达在注疏《尚书》时，把文明解释为：“经天纬地曰文，照临四方曰明”“文明，离也；以止，艮也。用此文明之道，裁止于人，是人之文德之教。”可见，这种对文明的解释有庞大的时空气势，文囊括了天地，明涵盖了四方，文明就是万事万物的精华，古代文人对文明的解释表达了其宽广的人文情怀。西方的文明一词“civilization”来源于拉丁文“civics”，意思是“城邦居民”，指的是在城市中定居下来的人以及在城市中生存的能力，这是不同于野蛮社会和原始社会的一种新的社会发展形式。西方也会从狭义的角度来解释文明，即“culture”，更多是翻译为文化，文化是文明表现的具体形式，包括一个国家或社会的风俗、信仰、艺术、生活方式等。从文化的角度来理解的文明更多带有社会的性质。

从东西方对文明的解释来看，文明是在人类认识世界和改造世界过程中不断反思、总结和升华所凝结成的物质成果和精神文化成果的总和，是在特定历史时期适应社会生存和发展以及社会发展程度的价值展现，代表着某一时期社会发展进步的主流形态。现在，文明更多地用于描述社会进步的状态。对文明的理解可以从过程和结果两个角度来看，从文明发展的过程来看，美国人类学家摩尔根在长时间对印第安人部落进行考察后将人类历史划分为三个时期，即蒙昧时期、野蛮时期、文明时期。在他看来，阶级社会的产生，人类发明文字和能利用文字记载使人类进入文明时期；恩格斯在摩尔根对历史划分的基础上，进一步指出：“文明时代是社会发展的这样一个阶段，在这个阶段上，分工，由分工产生的个人之间的交换，以及把这两者结合起来的商品生产，得到了充分的发展，完全改变了先前的整个社会。”① 可见，文明的发展和积淀是从一个阶段向更高阶段发展的过程，反映了人类在追求更加美好生活所体现出的价值观和进取心。虽然摩尔根和恩格斯认为从阶级社会开始人类才进入文明时代，但是文明和文明时代是不同的，蒙昧和野蛮时期也有文明，只是当时是零星的、分散的、无记载的，当形成了一定规模，有了文字载体后，才进入文明时代。从文明发展的结果来看，文明是人类在自然行为和社会行为引导下逐步脱离野蛮状态过程中的累积，是人类发展到较高阶段形成的物质财富和精神财富的集合体，特别是在精神、文化和道德方面，包括价值观、语言、文字、信仰、宗教观念、法律、国家等因素。从古至今，由于文明因素在地域分布上各有差异，不同制度和不同发展阶段上人们追求的价值观不同，形成了西方文明、阿拉伯文明、东方文明等各不相同的文明形式。对文明的理解要把过程和结果统一起来，才能真正把握文明的实质和内核。

## 一、人类文明发展的进程

文明是伴随着经济社会发展的动态演进过程，随着人们对自然认识的深刻和改造自然能力的不断提升，经济社会发展经过了采集狩猎阶段、农业时代、工业化社会，正向信息化社会迈进，同时也缔造了灿烂的原始文明、农业文明、工业文明，并开始走向生态文明，开创了一个又一个辉煌的文明时代。

### （一）原始文明阶段——人类对自然的敬畏

原始社会存在至少有 200 万年的历史，原始文明也是人类文明进程中经历时间最长的文明。原始社会生产力水平极端低下，人们基本上只能依靠采集植物和捕猎动物来获得维持生存的基本物质保障。为了获得食物，原始人会使用一些简单的工具，如石器和骨器，并且学会了使用火，结束了饮血茹毛的野蛮时代，“摩擦生火第一次使人支配了一种自然力，从而最终把人和动物界分开”。② 由于生产力的落后，为了维持生存，原始人之间学会了合作，一起捕鱼狩猎，过着群居的生活，形成了以部落、社区等为特征的简单的生产关系。原始人居无定所，经常集体迁移，当一个地方的物质被消耗得差不多，他们就会集体迁往另一个物

① 《马克思恩格斯选集》（第 4 卷），人民出版社 1995 年版，第 174 页。
② 《马克思恩格斯选集》（第 3 卷），人民出版社 1995 年版，第 456 页。

质较为充沛的区域。原始人的精神意识也非常落后，他们无法解释风雨雷电、日月星辰、花鸟虫兽等自然现象，对自然充满了恐惧和敬畏，甚至将自然视为超乎一切力量的神的存在，如图腾崇拜。原始文明就是一种完全服从于自然、始终以自然为中心的文明形态，“自然界起初是作为一种完全异己的、有无限威力的和不可制服的力量与人们对立的，人们同自然界的关系完全像动物同自然界的关系一样，人们就像牲畜一样慑服于自然界，因而，这是对自然界的一种纯粹动物式的意识（自然宗教）。”[①] 可见，原始文明是人与自然之间最简单最纯朴的关系，是典型的自然中心主义。

### （二）农业文明阶段——人类对自然的利用

大约1万年前，人类进入了农业社会，这一阶段的生产力得到了较快发展，人类在长期的生存中逐渐发现了种子会发芽、猎物会生崽，依靠自然界获取物质的采集狩猎逐渐向种植和圈养的生产转变，有了稳定的食物来源，生产也开始出现了体力劳动和脑力劳动的分工，人们开始过上了定居的生活，村庄和城市开始出现，同时个体生产力的差异也开始出现了阶级分化。为了适应生产的需要，生产工具得到了极大的改进，畜力和水力的运用、青铜器和铁器的运用等大大提高了生产效率。生产力的发展也带来了文化艺术的繁荣，文字的发明使人类能够更好地交流和积累经验，人类的文明也可以得到记载和传播。从原始文明到农业文明，人与自然的关系也发生了极大的转变，从单纯敬畏自然开始转向利用和开发自然资源，由此也打破了自然界的平衡，造成了最初的生态破坏。过度开垦、肆意放牧以及世界范围内无休止的战争等都造成了土地资源的破坏，森林和植被被毁灭、肥沃的表土被冲走、暴雨造成洪水泛滥等，一些古文明至此衰落。美国学者弗·卡特和汤姆·戴尔在他们一起撰写的著作《表土和人类文明》中提道：“历史上曾经存在过的20多个文明，包括尼罗河谷、美索不达米亚平原、地中海地区、希腊、北非、意大利、西欧文明，以及印度河流域、中华文明、玛雅文明等，其中绝大多数地区文明的衰落，皆源于所赖以生存的自然资源遭到破坏，使生命失去支撑能力。”这部书还用了一句话勾勒出人类历史发展的轮廓：“文明人跨越过地球的表面，在他们的足迹所过之处留下一片荒漠。”[②] 恩格斯在批判农业时代对自然的破坏时也提道：“美索不达米亚、希腊、小亚细亚以及其他各地

---

① 《马克思恩格斯文集》（第1卷），人民出版社2009年版，第534页。

② ［美］卡特、汤姆·戴尔著，庄崚译：《表土和人类文明》，中国环境科学出版社1987年版，第3页。

的居民，为了得到耕地，毁灭了森林，但是他们做梦也想不到，这些地方今天竟因此而成为不毛之地，因为他们使这些地方失去了森林，也就失去了水分的积聚中心和贮藏库。"① 当然，我们虽然看到不尊重自然的农业生产破坏了自然环境，但是受当时生产力水平的限制，这种破坏还是比较有限的，没有从根本上破坏生态环境的平衡。

### （三）工业文明阶段——人类对自然的征服

18 世纪下半叶，蒸汽动力的使用广泛取代了人力引发了第一次工业革命，推动人类从农业文明时代跨入了工业文明时代，机器生产代替了手工劳动是生产力的巨大飞跃，也使生产效率以前所未有的速度提升。工业文明时代历经了三次工业革命，从蒸汽到电力，从简单的机械到自动化和智能化，科学技术的进步彻底地颠覆了人类传统的生产方式和生活方式，丰富的物质、不断细化的产业部门、快速更新的产品体系等超越了以往任何一个时代，以及由此带来的教育、医疗、卫生、文化等事业的繁荣，把人类的工业文明推向了顶峰。《共产党宣言》就形象地指出："自然力的征服，机器的采用，化学在工业和农业中的应用，轮船的行驶，铁路的通行，电报的使用，整个大陆的开垦，河川的通航，仿佛用法术从地下呼唤出来的大量人口，——过去哪一个世纪料想到在社会劳动里蕴藏有这样的生产力呢?"② 生产力的巨大发展也使人与自然的关系发生急剧的变化，一方面，人们开采和利用自然资源的能力得到强化，抵御自然灾害和社会风险的能力也有很大的提高，享受着征服自然带来的财富增加；另一方面，人类对自然界的伤害和破坏程度前所未有，资源的过度消耗、废弃物的肆意排放已远远超过了自然的承载力，水土流失、土地荒漠化、洪水泛滥、气候恶化、酸雨、温室效应、生物多样性锐减，等等，自然界在本身受到伤害的同时也对人类进行了报复，如频频爆发的自然灾害，各种疾病和危机的肆虐。阿尔温·托夫勒在《第三次浪潮》中指出："人类好像一夜之间突然发现自己正面临着史无前例的大量危机：人口危机、环境危机、粮食危机、能源危机、原料危机等，这场全球性危机程度之深、克服之难，对迄今为止指引人类文明史上进步的若干基本观念提出了挑战。"③ 工业文明是以人类对自然的掠夺为代价所换取的社会进步形态，这一

---

① 《马克思恩格斯选集》（第 4 卷），人民出版社 1995 年版，第 383 页。

② 《马克思恩格斯选集》（第 1 卷），人民出版社 1995 年版，第 277 页。

③ ［美］阿尔温·托夫勒著，朱志焱等译：《第三次浪潮》，生活·读书·新知三联书店 1984 年版，第 187 页。

时期人与自然的关系是以人为中心的。

### （四）生态文明阶段——人类对自然的敬重

对于原始文明、农业文明和工业文明，理论界和社科界都有比较一致的认识，而且普遍认为人类目前尚处于工业文明阶段。生态文明是由中国首先提出来的，作为一种新的文明形态理念，对于什么是生态文明以及怎样建设生态文明，不同国家和地区仍然存在着不同的看法和分歧。生态文明是工业文明发展到高级阶段后出现的文明形态，还是独立于工业文明的新的文明形态？是会从工业文明形态自然而然地过渡到生态文明形态，还是也像之前的农业文明和工业文明形成一样，需要通过“生态革命”来促成？这些目前尚无统一定论。就生态文明的内涵而言，有的学者认为，生态文明是人们改造客观世界过程同时克服负面影响，积极优化人与人、人与自然的关系，为构建优美的生态环境和良好有序的生态运行机制而形成的物质、精神、制度等方面的成果总和。[①] 也有学者认为，生态文明是自然界和社会表现出的人与自然以及人与人之间和谐共生、良性循环、协调发展、持续繁荣的文化伦理形态和价值理念，是人类遵循自然生态规律和社会经济规律形成的物质、精神和其他有益成果的总和而形成的总体文明。[②] 还有学者认为，生态文明是与野蛮文明相对立的，不野蛮对待和开发自然界，而是与自然界相互平等，友好相处。[③] 也有学者认为，生态文明是人们在尊重自然规律的基础上合理利用客观物质资料，不对自然界造成破坏和不良影响，而且还促进生态环境的改善和维护环境正义，由此形成的物质、精神和制度成果的总和。[④]

虽然生态文明的定义各有差异，但又都体现了其是不同于以往文明的新的文明形态，代表的是人与自然、人与人之间更加平等和谐共处，是人类在新的历史阶段和解决新的难题时不断思考形成的改造客观世界的物质成果、精神成果和制度成果的总和。发达国家以大量资源能源消耗和牺牲环境为代价的工业化严重破坏了生态系统的完整性和经济社会发展的可持续性，并且导致了气候变暖、生物多样性减少等生态危机。随着越来越多的发展中国家进入工业化阶段，经济发展与生态环境保护之间的矛盾日益突出，传统“先污染后治理”的工业化道路已难以为继，生态环境问题从局部性问题演变成全球性问题。曾经一度带来世界天翻

---

① 黄承梁：《生态文明简明知识读本》，中国环境科学出版社 2001 年版，第 4 页。

② 蔡守秋、敖安强：《生态文明建设对法治建设的影响》，载于《吉林大学社会科学学报》2011 年第 6 期。

③ 刘爱军：《以生态文明理念为指导完善我国的环境立法》，载于《法制与社会》2007 年第 6 期。

④ 王树义、周迪：《生态文明建设与环境法治》，载于《中国高校社会科学》2014 年第 2 期。

地覆变化的工业文明显得暗淡失色，如何突破传统工业文明的界限，为工业文明注入新的要素和价值，实现工业化与生态环境的协调成为人类文明发展进程中亟须突破的障碍。可以说，人类现在正处于经济利益与生态利益的协调中，开始从工业文明时代迈向生态文明时代。

20世纪60年代，面对着人口、粮食、资源、能源、环境与经济发展之间的日益突出的矛盾，人类开始从过度陶醉于工业文明中觉醒。1962年，美国海洋生物学家蕾切尔·卡逊出版了《寂静的春天》一书，该书较早地对工业文明提出了质疑，也引发了全世界对环境保护问题的关注和思考。1972年，由联合国主办的人类历史上第一次人类环境会议在瑞典首都斯德哥尔摩举行，会议通过了《人类环境宣言》，明确提出要开展环境保护，标志着全球环境治理的开端。此后，以国际公约为依据的全球环境保护合作和行动逐渐拓展，如生物多样性公约、联合国防治荒漠化公约等。但是一味地强调保护环境收效甚微，国际组织开始意识到必须把环境保护和发展经济结合起来，1992年，在巴西里约热内卢召开的环境与发展大会同样具有深刻的历史意义，此次会议提出了可持续发展战略，这是人类第一次把经济发展与环境保护结合起来，围绕"共同但有区别的责任"的原则，各国把减贫、环境保护、应对全球气候变化等与环境和可持续发展相关的问题纳入本国的经济社会发展之中。2002年，以"拯救地球、重在行动"为宗旨的可持续发展世界首脑会议在南非约翰内斯堡召开，此次会议把可持续发展的共识变成可行性的计划和方案，并在多个项目上确定了行动时间表，使全球有了共同的行动计划和指南。2012年联合国可持续发展大会"里约+20"峰会强化可持续发展的政治承诺，强调发展绿色经济、建立可持续发展的体制框架和行动措施。2015年9月，联合国召开了可持续发展首脑会议，通过了《2030年可持续发展议程》，并于2016年1月1日正式生效。2019年9月，联合国召开峰会，对2030年可持续发展议程和目标的实施进展情况进行全面审查。近年来，各国就应对全球气候变化、生态危机等问题展开了多场双边或多边的谈判磋商，把发展低碳经济、循环经济、绿色经济落实到具体实践中。各个国家在生态环境保护中的创新和行动是对突破工业文明时代束缚的不断尝试和突破，也打开了通往生态文明时代的通道。

早在农业社会和工业社会中，就已经有部分人意识到环境保护的重要性，并形成了一些零星的生态文明观点。经过最近半个多世纪以来人类对生态环境保护意识的不断加深和全球环境保护运动的开展，如今，生态环境保护的理念已广泛传播，生态环境问题被看作是关乎人类发展命运的重大问题，是增强经济社会发展动力的重要突破口。强大的思想意识、一系列的重要理论以及各种创新性的制度设计和安排凝结成了生态文明的重要成果，构成了对整个人类社会有重要影响的价值形态。当然，生态文明时代并不排斥和否定工业文明，发达国家的再工业化，发展中国家工业化进程意味着工业仍然是实体经济的主体，是经济持续增长的动力源泉，工业文明仍在不断被创造和积累。只是在生态文明时代，会通过科技创新推动传统工业转型升级和建立新兴的工业产业部门，走节约资源能源、减少污染排放、保护生态环境的工业化道路，同时实现经济利益、社会效益、生态利益的统一。

### （五）不同文明发展阶段的比较和特征

表1－1是对人类文明发展进程中四个不同发展阶段文明的比较，文明是随着科学技术和人类认知水平的提高而不断发展的，后一阶段的文明是建立在前一阶段文明的基础上，同时又融入了政治、经济、文化等新要素，总体呈现螺旋式上升的趋势。从单一到丰富、从简单到复杂、从落后到先进、从机械到灵活、从分散到系统、从原始文明到生态文明的演进过程其实就是一部人类自身的净化史，也是一部科技史和文化史，我们不得不承认人类在征服自然和改造自然过程中的伟大，我们也不能因为生态环境被破坏就完全否认文明的价值，也应看到原有文明被破坏的同时也为孕育新文明提供了空间。人类文明本身并没有过错，只是在缔造文明的过程中运用了不合适的手段和方式，或者超出了允许的范畴。生态文明是在发展到一定阶段后对人与自然的和谐的重新认识，体现人类对自然的尊重，但是这不是对原始文明的回归，而是在生产力更加发达，科学技术水平更高的阶段上的实现人与自然的重新平衡，符合发展的哲学逻辑。

**表1－1　人类文明发展进程中不同阶段的表现及特征**

| | 原始文明 | 农业文明 | 工业文明 | 生态文明 |
|---|---|---|---|---|
| 时间尺度 | 1万年以前 | 距今1万年 | 距今1800年 | 最近30年 |
| 空间尺度 | 个体或部落 | 流域或国家 | 国家或洲际 | 全球 |
| 哲学认知 | 全自我存在（求生繁衍） | 追求“是什么” | 追求“为什么” | 追求“将发生什么” |
| 人文特质 | 淳朴 | 勤勉 | 进取 | 协调 |
| 推进动力 | 主要靠本能 | 主要靠体能、物质获取为主 | 主要靠技能、能量获取为主 | 主要靠智能、信息获取为主 |

续表

| | 原始文明 | 农业文明 | 工业文明 | 生态文明 |
|---|---|---|---|---|
| 对自然态度 | 自然拜物主义 | 自然优势主义（靠天吃饭） | 人文优势主义（人定胜天） | 天人协同进化（天人和谐） |
| 经济水平 | 融入天然食物链 | 自给水平（衣食） | 富裕水平（效率） | 优化水平（平衡） |
| 经济特征 | 采食渔猎 | 简单再生产 | 复杂再生产 | 平衡再生产（理性、和谐、循环、再生、简约、废物资源化） |
| 系统识别 | 点状结构 | 线状结构 | 面状结构 | 网络结构 |
| 消费标志 | 满足个体延续需要 | 维持低水平的生存需求 | 维持高水平的透支需求 | 全面发展的可循环可再生需求 |
| 生产模式 | 从手到口 | 简单技术和工具 | 复杂技术与体系 | 绿色技术与体系 |
| 能源输入 | 人的肌肉 | 人、畜及简单自然动力 | 化石能源 | 绿色能源 |
| 环境影响 | 无污染 | 缓慢退化 | 全球性环境压力 | 资源节约、环境友好、生态平衡 |
| 社会形态 | 组织度低 | 等级明显 | 分工明显 | 公平正义、共建共享 |

资料来源：牛文元：《生态文明的理论内涵》，转引自陈宗兴旺主编：《生态文明建设（理论卷）》，学习出版社2014年版，第34～35页。

当然，我们也可以看到，人与自然关系是贯穿于人类文明发展的一条主线，像一条纽带把不同阶段的文明串联在一起。恩格斯曾说过："自由就在于根据对自然界的必然性的认识来支配我们自己和外部自然界；因此它必然是历史发展的产物。最初的、从动物界分离出来的人，在一切本质方面是和动物本身一样不自由的；但是文化上的每一个进步，都是迈向自由的一步。"① 可见，从人与自然关系的角度来理解人类文明的发展也有助于更好地认识和改造世界以获得人类发展更大的自由空间。在原始社会，原始人生产能力低下，对自然界的开发和利用能力十分有限，只能依赖自然界提供的工具和食物进行简单的生产和生活，对自然界的变化充满了恐惧和敬畏，生存的本能使原始人学会了采集和狩猎，同时也把对自然界的服从和敬畏转化为对自然的崇拜，从而形成了原始文明。恩格斯说过："在原始人看来，自然力是某种异己的、神秘的、超越一切的东西。在所有

① 《马克思恩格斯选集》（第3卷），人民出版社1995年版，第456页。

文明民族所经历的一定阶段上，他们用人格化的方法来同化自然力。正是这种人格化的欲望，到处创造了许多神。”①

随着人类生产工具的改进，农业生产能力的提升，人类开始进入了农业社会，在农业社会里，人们不仅逐步意识到自然变化的规律，并且也开始利用生产工具改造自然，但由于生产力还比较落后，农业生产主要还受制于自然的变化，“靠天吃饭”，农业文明对自然是敬畏的，也是尊重的，对农业生产中出现的滥伐、滥采、滥捕、滥杀等现象持否定和批判的态度。工业革命使人类由传统农业社会进入现代工业社会，大规模广泛使用机器，迅猛发展的科学技术，快速推动社会生产力水平提高，产业部门替代和更新层出不穷，大规模的资源开发利用和快速化的生产产生了工业文明快速前进的加速度，人与自然的关系也随之发生了根本性的逆转。工业文明中，人们对自然不再是顺从和膜拜，而是利用科学技术积极地进行控制和改造，人类在利用和征服自然中取得了空前的胜利，正如马克思所说的：“与这个社会阶段相比，以前的一切社会阶段都只表现为人类的地方性发展和对自然的崇拜。只有在资本主义制度下自然界才不过是人的对象，不过是有用物”。② 工业化是一把双刃剑，在推动社会生产力快速发展的同时也破坏了人与自然的和谐，特别是对经济利益的过度追求，对自然资源的过度开采和向环境的肆意排放破坏和污染了生态环境，一系列环境危机事件接踵而来。环境危机的频发考验着工业文明的持续性，也使人们不得不重新反思人与自然的关系，在经济利益与生态利益之间重新寻求平衡。于是，人们又从对自然的妄意支配转向敬畏和尊重自然，在探寻可持续发展道路中推动生态文明建设。生态文明时代人与自然关系并不是简单地回归到工业化之前的形态，而是在生产力高度发达的基础上，既顺应自然发展规律，又能对自然界进行合理的改造和修复，使人与自然之间和谐相处，相互促进。

可见，从原始文明到农业文明、工业文明再到生态文明，人与自然关系是贯穿于其中的最基础、最根本的关系，人类在不断调整人与自然的关系中推动文明的积淀和进步，当然，人类处理人与自然关系的能力也决定着文明的层次和水平。

## 二、生态文明的内涵和特征

生态文明以尊重和保护生态环境为出发点，强调人与自然、人与人以及经济

① 《马克思恩格斯全集》（第20卷），人民出版社1971年版，第672页。

② 《马克思恩格斯全集》（第46卷上），人民出版社1979年版，第393页。

社会与环境的协调共融，最终目标就是要实现人的全面可持续发展和进步。生态文明对未来人类生产生活方式制定了新的规则、提出了新的要求，明确了农业、工业等产业发展遵循的原则和方向，这是人类千百年来认识世界和改造世界中取得的丰硕的物质成果和精神成果的结合体，也是人类发展到更高阶段后向人与自然最本纯关系的回归，又是进一步探索人与自然相处模式的出发点。

### （一）生态文明的内涵

从字面上来看，生态文明是建立在生态基础上，以生态为核心要义的文明。生态（eco－）一词源于古希腊字，意思是指家（house）或者我们的环境。简单地解释而言，生态就是指一切生物的生存状态，以及在生存和发展中所表现出的内在的相互关系。① 发展至今，生态的概念已经远远超过了原有的范畴，不仅与自然环境有关，而且已经拓展到政治、经济、文化、社会等各个领域。“‘生态’一词对人类的应用已超出了生物学的专有领域，因为（我们将看到）人类与其环境之间的关系被超出其科学范围研究的社会和技术因素所中介。”② 生态的概念已经扩展到一个系统化范畴，在此基础上凝结而成的生态文明也带上了丰富的内涵，要理解生态文明在人类文明史上的创新开拓和时代价值，首先要把握生态文明的内涵，对于什么是生态文明，不同的学者从不同角度出发提出了不同的定义，梳理起来，主要有三种：

一是从动态发展的角度，着眼于文明发展的历史进程来阐释生态文明。俞可平③、王治河④等称之为继工业文明之后的“后工业文明”；马拥军认为生态文明是在农业文明、工业文明之后的行将到来的第三种文明；⑤ 春雨更是将生态文明看作是人类文明史上的一个新里程碑⑥。确切而言，这一动态的分析视角只是对生态文明的地位进行了界定，明确生态文明所处的阶段以及同现有人类文明的关系，并没有对生态文明的具体内容进行阐释。

二是从静态的角度，着眼于生态文明本身的构成要素和内容来定义。俞可平认为生态文明是指在保护自然环境和生态安全中形成的意识、法律、制度和政

---

① 徐小跃：《生态文明建设中的儒道哲学智慧》，载于《福建论坛》2011 年第 3 期。

② 乔纳森·休斯著，张晓琼、侯晓滨译：《生态与历史唯物主义》，江苏人民出版社 2011 年版，第 10 页。

③ 俞可平：《科学发展观与生态文明》，载于《马克思主义与现实》2005 年第 4 期。

④ 王治河：《中国和谐主义与后现代生态文明的建构》，载于《马克思主义与现实》2007 年第 6 期。

⑤ 马拥军：《生态文明：马克思主义理论建设的新起点》，载于《理论视野》2007 年第 12 期。

⑥ 春雨：《跨入生态文明新时代——关于生态文明建设若干问题的探讨》，载于《光明日报》2008 年 7 月 17 日。

策，以及为了维护生态平衡和可持续发展不断推动和完善的科学技术、组织机构和实际行动。[①] 陈寿朋认为生态文明可进一步细分为法律、制度、管理、产业等方面，主要划分为生态意识文明、生态制度文明和生态行为文明三个方面。[②] 杨国昕将生态文明视为人类在改善和优化人与自然关系中，在建立有序的生态运行机制和良好环境中，从物质、精神和制度方面总结出来的成果。[③] 可见，生态文明建设并不是孤立的，需要政治、经济、文化等方面为其提供重要基础和支撑，这些要素构成的生态文明建设的总体框架便是生态文明的主要内容，生态文明建设中获得的物质、精神、制度等方面成果就是生态文明进步的标识。

三是从生态系统的角度，着眼于生态系统的完整性和统一性。生态系统是由人、自然、社会构成的相互关联、相互作用的统一体，生态文明是对系统中各要素相互关系协调优化的具体描述。刘湘溶认为生态文明是追求经济、社会、生态的进步的人类与自然协同进化、经济社会与生物圈协同进化的文明。[④] 薛惠锋指出，生态文明是人类遵循人、自然、社会和谐发展的客观规律而不断形成的物质成果和精神成果的总结，是以文化伦理形态表现出的人与自然、人与人、人与社会和谐共生、良性循环、全面发展、持续繁荣的态势。[⑤] 廖才茂也指出，生态文明的本质要求是着眼于人与自然和人与人双重和谐目标的实现，进而推动形成社会、经济与自然的可持续发展及人的自由全面发展的格局。[⑥] 这种观点认为生态文明是系统性的文明，必须适应自然界生态变化的规律全方面提升各个要素的能力水平，把人、自然、社会的利益统一起来，人与自然的和谐相处以及经济社会的持续发展是其最本质的要义。

此外，也有学者对生态文明的含义分别从广义和狭义两个角度进行阐述，既从广义空间上把生态文明看作是人类发展的一个阶段性的文明，又从静态的角度把生态文明视为是人类文明发展的一种结果和形态，力求将生态文明的含义阐述得更加全面和完整。如赖章盛[⑦]提出生态文明的概念可以分为广义上的社会形态

---

① 俞可平：《科学发展观与生态文明》，转引自薛晓源、李惠斌主编：《生态文明研究前沿报告》，华东师范大学出版社 2007 年版，第 18 页。

② 陈寿朋：《浅析生态文明的基本内涵》，载于《人民日报》2008 年 1 月 8 日。

③ 杨国昕：《生态文明应与物质、政治、精神文明并重——经济发展的视角》，载于《中共福建省委党校学报》2003 年第 9 期。

④ 刘湘溶：《生态文明论》，湖南教育出版社 1999 年版，第 45 页。

⑤ 薛惠锋：《生态文明：中国环境与发展战略的抉择》，中国人大网，http：//www. npc. gov. cn/npc/xinwen/rdlt/sd/2008 - 07/11/content_1437523. html。

⑥ 廖才茂：《生态文明的内涵与理论依据》，载于《中共浙江省委党校学报》2004 年第 6 期。

⑦ 赖章盛：《关于生态文明社会形态的哲学思考》，载于《云南民族大学学报》2009 年第 9 期。

和狭义上的社会文明；高吉喜[①]认为生态文明从广义上来看是人类文明发展的一个新的阶段，囊括了整个社会的各个方面，从狭义上来看，生态文明是相对于物质文明和精神文明而言的；赵建军[②]、周光迅[③]等既从文明的发展过程来解释，也从生态文明内在构成角度来阐述。

无论从哪个角度来解释生态文明，总体上，生态文明体现出“生态性”和“文明性”两大特征。“生态性”突出了生态文明的载体是人、自然、环境、社会共同形成的生态系统，相互之间存在着物质和能量交换的特有渠道和规律。“文明性”从物和人两个方面反映了社会的进步，一方面是在生态环境保护中形成了一系列创新性的法律、制度等物质成果；另一方面是在人们生态环境保护意识的增强和行动上的自觉性凝结而成的生态道德和生态文化。生态文明就是以生态系统为载体而取得的一系列物质成果、精神成果、制度成果的总和，反映了人类社会的进步。当然，生态文明又是一个动态变化的概念，伴随科学技术进步和社会发展，人们认识能力不断提高，生态文明内涵和外延也不断拓展，同时，在不同的国家和地区，经济发展所处的阶段不同，保护生态环境的认识和行动上会有差异，生态文明也会呈现出地域性的差别。

### （二）生态文明的特征

同人类文明发展的历史一样，生态文明既呈现了人类在生态环境保护历程中的不懈努力、创新和超越，又是人类文明发展到一定阶段的产物。生态文明作为生态系统演化与人类文明发展的结合体，主要表现为以下特征：

**1. 生态文明是人类文明发展中必然经过的阶段**

人类文明发展中始终交织着人与自然的关系，从原始文明的崇拜自然到农业文明的依赖自然，再到工业文明的征服自然，人类在与自然界的互动中认识自然、利用自然，同时也对自然进行反馈，产生有利和不利的影响。特别是工业化社会以来，对大自然无节制的干预改造和掠夺榨取，创造巨大物质财富的同时也造成了全球资源短缺、生态破坏和环境污染，人类在享受着工业文明带来的巨大好处的同时也加深人与自然之间的矛盾，工业文明本身无法解决这一问题，用工业文明的思维来解决环境问题只会使人与自然之间的矛盾越陷越深。生态环境恶

---

① 高吉喜等：《世纪生态发展战略》，贵州科技出版社 2000 年版，第 75 页。

② 赵建军：《建设生态文明是时代的要求》，载于《光明日报》2007 年 8 月 7 日。

③ 周光迅、武群堂：《新世纪全球性“生态危机”的加剧与生态文明建设》，载于《自然辩证法研究》2008 年第 9 期。

化不仅使全球经济增长陷入困境，更是阻止了人类文明的进步。虽然我们无法预测不加约束地任由生态环境恶化将会导致怎样的灾难性结果，但是可以预测到的是必定会导致人类在生态环境下更加的不公平，进而导致为争夺生态资源而爆发战争和掠夺，造成人类文明的退步。历史总是向前发展，在发展的进程中必然会伴随着出现新的文明形态，生态文明便是这种新的文明形态，它的出现不是偶然的，而是遵循着历史发展规律必然出现的结果。生态文明跳出了工业文明的框架，从人与自然和谐共处的角度重新审视人类的可持续发展，通过工业化、生态化的相互融合实现对传统文明形态的超越，开启新的文明发展的征程。生态文明为人类文明进步打开了新的突破口，是在重建人与自然关系中实现自身发展的超越，因此，生态文明是人类文明发展中必然出现又不可逾越的阶段。

**2. 生态文明是整体性的文明**

生态文明并不是孤立的，它强调的是一个全世界范围内的、系统性的文明。人类是命运共同体，生态环境保护是全世界面临的共同挑战和责任，保护生态环境、应对气候变化需要世界各国同舟共济、共同努力，任何一国都无法置身事外、独善其身。[①] 生态环境破坏问题具有蔓延性和广泛联系性的特征，如气候变化、海洋污染等生态环境问题都不是局部性问题，而是大范围普遍出现的影响。因此，生态环境问题的解决必须实行跨区域、跨国界的合作，才能彻底解决环境污染的转移。所以，生态文明是无国界的人类共有文明，无论国家的大小差别、贫富差距，都无法隔断彼此间的生态联系。生态系统是一个统一的整体，人、自然、社会各部分之间的联系是有机的、内在的、动态发展的，生态环境治理不能“头痛医头、脚痛医脚”，而是要寻根溯源，把生态系统相互联系的各个部分统一起来协调处理，才能从根本上解决问题。因此，生态文明强调生态系统各个环节的有效衔接和彼此优化，是生态环境改善成效的整体性呈现，是系统性的文明。

**3. 生态文明是综合性的文明**

生态文明虽然是人类文明发展到一定阶段后才得以认识和发展的，但是却和农业文明、工业文明紧密联系在一起。一方面，人们在长期的农业生产、工业生产中不断改变着人与自然的关系，也萌生了生态环境保护意识，形成了零星的、朴素的生态观。生态文明指引着我国农业和工业转型升级的方向，推动我国农业和工业生产的技术进步和生产方式的绿色转型；另一方面，农业和工业的现代化发展也为生态文明建设提供了物质基础。此外，人类追求更高层次的物质享受、精神享受和政治享受需要以良好的生态条件为依托，生态文明可以为物质文明、

① 习近平：《推动我国生态文明建设迈上新台阶》，载于《求是》2019 年第 3 期。

精神文明和政治文明的发展提供更加安全、稳定的生态环境，可以说，生态文明是物质、精神、政治等多重文明进步的责任担当，也是多重文明成果的集中表现。习近平总书记提出“绿色青山就是金山银山”蕴含着良好的生态资源、生态环境可以转化为物质利益，推动经济增长，生态文明与农业文明、工业文明本质上是一致的。“保护生态环境就是保护生产力，改善环境就是发展生产力”也充分体现了生态文明担当着推动整个人类社会进步的生产力的重要作用。

**4. 生态文明是包容性的文明**

“各种人类文明在价值上是平等的，都各有千秋，也各有不足。”[①] 文明是平等的，没有高低、优劣之分。生态文明是一种公平正义性的文明，最终的目标就是要实现人的发展，其包容性体现在三个方面：一是不同国家和地区文明的包容，不同国家发展阶段和发展程度各有差异，不管文化差异还是种族冲突，在生态文明面前都是平等的。实现可持续发展是人类共同的目标，各个国家平等地参与生态环境建设，公平地享受自然环境改善的好处。“历史告诉我们，只有交流互鉴，一种文明才能充满生命力。只要秉持包容精神，就不存在什么‘文明冲突’，就可以实现文明和谐。”[②] 二是人与自然之间的包容，人与自然的和谐是相互作用基础上的和谐，合理界定人与自然之间的关系尺度，一方面维护生态系统的平衡和稳定，另一方面在可修复、可承载的范围内满足人类生存和发展的需求，人与自然之间共融共生，相互促进。三是代际包容，生态文明是人类永续发展的文明形态，要同时兼顾当代人以及后代人持续发展的需要，特别是为子孙后代营造一个不断改善、日渐美好的生态环境和社会环境。因此，生态文明不仅会增加当代人的整体社会福利，而且会增加人类的长远利益，生态文明会随着生态环境的改善和经济社会的进步在代际传承中不断发展和提升。

**5. 生态文明是能动性的文明**

生态文明是人类文明发展到一定阶段后呈现出的新的文明形态，在社会的广泛宣传和传导可以极大提升广大人民的生态环境保护意识，形成普遍的社会价值观和道德观。精神的力量会反作用于人们的行动，引导广大人民形成生态环境保护的自觉行为，生态文明还会引导社会追求有利于生态环境保护的生产和生活方式，激发社会的积极性和创造性。为解决资源能源不足开展资源能源节约技术的创新，提升资源能源的使用效率，积极开发新能源、清洁能源取代化石能源的消耗。积极探索循环技术、低碳技术等在生产中的运用，实现低投入、低消耗、低

---

①② 习近平：《文明交流互鉴是推动人类文明进步和世界和平发展的重要动力》，载于《求是》2019年第9期。

排放和物质循环利用，“在当今社会中，人文关怀与生态关怀的社会责任已成为整个社会共同的行为规范，成为生产者进入市场的基本条件”“传统的市场经济正被促进社会和谐与环境保护的生态市场经济所取代。”① 生态文明还会引导社会建立起有效约束人们行为和缓解经济与环境矛盾的制度安排，通过改革破除束缚经济发展的体制机制，极大地解放社会生产力，“有效解决了环境决定人还是人决定环境的悖论难题，使生态治理策略更加务实、理性。”② 在未来的国际竞争中，生态文明也必将是一个国家软实力的重要组成部分，是参与国际竞争的重要筹码。

## 三、生态文明是中国对世界的理论贡献与经验贡献

1987 年 6 月，我国生态农业科学家叶谦吉在全国生态农业研讨会上呼吁“大力提倡生态文明建设”以应对生态环境趋于恶化的趋势，这是我国甚至是全世界最早使用“生态文明”这一提法。2003 年，《中共中央国务院关于加快林业发展的决定》中提到“加快建设山川秀美的生态文明社会”，这是“生态文明”第一次写入党中央和国务院的正式文件。中共十七大报告第一次提出了生态文明的概念和明确“建设生态文明”，我国生态文明建设开始驶入了“快车道”，在理论和实践上进行了一系列创新性探索，对“为什么要建设社会主义生态文明、建设什么样的社会主义生态文明、如何建设社会主义生态文明”等从理论和实践上进行了深刻解答，形成了中国特色社会主义生态文明建设的理论和实践经验。

中共十八大以来，我国对生态文明建设进行总体部署，系统性地推进了一系列战略的实施，生态文明建设被纳入“五位一体”总体布局和“四个全面”战略布局，制定了生态文明体制改革的总体方案，形成了生态文明建设的顶层设计。先后颁布了大气、水、土壤等污染防治计划行动，中国生态文明建设写入宪法，为生态文明建设构建了最严格、最严密的法治。绿色发展成为五大发展理念之一，成为将其他发展理念串联在一起的最基础的底色。中共十九大以来，生态文明建设被提升到更高的层面，建设生态文明成为中华民族永续发展的千年大计和根本大计，我们要建设的现代化是人与自然和谐共生的现代化，美丽也成为建设社会主义现代化强国的目标。同时我国社会主要矛盾发生了转变，人们日益增

① 杨文进：《生态文明的经济学内涵》，载于《学习与探索》2017 年第 3 期。

② 卓成霞、郭彩琴：《“高度的生态文明”：理论内涵、现实挑战与实现路径》，载于《南京社会科学》2018 年第 12 期。

长的美好生活需要涵盖了对美好生态环境的需要。在 2018 年全国生态环境保护大会上，我国明确了生态文明建设正处于压力叠加、负重前行的关键期，已进入提供更多优质生态产品以满足人民日益增长的优美生态环境需要的攻坚期，也到了有条件有能力解决生态环境突出问题的窗口期，这是对我国生态文明建设规律的科学把握和所处时期的重大判断，体现了我国生态文明建设既立足现实，又注重创新。中国在短短的时间内就从理论和实践上对生态文明建设作出了重大的创新，走出了一条既高效、又富有成效的中国特色生态文明建设道路。

中国生态文明实践也得到了国际社会的广泛认可：我国“三北”防护林工程被联合国环境规划署确立为全球沙漠“生态经济示范区”，把荒漠变林海的塞罕坝林场建设者、浙江省“千村示范、万村整治”工程（“千万工程”）先后荣获联合国环保最高荣誉“地球卫士奖”。联合国规划署执行主任埃里克·索尔海姆称赞中国在生态文明建设中实践的“绿水青山就是金山银山理念”是人类共同的生态文明理念。[①] 中国生态文明建设不仅推动了中国文明发展的进程，而且为全球生态文明建设提供了经验。《中国库布其生态财富创造模式和成果报告》在 2015 年巴黎气候大会上向世界公布中国治沙的成功经验；2016 年，联合国环境规划署发布了《绿水青山就是金山银山：中国生态文明战略与行动》报告，“绿水青山就是金山银山”成为可供世界借鉴的普遍经验和理念；中国积极推动绿色“一带一路”建设，推动应对气候变化的“南南合作”；2019 年北京世界园艺博览会，中国向世界展示了中国生态文明建设和促进人与自然和谐共生的成果，为其他发展中国家在园林设计、绿色发展、生态农业等方面提供经验。

中国在新时代发展的征程中继续进行生态文明建设的探索和实践，朝着“美丽中国”的奋斗目标，中国将不断向世界展示天更蓝、山更绿、水更清的美丽画卷，而且中国也会担当着全球生态文明建设的责任，“继续在全球生态文明建设中发挥重要参与者、贡献者、引领者作用。”[②]

## 第二节 环境竞争的兴起与发展

人类步入了工业化时代后，开始了对环境的大规模开发利用，为节约成本，

---

① 周宏春：《中国生态文明建设发展进程》，载于《天津日报》2018 年 11 月 12 日。

② 习近平：《决胜全面建成小康社会夺取新时代中国特色社会主义伟大胜利——在中国共产党第十九次全国代表大会上的报告》，人民出版社 2017 年版，第 6 页。

大量工厂和廉价劳动力集中沿海、沿江地区，烟雾、有毒气体、污水及城市人口的高密度聚集致使生态环境受到严重破坏。[①] 生态环境的破坏和大规模的污染终于酿成了一系列的公害事件，1930 年的马斯河谷烟雾事件、20 世纪 40 年代的洛杉矶光化学烟雾事件、1948 年的多诺拉烟雾事件、1952 年的伦敦烟雾事件等污染事件的集中爆发正是自然界已无法承受人类的伤害所进行的“反击”。越来越多的国家和地区意识到，在生态环境治理技术、新能源、新材料的开发技术、全球环境话语体系的构建等方面的争夺将会成为国际竞争的焦点。环境竞争的悄然兴起主要是受各国对环境保护的日益重视，以及试图突破生态环境约束寻求新的经济增长动力的影响。千百年来，人类的竞争遵循着优胜劣汰的规则，从为了生存的物质资料的竞争到为了控制精神世界的文化竞争以及为了获得更多资源开展的军事竞争、科技竞争，等等，竞争改变了人类生活的环境结构和社会组织结构，也改变着人们的价值观。环境竞争是全球竞争的一个新领域，环境竞争的兴起与发展不断颠覆着全球竞争的传统方式，推动了人类社会的进程。

## 一、人类面临着日益严峻的环境问题

发达国家先污染后治理的工业化模式对环境造成的损害是不可逆的，发展中国家工业化进程大多还沿着发达国家的老路，高投入、高消耗、高排放对生态环境产生的负担早已突破环境所能承受的极限，气候灾害、资源枯竭、极端天气、疾病等在全球的频频发生是长期积累的生态问题的集中式爆发。在 2019 年第四届联合国环境大会系列活动之国际科学政策商业论坛上，全球能源互联网发展合作组织主席刘振亚指出，当前全球环境面临“四化”“三污”“两缺”九大问题，即气候变化、森林退化、土地荒漠化和生物多样性恶化，大气、海洋和固体废弃物污染，淡水和粮食短缺。[②]

### （一）全球气候变暖

全球气候变暖是指由于二氧化碳、甲烷、一氧化二氮等温室气体产生的“温室效应”，导致地球表层大气、土壤、水体及植被温度逐年缓慢上升，最终引发全球气候变暖。全球气候变暖会使极地冰川部分融化，海平面上升，直接影响全

---

① 李金昌：《环境保护与经济发展》，载于《世界经济》1979 年第 2 期。

② 《为改善全球环境治理，这家总部在中国的国际组织发布了一份“重磅”行动计划》，搜狐网，http：//www. sohu. com/a/300279178_201960。

球水循环，使某些地区出现旱灾和洪灾；会改变生物生存环境，部分物种难以适应而消失；会引发人体疾病等。据世界气象组织统计，2016 年全球平均气温为 14.83 摄氏度，比 1961 ~ 1990 年的平均水平高出 0.83 摄氏度，比工业化时期前高出 1.1 摄氏度。温室气体中，二氧化碳的影响最大，2018 年世界气象组织发布的《WMO 温室气体公报》称，2017 年全球平均二氧化碳浓度达 405.5ppm，高于 2016 年的 403.3ppm，二氧化碳、甲烷和氧化亚氮的浓度分别为工业化前水平的 146%、257% 和 122%，[①] 均达到了历史新高，温室气体排放已经达到了近百万年以来的最高水平，可能会导致海平面上升 20 米、全球气温上升 3 摄氏度的可怕后果。显然，按照目前的态势，要实现全球气温升高控制在 1.5 摄氏度以下的目标任重而道远。

### （二）臭氧层损耗

臭氧层是在距地面 15 ~ 35 千米的高度的保护性气层，它像一个巨大的过滤网，可以吸收和过滤掉太阳光中有害的紫外线。1985 年，英国科学家首次发现，南极地区大气臭氧总量和 10 年前相比下降了 30% ~ 40%，之后每年春季在南极大陆上空都出现了一个臭氧层空洞。臭氧的减少主要是由于人类活动向大气中排放氟氯烃和含溴卤化烷烃造成的，臭氧层损耗将会使地面的紫外线增强，造成人体皮肤性疾病、伤害眼睛、抑制瓜果蔬菜生长、杀死浮游生物和微生物等。美国国家环境保护局曾预测，如果不对氯氟烃的排放加以限制，到 2075 年，平流层臭氧将比 1985 年减少 40%。届时全球皮肤癌患者可达 1.5 亿人，白内障患者可达 1800 万人，农作物将减产 7.5%，水产将损失 25%，人体免疫功能减退，这将造成极大的危害。据《2018 年臭氧层消耗科学评估报告》显示，在《蒙特利尔议定书》框架下所采取的行动，已成功削减了大气中受控制消耗臭氧层物质（ODSs）的含量，并推进平流层臭氧持续恢复。[②] 2019 年 1 月生效的《基加利修正案》，将在 21 世纪末避免全球升温 0.5 摄氏度，这对应对全球气候变化，以及全球设定的实现 2 摄氏度温控目标起到关键作用。但是由于氟氯烃非常稳定，存在时间可达 50 ~ 100 年，臭氧层的完全修复需要漫长的过程，预计要到 2060 年左右才能使极地地区的臭氧层基本恢复，应对全球气候变化任重而道远。

---

① 世界气象组织：《全球温室气体水平创新高》，人民网，http：//world.people.com.cn/n1/2018/1123/c1002 - 30418853.html。

② 联合国环境署：《2018 年臭氧层消耗科学评估报告》，国际环保在线，https：//www.huanbao - world.com/a/zixun/2018/1105/55212.html。

## （三）森林面积锐减

森林是空气的净化物，能吸收二氧化硫并分泌出杀伤力很强的杀菌素，去除空气中的病菌和微生物；森林是天然制氧厂，森林在生长的过程中会吸收大量的二氧化碳，释放氧气；森林还可以起到很好的防风固沙、涵养水源的重要作用。森林覆盖率是衡量森林资源的重要指标，一般认为，一个国家要实现良好的生态环境，森林覆盖率要达30%以上。人类文明初期，全球的原始森林覆盖大陆表面的2/3，但到20世纪末，覆盖率已下降至30%左右。联合国粮食及农业组织（FAO）最新发布的“2015年全球森林资源评估报告”显示，1990年全球森林面积约41.28亿公顷，占全球土地面积的31.6%，而到2015年则下降为30.6%，约39.99亿公顷，森林丧失的面积大约相当于南非的国土面积。虽然森林损失的年增长率净值从1990年初的0.18%放缓到2015年的0.08%左右，但是森林面积的绝对量还是在减少，主要是天然林面积减少，人工林面积反而有所增加。根据联合国粮食及农业组织（FAO）发布的《2018年世界森林状况》报告显示，森林面积的减少量在逐渐缩小，但是这种变化存在着区域不平衡，欧洲的森林覆盖率会增加，但是东南亚的情况却不容乐观，2010～2030年，超过80%的森林砍伐很可能发生在11个地方，包括婆罗洲、大湄公河地区和亚马孙在内的“毁林前线”。[①] 森林面积的减少带来的一个直接影响就是淡水资源的储存和涵养减少，因为世界上有75%的淡水来自森林覆盖的流域，据世界能源研究所统计，2015年，世界主要淡水流域的森林覆盖率平均仅为28.8%，远远低于历史上曾经可能达到的67.8%的水平。

## （四）生物多样性减少

生物多样性是指地球上的生物（动物、植物、微生物）在所有形式、层次和联合体中多类型、多变化的生命体特征，这是地球经过几十亿年的净化形成的一个生命系统，维持了物质交换的平衡，生物多样性可保持土壤肥力、调节气候、保证水质等人类生存的基本条件，还可以提供光合作用，吸收和分解污染物等，一旦生物多样性减少，生命系统的平衡性将会被打破，人类的生存会少了一道重要的屏障。2015年5月，发表于英国《自然》杂志上的一篇研究成果指出，过去500年来，人类已经使陆地上野生动植物总量减少了10%，物种总量减少了

---

① 《2018世界森林状况传来好消息：森林恢复将带来更多机遇》，国际环保在线，https：//www.huanbao－world.com/a/zixun/2018/1114/58513.html。

14%，绝大多数损失都发生在100年以内。世界自然基金会（WWF）发布的《2016地球生命力报告》（以下简称《报告》）也指出，在1970～2012年，全球鱼类、鸟类、哺乳类、两栖类和爬行类的动物已经减少了58%，至2020年世界生物将会减少1/3，《报告》还证实了人类活动是对动植物影响最大的因素，引起栖息地减少、环境质量下降和对野生动物过度猎杀。2018年，联合国生物多样性和生态系统服务政府间科学－政策平台发布了对生物多样性的调查报告，结果显示，在非洲，到2100年，气候变化将导致超过半数的鸟类和哺乳动物消失，湖泊生产力下降20%～30%；在美洲，到2050年，种群数量将比欧洲殖民时期少40%；在亚太地区，不可持续的水产养殖和过度捕捞等可能会使该地区在2018年左右出现无鱼可捕；在欧洲和中亚地区，超过27%的海洋物种"保护不力"，"保护得力"的只有7%。《报告》还进一步指出了，造成生物多样性减少和种群能力退化的主要原因有环境污染、过度开采、气候变化、外来物种入侵、资源匮乏，等等。2019年2月，联合国发布的《世界粮食和农业生物多样性状况》报告分析了生物多样性与粮食安全的重要性，并指出生物多样性的减少将会给粮食安全带来灾难性的影响，因为生物多样性具有不可逆的特征，对人类粮食安全至关重要的物种一旦消失就再也无法恢复，"与粮食和农业相关的生物多样性的下降会使我们的粮食和环境的未来受到严重威胁。"①

### （五）土地荒漠化

土地荒漠化是指干旱和半干旱地区生态系统十分脆弱，不加限制的人类活动破坏其平衡，导致干旱少雨、大风吹蚀、流水侵蚀、土壤盐渍化等沙漠化现象。荒漠化后的土地生产力几乎为零，而且还会随着大风进一步向周边的土地蔓延，蚕食宝贵的耕地资源。据统计，全球陆地面积中有近一半为沙漠和沙漠化，全球共有干旱、半干旱土地50亿公顷，其中33亿公顷遭到荒漠化威胁。格里斯河、幼发拉底河流域等流域曾是人类文明的摇篮，如今已变成了荒漠，我国文明发源地黄河流域也遭遇了严重的水土流失。2017年，《联合国防治荒漠化公约》（UNCCD）第十三届缔约方发布了题为《全球土地展望》的报告称，由于在过去30年间自然资源消耗量翻倍，全球1/3的土地现面临严重退化，每年有150亿棵树被采伐，流失的肥沃土壤则高达240亿吨。土地荒漠化会导致贫困、危及粮食安全、生物多样性丧失、水资源匮乏等，并且会造成这些不利影响的恶性循环。

---

① 《联合国最新报告：全球生物多样性下降，严重威胁粮食生产》，新浪财经_新浪网，http：//finance. sina. com. cn/roll/2019－02－22/doc－ihqfskcp7659967. shtml。

联合国《2030年可持续发展议程》确立“到2030年实现全球土地退化零增长”这一重大目标，中国也提出，力争到2020年使全国半数以上可治理沙化土地得到治理，抑制土地沙化任重而道远。

### （六）淡水资源短缺

水是生命之源，水资源问题不仅是关系一国内部的安全问题，而且越来越成为一个地区性和全球性的国际安全问题。目前，地球上的淡水资源仅占地球总水量的2%左右，而可以被利用的淡水总量更少，只占地球上总水量的十万分之三，再加上人口的增加对水资源的需求不断增加，以及水污染等，淡水资源面临严重短缺。据联合国《2018年世界水资源开发》报告称，全球36亿人口中有将近一半生活在缺水地区，并且这一形势还在恶化，到2050年，全球面临缺水的人口将达50多亿。受人口增长、经济发展和消费方式转变等因素影响，全球对水资源的需求量还在以每年1%的速度增长，这一速度还在不断加快。淡水资源的短缺将会直接影响人类的生存和发展，而且水的问题不仅表现为可供饮用数量的减少，还表现为淡水资源的污染和整个淡水循环系统的破坏。据《2017年联合国世界水资源发展报告》显示，人类活动产生的废水对全球环境带来的负荷日益增加，即使在发达国家，也并未将废水完全无害化处理，这对人类健康、经济生产力、淡水资源、环境质量和生态系统都产生极大的危害。由于缺乏安全的饮用水而导致死亡的人数也在不断增加。气候变化改变着全球水循环，造成干旱和洪涝等自然灾害，预计到2050年，洪水将影响全球16亿人口，约占人口总数的20%。而受到土地退化、沙漠化以及干旱影响的人口数量大约为18亿。[①]

### （七）海洋污染

地球有广阔的面积被海洋覆盖，蓄积了大量的水分，一直以来都是地球上最稳定的生态系统，然而陆地污染物肆意排放造成了海洋大面积的污染，特别是靠近陆地的海湾区域污染尤为严重，突出表现为石油污染、赤潮、有毒物质累积、塑料污染和核污染等几个方面。海洋污染会直接造成鱼群死亡、沿海养殖场荒废、珍贵海生资源丧失、破坏海滨旅游资源等。2016年，联合国教科文组织下属的政府间海洋学委员会发布报告称，受气候变化和人类活动影响，全球66个大型海洋生态系统中，50%的渔业资源被过度捕捞，64个大型海洋生态系统受到海水变暖影响，超过50%的全球珊瑚礁受到威胁，到2030年这一比例将达

① 雨农：《全球水资源危机：一个都跑不了》，载于《新民晚报》2018年3月29日。

90%。海洋塑料污染也不容小觑，据联合国统计，每年大约至少有800万吨的塑料制品泄漏到海洋中，相当于平均每秒钟就有一卡车的塑料垃圾被倒入海中，塑料污染已经直接造成经济损失达80亿美元。由于塑料在海洋中难以被完全分解，微型碎片会被海洋生物误食，每年有100万只海鸟和10万只海洋哺乳动物因塑料污染而丧生，这些微型碎片还会被浮游生物摄入，最终通过食物链进入人类的餐盘。① 此外，海洋酸化、海水温度上升、商业运输和海底拖网作业等也是破坏海洋生态系统的重要因素。

### （八）化学污染

化学污染主要是由于化学物质和化学品进入环境后造成的污染，直接会造成森林衰退、生产减产、建筑物腐蚀、人体健康受损等。化学污染主要有光化学烟雾污染以及酸雨，工业生产中未经处理排放到大气中的二氧化硫、氮氧化物、碳氧化物与有机酸以及悬浮固体物，在强烈阳光的照射下会生成二次污染物，如硫酸、硝酸、醛、酮等；如果遇到雨水，还会与雨水反应形成酸雨。西欧、北美和东南亚地区是世界三大酸雨污染集中地区，1950～1990年，全球二氧化硫排放量增加了约1倍，2016年，印度的二氧化硫排放量达1110万吨，居世界第一位。此外，有毒化学品的任意处置也对生态环境产生了巨大破坏，据估计，全球每年的危险废物产生量约为3.3亿吨，由于处置费用高，发达国家一般选择向发展中国家转移。电子垃圾是一种新型污染物，据联合国环境规划署估计，全世界每年约产生2000万～5000万吨含有毒物质和元素的电子垃圾，但大多数都被作为普通垃圾丢弃或简单填埋。

生态环境的污染和破坏已经对人类赖以生存的环境造成了巨大的破坏，动摇了可持续发展的根本，如果再不以生死攸关的态度来看待环境保护，那人类几千年的文明将会毁于一旦，最终人类自身也将从地球上消失。庆幸的是，20世纪中叶以来，环境保护意识已经开始逐渐蔓延和传播，保护生态环境运动相继开展，一系列有关环境保护的条约和公约也先后签订，人类开始向环境污染发起挑战。各个国家和地区开始把环境保护置于越来越重要的地位。

## 二、全球环境竞争的兴起

“物竞天择，适者生存”，这是自然界永恒的规律。由于资源和空间是有限的

① 《世界海洋日：保护海洋　向塑料污染宣战》，联合国新闻，https：//news. un. org/zh/story/2018/06/1010561。

且不断变化，世界上万事万物不仅要适应周围环境的变化，而且还要为了更好地生存而争夺资源。于是，不同物种、种群之间就会展开竞争，竞争是对抗外界的一种本能，竞争主体也会在竞争过程中掌握竞争策略。因此，竞争既是资源争夺的动态过程，也会通过优胜劣汰推动社会发展进步。早期竞争的目标主要是物质资源，随着人类活动的范围越来越广以及资源要素种类越来越多，竞争的范畴已经涵盖了政治、经济、文化、社会等各个领域，小到人与人之间的竞争，大到区域之间、国家之间的竞争，竞争无处不在，竞争虽然不可避免的会导致一些损失和资源浪费，但是更是推动社会进步的动力。随着资源的日益消耗和生态环境的破坏，生态环境领域也成了竞争的战场。在传统发展方式受限和经济增长乏力的约束下，各个国家都在寻求更加清洁、高效、节约的生产方式，于是各个国家加紧在新能源、新材料、环保技术以及污染治理、生态恢复、绿色生产、绿色标准制定等领域的竞争，也在全球环境治理、区域环境合作等领域展开争夺，全球环境竞争已然兴起。

环境竞争表现为环境资源的争夺，而要在争夺中取胜又进一步取决于生态环境的改善、资源可利用性和利用效率、环境承载能力、环境管理能力等。环境竞争不同于经济竞争，经济竞争一般是直接的，竞争的效应也会较快显现，而环境竞争一般是一个长期的过程，成本较高，而收益往往需要经过较长的时间才能显现。经济竞争的结果表现为物质生产能力的提高、市场占有率提升、经济实力增强、产业结构升级等方面；环境竞争的结果则表现为人类生存环境改善、资源利用效率提高、新兴资源开发、人类健康改善等。

### （一）环境竞争是全球环境治理的必然结果

在人类加速进入后工业化社会的历史进程中，经济发展与环境保护的非均衡发展模式已难以为继，如何寻求经济与环境在更高发展阶段上的重新平衡，是各国可持续发展面临的巨大考验。然而由于环境污染的蔓延性，通过加强国际合作解决全球环境问题已成为一致的共识，各国加强合作、携手应对气候变化已是大势所趋（谢振华，2011）；多边合作是解决气候变化问题的有效方法，在应对气候变化中所有国家都要积极行动起来、相互合作，创造出具有更大影响力的经济机会和环境效益（安德森，2013）；应对全球气候变化是一个国际合作问题，需要各国深入谈判建立更好的合作方式（韦倩，2013）；环境议题已经纳入全球治理的范围之中，在应对环境问题中，采取更整体性的、连贯的、平衡的态度，全球环境治理中利益相关者参与的普遍性与多样性正成为主流（张海滨，2014）。我国在多场外交活动中也反复强调应对气候变化、推动绿色发展的国际合作，国家主席习近平在2019年中国北京世界园艺博览会开幕式上的重要讲话就以其深邃的哲学智慧呼吁全球环境治理合作，“面对生态环境挑战，人类是一荣俱荣、一损俱损的命运共同体，没有哪个国家能独善其身”“只有并肩同行，才能让绿色发展理念深入人心、全球生态文明之路行稳致远”“中国愿同各国一道，共同建设美丽地球家园，共同构建人类命运共同体”。这些铿锵有力的声音向全世界传递了全球绿色发展，建立良好环境治理秩序的必要性和方向。

20 世纪中叶以来，国际上签署的一系列重要的环境保护条约和公约，都是建立在国家和地区之间合作的基础上，通过承诺自觉约束行为，共同维护生态环境。虽然合作是各国博弈中的一个优解，但是在博弈竞争过程中，各个国家又不可避免地考虑自身的利益而破坏合作。为了能在全球环境治理中把握主动权、赢得话语权，各个国家围绕环境开展竞争就不可避免。在竞争中合作，在合作中竞争是全球环境治理进程中的突出表现。

由于生态环境的重要性以及环境污染治理的紧迫性，未来的国际关系和国际竞争演进中，环境竞争将是国际竞争的重要组成部分，各个国家和地区都试图通过加强环境治理和创新环境保护路径来争夺国际环境规则制定的话语权，积极谋求国际地位的提升，并成为未来世界经济增长的引领者。从应对一系列环境难题中孕育而出的环境竞争力很快就超越了经济竞争力、科技竞争力等成为国际竞争力领域新的焦点，特别是全球经济发展受限，人类开始对环境问题进行深刻反思并对如何解决环境问题进行深入探索，使全球环境合作与竞争问题更加凸显。绿色、低碳和循环发展已成为世界潮流，绿色发展成为体现国家竞争力、占领战略制高点的重要领域（李干杰，2013）。国际问题上竞争与合作从来都是并存的，但是当前大多数学者只关注环境问题上的合作，较少谈及竞争。实际上，合作掩盖下的是彼此间的较量，近年来，以美国为首的西方发达国家不甘接受“体制内”的国际气候规制的束缚，又试图牢牢把握全球环境变化问题上的话语权，围绕着环境保护的权利和责任承担等问题，发达国家和发展中国家存在很大的分歧，全球要达成统一的环境保护行动依然遥遥无期。毋庸讳言，环境问题之争从根本上来说就是利益之争。[①] 可见，基于不同利益的全球环境治理中，各个国家为了争夺更多的利益必然会开展环境竞争，以赢得在全球环境治理中更大的主动权。

### （二）全球环境竞争的发展态势

虽然环境竞争近几十年才得以关注，但是生态环境问题却是一个古老的问

① 叶琪、李建平：《全球环境竞争力的演化机理与矛盾突破》，载于《福建师范大学学报》2014 年第 5 期。

题，环境竞争中所依托的基础和优势也是长期积累的结果，要把握当前环境竞争的格局和态势就要从源头上把握其历史变化规律。总体上，全球环境竞争呈现出低水平均衡性－国别间此消彼长差异性－理性合作协同提升性的演化态势。①

**1. 工业革命前全球环境竞争处于低水平均衡状态**

农业社会的生产力水平低下，大多数国家的发展水平不高，生产工具的落后制约了人们改造自然能力的提升，虽然农业生产也会破坏生态环境，但是基本上在生态系统自我修复能力可控的范围内。这一时期，广大民众还缺乏环境保护意识，也缺乏环境管理和协调能力，虽然也有一些学者主张“天人合一”的哲学命题，呼吁人与自然平等相处，但也强调自然的强大力量。这一时期各个国家和地区的环境竞争主要集中在土地、水等物质资源的争夺上，通过赤裸裸的武力为本部落或国家争取更多的物质产品。此时的环境竞争从属于资源要素的争夺，从属于农业生产以及古代统治者“君临天下”的诉求，通过竞争争夺而来的广袤丰沃的土地、丰富的资源能源也成为未来国家间环境竞争的基础。总体上，在农业社会时代，各个国家和地区环境发展实力相当，基本居于同一层次水平，各国也是独立地应对环境问题，相互间合作和交流较少，全球环境竞争处于低水平的稳态。

**2. 工业化进程中全球环境竞争呈现国别间动态差异**

工业革命开启了人类工业文明时代，丰富的资源也使发达国家的工业化形成了过度消耗和任意排放废弃物的粗放式发展模式，并在此基础上建立起庞大的“工业帝国”，但也酿成了一系列重大的环境危机事件。工业革命以来，全球平均气温已上升了约0.7摄氏度，由于人类活动带来的负面影响，物种灭绝速率比历史上物种的自然灭绝速率增加了1000倍。② 联合国大会曾经指出：“全球环境不断恶化的主要原因是不可持续的消费和生产方式，特别是发达国家的生产和消费方式。”处于工业化中后期的发达国家生态环境的严重破坏和对环境管理意识的淡薄使得原始积累的环境竞争优势不断下降，环境危机的频发造成了许多灾难性的后果，生态环境比当时的不发达国家还脆弱，物质财富的富有和生态环境的贫瘠之间形成了巨大的反差。随着发达国家工业化的完成，环境治理开始提上议事日程，通过投入巨资和长达几十年的治理，发达国家的环境竞争力又逐步得到恢

① 叶琪、李建平：《全球环境竞争力的演化机理与矛盾突破》，载于《福建师范大学学报》2014年第5期。

② Millennium Ecosystem Assessment. Ecosystems and Human Well－Being：Biodiversity Synthesis，Washington DC：World Resources Institute，2005：3.

复和提升。与此同时，后发工业化国家开始了工业化进程，它们大多数效仿发达国家先污染后治理的工业化模式，环境污染的焦点开始从发达国家转向发展中国家和不发达国家，这些国家环境竞争优势不断弱化，拉大了同发达国家环境竞争力的差距，并且由于规模大、范围广，局部性的环境危机逐步演变成全球性的危机。可见，在工业化进程中，发达国家与非发达国家之间的环境竞争优势呈现此消彼长的动态变化，彼此之间的地位发生了逆转。①

### （三）后工业化社会全球环境竞争将在理性合作中协同开展

如今，生态环境问题已经成为全球普遍性问题，有关生态环境保护已成为国际重要会议不可或缺的议题，各个国家和地区都普遍承认生态环境破坏和污染是人类面临的巨大挑战，对生态环境治理的紧迫性和必要性也达成了较为一致的认识。虽然各个国家和地区环境治理的实施路径会有差异，但目标是一致的。由于环境污染的扩散性和无界性，任何一个国家都不可能孤立地开展环境治理，既要接受国家间环境竞争优势差距的现实，又不能使差距过于悬殊。特别是发达国家和新兴发展中国家既要形成核心竞争优势以争夺优势地位，又不得不支持经济发展较落后、环境脆弱的国家和地区以实现环境合作的平衡，理性竞争与合作是未来国家间应对环境问题的共同选择。未来全球环境竞争会呈现出总体竞争力提升，但国家间又会有差异的态势。环境危机引发的一系列灾难性后果使经济发展程度不一的国家都开始自觉地采取环境保护措施，促进各个国家和地区环境竞争力水平的提升，但总的来说，发达国家凭借着雄厚的经济基础，以及在长期环境治理中积累的环境管理和协调能力的经验，在全球环境治理中仍掌握着较大的话语权；广大发展中国家和不发达国家不仅要协调好经济发展与环境保护的关系，而且还要在国际环境谈判中受发达国家的牵制，甚至分摊全球环境治理高额的成本，环境竞争力的提升相对缓慢。在全球环境竞争力总体提升的形势下，围绕着全球环境治理地位的争夺，发达国家与不发达国家之间环境竞争将会更加激烈。但也应看到，由于环境问题的特殊性，发达国家在国际谈判中也会有一定的让步，新兴国家的发展壮大也会对发达国家的强势形成挑战，全球环境竞争将会在理性的合作中协同推进。②

---

①② 叶琪、李建平：《全球环境竞争力的演化机理与矛盾突破》，载于《福建师范大学学报》2014 年第 5 期。

# 第二章

# 马克思主义生态思想及其对中国环境竞争力的影响

生态文明思想在中国特色社会主义现代化建设进程中迅速扎根和成长，表明了这一思想和理念适应了社会主义制度建设。生态文明思想是以马克思主义生态理论为基础和根源，是在对马克思主义生态思想的发展和传承中形成了其科学的生态价值观和理论体系。马克思和恩格斯在考察资本主义早期工业化发展的生态环境基础上，以人和自然的关系分析为逻辑起点，从历史发展和社会制度的角度来探讨生态问题产生的原因以及如何化解生态危机等问题，形成了不同于西方生态思想的生态价值观，深刻揭示了资本主义制度下生态问题产生的根源，建立了马克思主义生态理论体系。福斯特指出："马克思对生态的见解通常都是相当深刻的，这些见解并不是一位天才瞬间闪烁的火花。相反，他在这方面的深刻见解来源于他对17世纪的科学革命和19世纪的环境所进行的系统研究，而这种系统研究又是通过他对唯物主义自然观的一种深刻的哲学理解而进行的。"① 随后，列宁、生态马克思主义者等立足时代发展的背景，以特有的思维和眼界看待生态环境问题，深刻揭示生态环境问题产生的原因，提出解决生态环境问题的方法路径，形成了马克思主义生态思想理论体系。

① ［美］约翰·贝拉米·福斯特著，刘仁胜、肖峰译：《马克思的生态学：唯物主义和自然》，高等教育出版社2006年版，第20页。

# 第一节 马克思主义生态思想的发展演变

## 一、马克思恩格斯生态思想的基本立场和逻辑：马克思主义生态思想的形成期

马克思和恩格斯所生活的时代，是资本主义生产繁荣的时代，当人们陶醉于工业文明的伟大胜利时，工业生产对生态环境的破坏和污染已悄然蔓延，马克思和恩格斯敏锐地察觉到资本主义生产对利润的过度追求已经远远超过自然界的承载能力，正如恩格斯后来在《英国工人阶级状况》中的描写："如果说大城市的生活本来就已经对健康不利，那么，工人区的污浊空气造成的危害又该是多么大啊，我们已经看到，一切能污染空气的东西都聚集在那里。"[①] 马克思恩格斯虽没有使用"生态文明"的概念，也没有专门的著作来阐述生态文明的思想，但是其著作中却蕴含着丰富的生态思想。从对工业文明造成的生态破坏进行批判，以及从人类进步和人类解放的角度来论述生态问题的本质就是以人类文明的视角来看待生态问题。从马克思早期的《1844 年经济学哲学手稿》，到马克思、恩格斯思想成熟时期的《共产党宣言》与《资本论》，再到恩格斯晚年的《自然辩证法》及相关的书信，他们始终都围绕着人与自然的关系开展生态问题的探索，形成了丰富的生态思想。

### （一）人与自然关系是马克思恩格斯生态思想的逻辑起点

马克思恩格斯生态思想是以对人与自然关系的分析为前提和基础，这一关系也是整个思想的主线。马克思首先强调自然的客观存在性，"人本身是自然界的产物，是在自己所处的环境中并且和这个环境一起发展起来的。"[②] "自然界起初是作为一种完全异己的、有无限威力的和不可制服的力量与人类对立，人们同自然界的关系完全像动物同自然界的关系一样，人们就像牲畜一样慑服于自然界。"[③] 但是，人类劳动使人和自然发生了关系，并且这种关系随着人类劳动能

① 《马克思恩格斯文集》（第 1 卷），人民出版社 2009 年版，第 40 页。
② 《马克思恩格斯文集》（第 9 卷），人民出版社 2009 年版，第 38 页。
③ 《马克思恩格斯选集》（第 1 卷），人民出版社 1995 年版，第 81 页。

力的提升愈加紧密，“劳动作为使用价值的创造者，作为有用劳动，是不以一切社会形式为转移的人类生存条件，是人和自然之间的物质变换，即人类生活得以实现的永恒自然必然性。”① 一方面，需要从自然界获取劳动所需要的物质资料和劳动工具；另一方面，人又会积极地改造自然，因为“人们决不是首先‘处在这种对外界物的理论关系中’……而是积极地活动，通过活动来取得一定的外界物，从而满足自己的需要（因而，他们是从生产开始的）。”② 但是，人类对自然界的改造既代表了人类生产力水平的提高，同时又会带来环境的破坏，“我们不要过分陶醉于我们人类对自然界的胜利。对于每一次这样的胜利，自然界都对我们进行报复。”③ 因此，在对自然界改造的同时要保持对自然界的敬畏之心，“我们连同我们的肉、血和头脑都是属于自然界和存在于自然界之中的；我们对自然界的整个支配作用，就在于我们比其他一切生物强，能够认识和正确运用自然规律。”④ 充分表达了马克思恩格斯合理利用自然和尊重自然之心。

此外，人与自然的关系又离不开社会载体，人、自然和社会之间形成了一个有机系统，“因为只有在社会中，自然界对人来说才是人与人联系的纽带，才是他为别人的存在和别人为他的存在，才是人的现实的生活要素，只有在社会中，自然界才是人自己的人的存在的基础。”⑤ 马克思和恩格斯有关生态思想的论述始终是围绕着人与自然的关系这一核心问题展开的。

### （二）人和自然物质代谢的断裂和重合是马克思恩格斯生态思想的逻辑过程

马克思和恩格斯又进一步强调人与自然之间是通过物质交换建立起紧密的关系，而劳动是完成物质交换的中介和纽带，因为劳动过程“是制造使用价值的有目的的活动，是为了人类的需要而占有自然物，是人和自然之间的物质变换的一般条件，是人类生活的永恒的自然条件”⑥。劳动维系人和自然之间物质交换的永恒性，然而，“资本主义的生产方式却改变了劳动的属性，把本属于劳动者自身的劳动通过雇佣与被雇佣的方式转变为属于资本家所有的劳动。劳动的异化一方面改变了劳动所有者主体，劳动的主观性和客观性发生了分离；另一方面割裂

---

① 《马克思恩格斯全集》（第3卷），人民出版社1972年版，第56页。
② 《马克思恩格斯全集》（第19卷），人民出版社1963年版，第405～406页。
③ 《马克思恩格斯文集》（第9卷），人民出版社2009年版，第559～560页。
④ 《马克思恩格斯文集》（第9卷），人民出版社2009年版，第560页。
⑤ 《马克思恩格斯全集》（第42卷），人民出版社1979年版，第122页。
⑥ 《马克思恩格斯全集》（第23卷），人民出版社1972年版，第208页。

了人与自然、社会的纽带，出现了物质代谢的断裂，即人与自然的异化。物质代谢的断裂破坏了原有的人、自然、社会所构成的系统的完整性，"[①] 即"在社会的以及由生活的自然规律所决定的物质交换的联系中造成一个无法弥补的裂缝。"[②] 劳动的异化显然是对自然规律的违背，扭曲了自人类产生以来人与自然物质交换的基本方式。物质代谢断裂的后果之一就是资本主义生产者不顾生态系统的规律而肆意排放和无节制地消耗，"在利用这种排泄物方面，资本主义经济浪费很大；例如，在伦敦，450 万人的粪便，就没有什么好的处理方法，只好花很多钱用来污染泰晤士河。"[③] 而且还造成了城乡之间的隔离和对立，"它一方面聚集着社会的历史动力；另一方面又破坏着人和土地之间的物质交换，也就是使人以衣食形式消费掉的土地的组成部分不能回归土地，从而破坏土地持久肥力的永恒的自然条件。这样，它同时就破坏城市工人的身体健康和农村工人的精神生活。"[④] 资本主义生产方式下人与自然之间原本的平等关系被人对自然的支配关系所取代，资本的盲目扩张和自然资源有限性之间的冲突和矛盾也难以解决。

马克思和恩格斯进一步思考如何解决资本主义工业生产造成的生态危机，提出了科技进步和发展循环经济是弥合人和自然物质代谢断裂的重要方式，但是从根本上还是要推翻资本主义制度，建立新的社会制度。《资本论》中指出，在大规模的劳动条件下，技术水平的提高会加强对废弃物的利用，节约资源能源的消耗，"机器的改良，使那些在原有形式上本来不能利用的物质，获得一种在新的生产中可以利用的形态；科学的进步，特别是化学的进步，发现了那些废物的有用性质。"[⑤]科技进步有利于生产中采取循环经济的方式，通过循环生产，可以变生产废料为生产原料，"所谓的生产废料再转化为同一个产业部门或另一个产业的新的生产要素，就是这样一个过程，通过这个过程，这种所谓的排泄物就再回到生产从而消费（生产消费或个人消费）的循环中。"[⑥] "化学的每一个进步不仅增加有用物质的数量和已知物质的用途，从而随着资本的增长扩大投资领域。同时，它还教人们把生产过程和消费过程中的废料投回到再生产过程的循环中去，从而无须预先支出资本，就能创造新的资本材料。"[⑦] 科技的进步会改良生产工具，提高生产效率，"在生产过程中究竟有多大一部分原料变为废料，则取决于

---

① 叶琪：《〈资本论〉生态思想的三个层面》，载于《政治经济学评论》2017 年第 6 期。
② 《资本论》（第 3 卷），人民出版社 2004 年版，第 919 页。
③⑤ 《资本论》（第 3 卷），人民出版社 2004 年版，第 115 页。
④ 《资本论》（第 1 卷），人民出版社 2004 年版，第 579 页。
⑥ 《资本论》（第 3 卷），人民出版社 2004 年版，第 94 页。
⑦ 《马克思恩格斯文集》（第 5 卷），人民出版社 2009 年版，第 698 ~ 699 页。

所使用的机器和工具的质量。”①

当然，要从根本上解决资本主义的生态危机，还是要推翻资本主义制度，恩格斯在《自然辩证法》一文中提出资本家对利润的获取和对环境破坏两者间是恶性循环的，“要消灭这种新的恶性循环，要消灭这个不断重新产生的现代工业的矛盾，又只有消灭现代工业的资本主义性质才有可能。”② 在《反杜林论》中，恩格斯也提出了“只有按照一个统一的大的计划协调地配置自己的生产力的社会，才能使工业在全国分布得最适合于它自身的发展和其他生产要素的保持或发展。”③ 恩格斯充分表达了只有建立新的生产制度，才能消除城乡之间的对立，消除生态系统的割裂，重建人与自然间的物质代谢，马克思将这一目标称为人类同自然的和解以及人类本身的和解。“这个领域内的自由只能是：社会化的人，联合起来的生产者，将合理地调节他们和自然之间的物质变换，把它置于他们的共同控制之下。而不让它作为一种盲目的力量来统治自己；靠消耗最小的力量，在最无愧于和最适合于他们的人类本性的条件下来进行这种物质变换”。④

### （三）资本主义制度是马克思恩格斯生态思想的逻辑指向

马克思认为，“生产力的发展水平不同，生产关系和支配生产关系的规律也就不同……这种研究的科学价值在于阐明支配着一定社会有机体的产生、生存、发展和死亡以及为另一更高的有机体所代替的特殊规律”。⑤ 生产力与生产关系的矛盾是人类社会发展的基本矛盾，是推动社会制度更迭的根本动力。在资本主义发展中，生产力与生产关系的矛盾是不断向前推进的，一方面，生产力的发展使社会化大生产中企业生产规模不断扩大，产品种类和数量越来越多，能源需求量越来越大，对劳动力需求的增加也使人口向城市和工厂周边集中；另一方面，资本家不但加大对工人的剥削，而且掌握着大量财富的资本家受边际消费倾向递减规律影响，商品消费的增长量赶不上产量的增加量，广大无产阶级的低收入又限制其消费能力，于是大量生产出来的产品卖不出去最后被销毁。生产力和生产关系的矛盾具体表现为生产社会化和生产资料资本主义私人占有之间的矛盾，这一矛盾积累到一定程度后就以危机的形式爆发出来。周期性爆发的经济危机就是对资源浪费以及造成的环境污染的真实写照，“标榜工业社会危机

---

① 《资本论》（第 3 卷），人民出版社 2004 年版，第 117 页。

②③ 《马克思恩格斯文集》（第 9 卷），人民出版社 2009 年版，第 313 页。

④ 《资本论》（第 3 卷），人民出版社 2004 年版，第 928 ~ 929 页。

⑤ 《资本论》（第 1 卷），人民出版社 2004 年版，第 21 页。

的人士所担忧的，并不是诸如由地震引发的区域性灾难，而是由工业社会危机包罗万象的本性——可以部分地参照之前列举的危机清单——所导致的整个地球生命的毁灭”。①

马克思恩格斯明确指出资本主义制度及其无法克服的内在矛盾是其根本原因，要从根本上解决资本主义的生态危机就要推翻资本主义制度，重建社会生产方式。马克思和恩格斯也深刻地揭示了资本主义社会产生、发展和走向衰亡并终将被社会主义社会取代的客观规律。“马克思恩格斯从资本主义制度的本质特征揭示了生态环境问题产生的根本原因是资本主义私有制下对利润的无度追求和对资源的无节制攫取，资本主义国家如果不改变当前的生产方式。”② “不以伟大的自然规律为依据的人类计划，只会带来灾难。”③ 这种灾难的表现就是危机的爆发，包括经济危机和生态危机，“使实际的资产者最深切地感到资本主义社会充满矛盾的运动的，是现代工业所经历的周期循环的变动，而这种变动的顶点就是普遍危机。”④ 根据社会发展的一般规律，资本主义生产力与生产关系矛盾达到一定程度后，“生产资料的集中和劳动的社会化，达到了同它们的资本主义外壳不能相容的地步。这个外壳就要炸毁了。”⑤ 人对自然的占有和剥夺关系必将被新的关系所取代，而新的关系是由新的社会制度所决定。马克思和恩格斯认为要解决生态危机就是要实现人类同自然的和解以及人类本身的和解，“这种共产主义，作为完成了的自然主义，等于人道主义，而作为完成了的人道主义，等于自然主义。它是人和自然界之间、人和人之间的矛盾的真正解决，是存在和本质、对象化和自我确证、自由和必然、个体和类之间的斗争的真正解决。”⑥ 从根本上来说，就是要推翻资本主义制度的统治，“对我们的直到目前为止的生产方式，以及同这种生产方式一起对我们现今的整个社会制度实现完全的变革。”⑦

马克思和恩格斯生活的时代，社会生产力水平还不高，工业化还只是存在于发达国家，工业生产对生态环境的破坏也远没有达到今天的全球普遍现象，受历史条件约束，马克思和恩格斯未能形成系统性的生态思想，也未能从世界性和全球性的角度来看待环境问题。由于站在批判资本主义的角度来看待环境问题，其

---

① 约尔·杰伊·卡西奥拉：《工业文明的衰亡：经济增长的极限与发达工业社会的重新政治化》，重庆出版社 2015 年版，第 22 页。

② 叶琪：《〈资本论〉生态思想的三个层面》，载于《政治经济学评论》2017 年第 6 期。

③ 《马克思恩格斯全集》（第 31 卷），人民出版社 1972 年版，第 251 页。

④ 《资本论》（第 1 卷），人民出版社 2004 年版，第 23 页。

⑤ 《资本论》（第 1 卷），人民出版社 2004 年版，第 831 页。

⑥ 《马克思恩格斯全集》（第 42 卷），人民出版社 1979 年版，第 120 页。

⑦ 《马克思恩格斯选集》（第 4 卷），人民出版社 1995 年版，第 385 页。

生态思想中充斥着对资本主义工业生产方式的排斥和阶级性的特征。

## 二、列宁有关生态问题的制度实践与动态思维：马克思主义生态思想的发展期

列宁在把马克思恩格斯的生态思想与社会主义建设相结合，在领导无产阶级革命和苏维埃的社会主义建设实践中验证社会主义制度较之于资本主义制度在处理人与自然关系方面的优越性，以此来批判资本主义和帝国主义对自然资源的过度消耗和对生态环境的肆意破坏，揭示帝国主义制度的没落和腐朽。[①]在革命时期，列宁运用自己的自然观同资产阶级争夺资源占有权。革命胜利后，俄国社会主义建设面临着资源不足、生态破坏和物质资料短缺等困境，列宁果断地实施一系列节约和综合利用资源的措施和方案，对社会主义生态建设进行了积极的尝试。

### （一）从人与自然关系的角度对资本主义环境问题开展批判

列宁肯定了马克思和恩格斯关于人与自然关系的思想，并在此基础上进一步深化对人与自然关系的认识，据此开展对资本主义生态环境问题的批判。列宁在哲学笔记中从辩证唯物主义的视角强调自然的客观存在性，“不能用精神的发展来解释自然界的发展，恰恰相反，要从自然界，从物质中找到对精神的解释。”[②] 列宁在把马克思主义辩证自然观与工人阶级革命运动实践相结合中深刻阐释了人与自然的关系，他指出“无论在工业或农业中，人只能在认识到自然力的作用以后利用这种作用，并借助机器和工具等等以减少利用的困难”[③]。但是又不能过度地夸大自然力的作用，“说原始人获得的必需品是自然界的无偿赐物，这是拙劣的童话，”同时，他认为自然界中的各个要素是相互联系、相互作用的，形成了相互关联的系统，“在自然界中，一切都是相互作用的，一切都是相对的，一切同时是结果又是原因，在自然界中，一切都是具有各个方面的和相关的……”[④]

在人与自然关系分析的基础上，列宁赞同马克思恩格斯认为资本主义制度是

---

① 黄茂兴、叶琪：《马克思主义绿色发展观与当代中国的绿色发展——简评环境与发展不相容论》，载于《经济研究》2017 年第 6 期。

② 《列宁全集》（第 2 卷），人民出版社 1984 年版，第 6 页。

③ 《列宁全集》（第 5 卷），人民出版社 1986 年版，第 90 页。

④ 《列宁全集》（第 55 卷），人民出版社 1990 年版，第 46 页。

造成生态环境问题的根源，“在大城市中，用恩格斯的话来说，人们都在自己的粪便臭味中喘息，所有的人，只要有可能，都要定期跑出城市，呼吸一口新鲜的空气，喝一口清洁的水。”① 列宁公然地批判资本家言论的荒谬，指出：“说工人生活日益困难是由于自然界减少了它的赐物，这就是充当资产阶级的辩护士。”②可见，列宁关于人与自然关系的论述与马克思恩格斯的生态思想是一脉相承的，是列宁开展对资本主义批判的重要理论依据和武器，表明了列宁坚定的社会主义立场。

### （二）从合理利用自然资源的角度强调自然资源对经济发展的重要作用

列宁对帝国主义阶段的垄断进行了深刻的分析，他认为，西方发达资本主义国家在全球范围内的扩张实际上就是对自然资源的垄断和争夺，对殖民地的占有和瓜分也是为了抢占更多的自然资源，所以“外国资本家从我们这里得到石油以后，他们就有可能作为垄断者在国外销售石油。”③ 帝国主义在全球范围内争夺自然资源终于酿成了第一次世界大战，列宁认为这是帝国主义国家为了缓和本国资本主义危机和生态危机而对外进行转嫁，同时也是由于在自然资源的争夺上的不均而引发的，资本主义国家需要通过掠夺“许多国家以致全世界所有的原料来源”④ 来弥补资产阶级经济上的损失。资本主义对自然资源赤裸裸的掠夺行为和垄断行为显然违背了基本的人性道德准则，不符合社会发展的趋势，也不符合全世界人民的共同利益，必须要通过无产阶级革命来推翻资本主义制度，改变资本主义在自然资源上的独占形式，建立起自然资源的合理分配制度，只有社会主义制度才能更加合理地利用资源，发挥自然资源推动经济发展的重要作用。1918 年 7 月 30 日，《在省苏维埃主席会议上的讲话》中列宁提道：“只有按照一个总的大计划进行的、力求合理地利用经济资源的建设，才配称为社会主义的建设。”⑤

十月革命胜利后苏俄社会生产一度陷入困难，虽然国土辽阔，煤炭、石油等自然资源的存储量很大，但是当时生产力水平低下，资源能源开发不足，列宁大力提倡对资源能源的节约，他指出：“……我们必须尽可能节约。我们在各方面

① 《列宁全集》（第 5 卷），人民出版社 1986 年版，第 133 页。
② 《列宁全集》（第 5 卷），人民出版社 1986 年版，第 90 页。
③ 《列宁全集》（第 41 卷），人民出版社 1986 年版，第 158 页。
④ 《列宁全集》（第 27 卷），人民出版社 1990 年版，第 341 页。
⑤ 《列宁全集》（第 35 卷），人民出版社 1985 年版，第 18 页。

都实行节约”,[①] 强调在节能上“利用次等燃料（泥炭、劣质煤），以燃料开采和运送方面最少的耗费取得电力”[②]。在生产和分配领域，列宁强调“在产品的生产和分配中正确调配劳动力，爱惜人民的力量，杜绝力量的任何浪费，节约力量。”[③] 此外，列宁还充分认识到资源对一个国家发展的重要战略作用，强调自然资源的自给自足，积极推进新能源的开发和使用，如他认为水力发电代替工业用煤可以大大推动工业的发展。这些都充分表明了列宁对资源能源推动经济发展的重要作用给予积极的肯定并开展实践探索。

### （三）从科学技术的角度探索生态环境改善的路径

列宁充分肯定了科学技术在生态环境建设与发展中的作用，他在《青年团的任务》中就阐释了科学技术的重要性，“……要在立足于现代科学技术……应该懂得怎样在技术上把电应用到工农业上去，应用到工农业的各个部门中去。”[④] 在工业生产中，列宁从工业物质投入的角度强调要减少消耗资源能源，提高资源使用的效率。他在《科学技术工作计划草稿》中写道：“使俄国工业布局合理，着眼点是接近原料产地，尽量减少从原料加工转到半成品加工一直到制出成品等阶段时的劳动消耗。”[⑤]在资源的开采中，科学技术会推动生产力的发展，从而为工业生产提供充足的物质保障，“提高劳动生产率，首先需要保证大工业的物质基础……用最新技术来开采这些天然富源，就能造成生产力空前发展的基础。”[⑥] 在农业生产中，列宁对粗放型农业进行了批判，并大力提倡要发展集约农业，科学技术的投入、农业的集约化发展会克服土地的有限性，提高土地收益能力，保护土地的肥力，对农业生态建设具有重要的作用，“在农业集约化的条件下，农户土地面积的缩小和所得产品的增加有时是相辅而行的。”[⑦] “农业集约化地区的农业技术进步不表现于耕地面积的扩大，而表现于在耕地面积缩小的情况下对土地投资的增多。”[⑧]

当然，列宁还认为科学技术的进步会打通城乡物质交换的渠道，形成统一的生态系统，他认为制定消灭城乡差别的目标之一就是要处理废弃物和有效实现资

---

① 《列宁全集》（第43卷），人民出版社1987年版，第282页。
②⑤ 《列宁全集》（第34卷），人民出版社1985年版，第212页。
③ 《列宁全集》（第32卷），人民出版社1985年版，第182页。
④ 《列宁全集》（第39卷），人民出版社1986年版，第301页。
⑥ 《列宁全集》（第34卷），人民出版社1985年版，第169页。
⑦ 《列宁全集》（第4卷），人民出版社1984年版，第81页。
⑧ 《列宁全集》（第27卷），人民出版社1990年版，第180页。

源的循环利用。“在现代最高技术的基础上，在把城乡连接起来的电气化的基础上组织工业生产，就能消除城乡对立，提高农村的文化水平，甚至消除穷乡僻壤那种落后、愚昧、粗野、贫困、疾病丛生的状态。”①

此外，列宁也对社会主义如何开展环境保护实践进行阐述，提出要顺应和利用自然规律，主张通过立法把土地、水、森林、矿产等资源国有化，以更好地实现资源使用和开发的统一管理与保护。如十月革命成功后，列宁参与起草的《土地法令》中，就以法律强制规定所有的土地问题都必须经由全民立宪会议的讨论才能通过，要永远废除土地私有制，让土地、地下资源、森林和水等成为全民的财产。他同时也指出了全民所有中法律保护的重要作用，“为了保护我国的原料产地，我们应当执行和遵守科学技术规程。”② 此后，《关于社会主义土地规划和向社会主义农业过渡措施的条例》《关于住宅卫生保护的法令》《关于自然遗迹、花园和公园保护的法令》《俄罗斯苏维埃联邦社会主义共和国土地法典》等多项有关自然资源和生态环境保护的法律法规的签署，都充分表达了列宁重视立法，通过法律的强制力来规范广大行为主体的生态行为。

列宁在不断思考和探索社会主义环境保护之路的同时也利用自己作为领导人的地位把自己的思想付诸行动中，并且他还以动态的眼光看待环境问题的变化性和蔓延性，不仅将马克思恩格斯生态思想具体化和实践化，而且还提出了独特的社会主义生态环境保护的方式，把生态环境保护的理论论证和民间呼吁转化为自上而下的行动，为社会主义开展资源节约和生态环境保护进行了探索，总结了经验。同时他还以此揭示帝国主义带给整个世界生态环境的灾难，批判资本主义制度的不合理性。

## 三、国际马克思主义生态思想的思潮涌现和探索：马克思主义生态思想的分化期

工业革命的持续推进，特别是第二次世界大战以来，工业化带来的环境污染蔓延和环境危机事件接踵爆发，引发了大量学者的关注和思考，在对环境污染原因产生的分析和探寻解决环境问题的路径中，西方学者提出了不同的理论观点，如“人类中心主义”“生态中心主义”等是较有代表性的观点，冲击和挑战着马克思主义生态思想。西方马克思主义者在坚持和发展马克思主义生态思想的基础

① 《列宁全集》（第 38 卷），人民出版社 1986 年版，第 117 页。
② 《列宁全集》（第 41 卷），人民出版社 1986 年版，第 161 页。

上，极力抨击资本主义制度对生态危机的责任担当，他们在回应部分西方学者对历史唯物主义的挑战中把哲学、生态学、伦理学等和马克思主义相结合，形成了生态马克思主义、生态社会主义、有机马克思主义等理论学派。虽然各个学派的理论和观点各不相同，但其大致的共同点是坚持马克思主义、反对资本主义制度，形成了自己的理论观点，从政治经济学批判转向政治生态学批判，试图找到一条应对当前生态危机的可靠路径。

### （一）生态马克思主义的理论观点

生态马克思主义兴起于20世纪70年代后期，当时，西方正爆发旨在保护环境的声势浩大的“绿色运动”，绿色运动需要有相应的理论来解释和支撑，在此背景下，生态马克思主义孕育而生。该学派以马克思主义关于人与自然关系理论、异化理论、人本主义思想、人的全面发展理论和社会主义理论等理论作为基础，对全球环境问题和人类发展困境进行反思，不仅进一步深刻阐释了人与自然的关系，而且揭示了资本主义制度与生态危机的必然性，提出解决生态危机的根本途径。生态马克思主义认为人与自然是辩证统一的，人类中心主义并没有否认自然界中的存在物各自生存和发展的要求，格伦德曼等指出：马克思主义的人类中心主义是一种广义上的定义。“‘广义的’人类中心主义主张将非感知自然的价值建立在对人类生命价值所做的贡献的基础上，但它不同于狭义的人类中心主义，即不单单从工具性方面看待这种贡献。”① 生态马克思主义认为应跳出马克思经济危机的理论框架，用生态危机理论来解释资本主义社会向社会主义社会过渡的必然性。

生态马克思主义的早期代表人物是安德烈·高兹、鲁道夫·巴罗、亚当·沙夫等人，他们从理论和实践等不同角度阐述绿色运动，主张通过绿色运动来实现社会主义。如高兹认为资本主义社会中出现的各种生态问题可以归结为是资本主义的利润动机和资本主义的本性。资本家对利润的疯狂追求会使其无限度地增加投资，无限度地控制自然资源，无限度地破坏生态环境。资本主义“以计算和核算为基础的，把由于劳动手段的改进所节省下来的劳动时间尽一切可能加以利用，让其生产出更多的额外价值”② 的本性使其无法解决生态环境问题。到了中后期，生态马克思主义者从经济、政治、文化、社会等多个层面较为系统地阐释生态危机根源，形成了生态马克思主义理论，比较有代表性的主要

---

① Jonathan Hughes, Ecology and Historical materialism Cambridge University, University Press, 2000: 32.

② Andre Gorz, Critigue of Economic Reason, Verso Books, 1989: 1.

有以下几个理论：

**1. 阿格尔的生态危机理论**

加拿大的社会学家阿格尔提出，当代资本主义经济危机已经从生产领域向消费领域转移，生态危机是最大的危机。当代资本主义国家为了缓解经济危机，一方面实施改善无产阶级生活状况的福利政策；另一方面通过消费政策刺激无产阶级进行消费，从而导致了工人消费上的异化，阿格尔称之为“人们为补偿自己那种单纯乏味的、非创造性的且常常是报酬不足的劳动而致力于获得商品的一种现象。”[①] 异化消费是资本主义意图掩盖制度缺陷和缓和社会矛盾而对整个社会有目的性的行为引导，其结果反而加速了投资的扩大和物质消耗及废弃物排放，加剧了生态危机。莱斯认为异化消费的产生是“控制自然”的意识形态指引下的资本主义生产无政府状态，[②] 由异化消费产生的各种需要“始终还是它们从一开始就是的那样——要求限制的势力占统治地位的社会的产物”。[③] 阿格尔在此基础上进一步提出了异化消费和生态危机的社会主义变革设想，即“期望破灭的辩证法”。[④] 异化消费对缓解阶级之间的对立是暂时的，生态危机的加剧必然会使得物质资源的不足而导致供给的不足，无产阶级的消费未能得到满足，他们会产生新的期望，会在逐步对资本主义生产和管理进行改革的过程中学会创造性的劳动。阿格尔对异化消费的批判被资本主义存在过度消费所带来的一系列社会问题所验证，表明其观点的预见性，但是他又把希望寄托在人们消费观念的改变上，而不是资本主义制度的本身，表明了其理论是不彻底的。

**2. 福斯特的自然唯物主义阐释**

约翰·贝拉米·福斯特是北美著名的生态学马克思主义理论家，《马克思的生态学：唯物主义与自然》《生态危机与资本主义》《脆弱的星球》等著作集中表达了福斯特的马克思生态学思想，不仅对马克思历史唯物主义与生态思维的一般性关系进行了剖析，而且深刻地揭示了资本主义生态问题产生的根本原因，抨击了资本主义制度。

福斯特认为，马克思的唯物主义哲学思想来源可以追溯到古希腊哲学家伊壁鸠鲁，同时受费尔巴哈、黑格尔等影响，既批判继承了传统旧式唯物主义，同

---

① ［加］本·阿格尔著，慎之译：《西方马克思主义概论》，中国人民大学出版社 1991 年版，第 494 页。

② 万健琳：《异化消费、虚假需要与生态危机》，载于《江汉论坛》2007 年第 7 期。

③ Herbert Marcuse, One dimensional Man Studies in the Ideology of Advanced Industrial Society, Boston: Beacon Press, 1964: 5.

④ 梁苗：《当代西方生态马克思主义理论评析》，载于《生态经济》2013 年第 12 期。

时又有很大的超越。福斯特系统地论述了马克思在《德意志意识形态》《共产党宣言》等著作中蕴涵的生态学思想，指出马克思的唯物主义哲学是由唯物主义的自然观和唯物主义的历史观两部分组成，并且是以时间为基础，探讨人与自然相互联系和以物质交换为主要内容的生态唯物主义世界观，“从一种公开承认的唯物主义观点来看，马克思实际上采取了一种既属于实在论又属于普遍联系（也就是辩证法）的方法”，[①] 而“彻底的生态学分析同时需要唯物主义和辩证法两种观点”。

福斯特还进一步指出了达尔文的进化论、摩尔根的人类学以及李比希的农业化学对马克思恩格斯生态唯物主义自然观的形成的重要影响，在此影响下，马克思批判资本主义生产方式对生态环境产生的极大破坏，并提出了资本主义制度导致人和自然物质交换的断裂。福斯特认为马克思看到了资本主义生产条件下，城市和乡村、社会与自然之间所出现的新陈代谢断裂问题，并为解决人地之间、城乡之间的割裂以及生态环境的污染和破坏提出应对措施。福斯特还进一步肯定了马克思恩格斯揭示的资本主义制度是导致所有异化的最终原因，深刻批判资本主义制度的反生态性质，同时也对如何解决日益严重的生态问题、弥补人和自然之间的断裂进行了思考和探索。

福斯特进一步分析了资本主义不断扩大投资追逐利润的生产方式必然会超越生态承载的限度，要摆脱生态危机，仅仅依托资本主义条件下技术进步及其良性运用无法实现环境问题的根本性解除，因为“资本的逻辑可以导致环境破坏，却从中产生不出积极保护环境的逻辑”。[②] “只要我们的社会经济秩序把追求个人财富增长作为个体自由的手段，那么增加效率只能意味着对自然环境更有效的开发，并给生态系统的生存带来灾难性的威胁。”[③] 因此，“将可持续发展仅局限于我们是否能在现有生产框架内开发出更高效的技术是毫无意义的，这就好像把我们整个生产体制连同非理性、浪费和剥削进行了‘升级’而已。能解决问题的不是技术，而是社会经济制度本身”[④]。可见，福斯特坚持了马克思所主张的只有进行制度变革，才能彻底解决资本主义的生态问题。

---

① ［美］约翰·贝拉米·福斯特著，刘仁胜、肖峰译：《马克思的生态学》，高等教育出版社 2006 年版，第 7 页。

② 岩佐茂著，韩立新等译：《环境的思想》，中央编译出版社 1997 年版，第 169 页。

③ K. William Kapp，The Social Costsof Private Enterprise Cambridge，MA：Harvard University Press，1971：231.

④ ［美］约翰·贝拉米·福斯特著，耿建新，宋兴无译：《生态危机与资本主义》，上海译文出版社 2006 年版，第 95 页。

### 3. 奥康纳的双重危机理论

20 世纪 90 年代后，生态环境问题并没有得到改善，反而愈演愈烈，伴随着全球化日益演变为全球性的生态危机。詹姆斯·奥康纳坚持以马克思主义来解决资本主义的生态危机问题，成为北美生态马克思主义的重要代表人物之一。1997 年，奥康纳出版的《自然的理由》一书反映了其通过“重构”历史唯物主义而建构生态马克思主义理论的基本思路，从马克思主义的视角揭示生态危机的根本原因。他认为在资本积累和社会转型中，生态破坏是一个核心问题，资本主义生产方式对资源枯竭和自然退化的破坏程度必须更深刻地认识。他的理论突破主要体现在提出了资本主义的双重矛盾和双重危机，第一重矛盾是指资本主义生产力与生产关系之间的矛盾；第二重矛盾是资本主义生产力和生产关系与资本主义生产条件之间的矛盾。第一重矛盾使生产社会化与生产资料资本主义私人占有之间的矛盾愈加激化，导致了生产过剩的经济危机；第二重矛盾是资本家对利润的追求而不断扩大生产规模，但是自然界可供利用的资源是有限的，当资源要素无法满足不断扩张的资本需求时就会导致资源的过度开发，加速消耗，引发生态危机，进而加重经济危机。双重矛盾导致了资本主义的双重危机——经济危机和生态危机。奥康纳还进一步指出了形成双重危机的原因是资本积累以及由此造成的全球发展不平衡。奥康纳的理论本意是希望能重构历史唯物主义并对马克思主义进行修补和修正，他在书中曾批评马克思和恩格斯“两人确实没有把生态破坏置于资本积累和社会经济转型理论的中心位置。他们低估了资本主义生产方式依赖资源枯竭和自然退化的程度。他们不仅没有准确预见资本在‘自然的稀缺性’面前重构自身的能力，也没有预见资本所具有的保护资源和防止或消除污染的能力”①。这实际上反映了他既对资本造成的环境破坏进行批判，同时又肯定了资本对解决生态危机的作用，把生态危机的解决寄望于政治斗争的设想，带有一定乌托邦的性质。此外，他还进一步分析了社会主义国家发生生态危机的原因，认为“社会主义国家的资源损耗和污染更多地是政治而非经济问题。”② 社会主义发展趋势应是通过生产性正义替代分配性正义，这对社会主义国家促进生产力与生产关系以及生态环境的协调有一定的借鉴意义。

从早期西方马克思主义对生态问题的关注，到阿格尔等创立了生态学马克思主义，再到奥康纳、福特斯等对生态学马克思主义的建构，生态马克思主义学派将马克思主义与生态学相结合，逐渐形成了自己的理论体系，并沿着马克思主义

① 詹姆斯·奥康纳著，唐正东、藏佩洪译：《自然的理由》，南京大学出版社 2003 年版，第 198 页。
② 詹姆斯·奥康纳著，唐正东、藏佩洪译：《自然的理由》，南京大学出版社 2003 年版，第 418 页。

辩证法的逻辑，进一步指出只有通过生态革命，建立起生态理性与经济理性相统一的生态社会主义制度，走生态社会主义道路才能彻底解决生态危机。生态马克思主义思潮是对马克思生态思想的继承和发展，是生态运动和社会主义运动相结合的产物，但是由于受西方马克思主义社会批判的影响，他们在一定程度上把马克思主义理论与方法割裂开来，使生态马克思主义与马克思主义生态环境思想在经济危机、资本主义基本矛盾、社会主义基本特征等方面的阐释存在较大差异。虽然生态马克思主义并没有完全坚持马克思主义的经典理论，但是其提供的理论和方法为马克思主义的当代发展注入了新的思想元素。[①]

### （二）生态社会主义的理论观点

生态马克思主义和生态社会主义是两种不同的理论学派？还是从本质上是相同的理论学派？理论界一直存在着争议。有的学者认为两者是有区别的，生态马克思主义是北美绿色运动引发的思潮，把马克思主义理论与生态学理论相结合，试图找到一条既能消灭生态危机又能建立社会主义制度的道路，而生态社会主义是欧洲绿色运动引发的思潮，这两个不同地域的思潮在价值属性、行动纲领认识上有很大的区别。[②] 也有学者认为生态社会主义包含生态马克思主义，“西方生态社会主义包括西方生态学马克思主义”[③] “广义的生态社会主义研究包括生态马克思主义、狭义的生态社会主义和红绿政治运动理论”，[④] 不过，也有学者认为生态社会主义与生态马克思主义是阶段性包含关系，有的主张生态马克思主义是生态社会主义发展过程中的一个阶段；[⑤] 有的则主张生态社会主义是生态马克思主义发展过程的一个阶段。[⑥] 当然，还有学者认为两者是没有区别的，生态马克思主义就是生态社会主义。

生态马克思主义和生态社会主义都兴起于20世纪后半叶，都是将马克思主义与生态学结合在一起，以马克思主义理论来解释资本主义的生态危机，既推动了马克思主义生态思想的发展，同时又试图开辟出一条通过制度变革消除危机，实现社会主义的新道路。两者的区别在于，生态马克思主义侧重于理论分析，注

---

① 黄茂兴、叶琪：《马克思主义绿色发展观与当代中国的绿色发展——简评环境与发展不相容论》，载于《经济研究》2017年第6期。

② 王谨：《“生态学马克思主义”和“生态社会主义”——评介绿色运动引发的两种思潮》，载于《教学与研究》1986年第6期。

③ 王雨辰：《论西方生态学马克思主义的定义域和问题域》，载于《江汉论坛》2007年第7期。

④ 郇庆治：《西方生态社会主义研究述评》，载于《马克思主义与现实》2005年第4期。

⑤ 周穗明：《生态社会主义述评》，载于《国外社会科学》1997年第4期。

⑥ 曾枝盛：《20世纪末国外马克思主义纲要》，中国人民大学出版社1998年版，第148～149页。

重对人与自然的关系、辩证唯物主义、历史唯物主义等理论与方法在马克思主义生态思想中不断总结和升华，形成生态马克思主义理论体系。而生态社会主义则注重于社会运动，如发达资本主义国家的绿色运动和社会主义运动，第三世界国家把社会主义观念融入生态运动的群众运动等，更多与政治联系在一起。生态社会主义属于生态运动中的中左翼，而生态马克思主义则属于左翼中的左翼，[①] 生态社会主义比生态马克思主义更加激进。生态马克思主义必然指向生态社会主义，即生态马克思主义者最终得出的结论是通过推翻资本主义制度、建立社会主义制度才能解决生态危机，而生态社会主义则不必然源于生态马克思主义，生态社会主义者有一部分是生态马克思主义者，还有一部分从绿色运动实践中成长起来的理论者。

生态社会主义把资本主义生态危机和社会主义革命联系起来，“资本在追求利润进程中，生产规模的扩大与生态环境有限承载能力之间的矛盾日益尖锐且难以调和，最终将导致人们对资本主义‘期望的破灭’，并由此引发社会主义革命。”[②] 生态社会主义强调从人和社会的角度来考察人与自然的关系，认为生态问题表面上是自然问题，实质上是社会问题和政治问题，是有关社会公平的问题。因此，解决环境污染问题必须从社会发展的角度出发，推动社会生产关系的根本转变，着眼于所有人的共同利益，把生态原则与社会主义结合，超越当代资本主义和社会主义的发展模式，建立人与自然和谐相处的社会主义模式。生态社会主义是社会主义运动中涌现出来的一种新的思潮，极大丰富和发展了马克思主义的生态思想，也有利于更加深刻认识资本主义的实质。但是生态社会主义并没有具体提出未来社会主义的发展模式，也没有提出社会主义运动发展的具体方案，带着浓厚的乌托邦空想色彩。

### （三）有机马克思主义

全球性的生态危机也引发了哲学家们的思考，他们把哲学同马克思主义思想结合起来，既开展对资本主义制度的批判，同时又批判西方的世界观、价值观和思维方式，开创了有机马克思主义学派。2014 年，在第八届生态文明国际论坛上，小约翰·柯布博士以《论有机马克思主义》为题发言，将经典马克思主义与怀特海的有机哲学思想相结合，创新性地开创了有机马克思主义新的理论形态。

---

① 刘仁胜：《生态马克思主义、生态社会主义对中国生态文明建设的启示》，载于《马克思主义与生态文明论文集》2010 年。

② 郭俊哲：《生态社会主义评析》，载于《新疆大学学报》2003 年第 4 期。

同时，他的学生菲利普·克莱顿也以《有机马克思主义与有机教育》为题，详细阐述了有机马克思主义的核心内容和教育思想。同年，菲利普·克莱顿和贾斯汀·海因泽克在美国共同出版《有机马克思主义：资本主义和生态灾难的一种替代选择》一书，该书否定“无极限增长”理论，深入探讨了世界性生态危机的原因，开展对资本主义制度的批判，并对有机社会主义和生态文明的内容进行详细阐述，对如何解决生态危机和构建生态文明提出了建议，构成了有机马克思主义学派的核心思想。中国学者王治河和樊美筠与柯布博士一起创建了以“推动全球生态文明”为宗旨的中美后现代发展研究院，可以看作是中国学者积极参与有机马克思主义理论研究及在中国推广。

有机马克思主义的主要思想包括以下三个方面：一是认为资本主义毁灭性的现代化发展是生态危机的深层次原因。有机马克思主义认为机械主义世界观就是资本主义“现代性”的主要特征，这种机械主义世界观将宇宙看成是没有生命且相互之间毫无联系的“死物质”，也就是缺乏主体的能动性，从而将人与自然之间的关系割裂开来。资本主义现代性的思维方式造成一系列严重的社会问题和后果，“现代性的持续危及到了我们星球上的每一位幸存者”,[①] 因此，有机马克思主义主张超越现代性，形成建设性的后现代马克思主义理论。二是资本主义发展导致贫富分化、阶级不平等、社会不公平等问题是反生态社会制度的结果。资本主义按市场分配的制度对广大劳动者是不公正的，不仅造成了巨大的贫富分化，而且直接破坏了生态环境，穷人为全球生态遭到破坏付出沉重的代价。克莱顿曾批判资本主义的社会和经济制度“不仅制造了大量的不公正和不义”，而且“摧毁了全球的环境”。有机马克思主义对消除不公正、建立平等的社会关系进行了路径探索，提出要选择实现基于共同福祉的经济发展方式，要对资本主义进行彻底的政治改革，建立服务于共同福祉的制度体系。可以看作是有机马克思主义对社会主义原则的肯定和推崇。三是提出了建设生态文明的崇高目标和实践路径。有机马克思主义把建设生态文明作为自己的奋斗目标，他们认为“如果我们这个物种和其他所有物种要继续在这个地球上生存和繁荣的话，生态文明建设就是迫切需要的”[②]“生态文明建设不仅要和谐人与自然的关系，而且要和谐人与社会的关系、人与人的关系。”[③] 有机马克思主义强调要从人、自然、社会的和谐统

① ［美］格里芬著，马季方译：《后现代科学》，中央编译出版社2004年版，第11页。

② 李惠斌、薛晓源、王治河主编：《生态文明与马克思主义》，中央编译出版社2008年版，第9页。

③ 王治河：《中国式建设性后现代主义与生态文明的建构》，载于《马克思主义与现实》2009年第1期。

一中来建设生态文明，将生态看成是一个系统性的整体。此外，有机马克思主义还提出了要大力发展生态农业和有机农场，变革传统工业发展模式、限制富人权力、推进金融改革、把政府管理和自由市场竞争充分结合起来等对策建议。四是矫正人类中心主义和生态中心主义“非此即彼”的二元对立思维，倡导有机联系的生态思维。有机马克思主义认为在人与自然谁更重要、谁保护谁的问题上，人类中心主义和生态中心主义“非此即彼”的二元对立思维和彼此争论都没有意义，因为人类客观存在，人对自然的破坏也客观存在，应该更多思考人和自然之间应该如何建立更加和谐的关系。有机马克思主义明确地反对人类中心主义，但同时又超越生态主义，主张有机整体主义，即认为宇宙中的万物是一个有机的整体，各个主体和要素之间相互依存、相互作用、共融共生。

有机马克思主义是一个新兴的学派，其理论观点还有很多有待实践检验和进一步完善，因此，也有一些学者对该学派的理论观点提出了质疑，如卜祥记、周巧认为，“当有机马克思主义试图把怀特海的过程哲学中的‘动在’与‘互在’理念输入马克思的哲学体系内，并据此为生态文明奠定哲学基础时发生了双重误解：一是误解了马克思哲学革命的本质；二是误解了生态文明的哲学基础，降低了马克思的实践唯物主义世界观的理论水平。”[①] 卜祥记和罗振认为有机马克思主义无论是对马克思和马克思主义的理解，还是对中国问题、中国国情和中国道路的认识与思考来说，都存在着相当大的误解与偏差。[②] 王玉鹏和孟丽荣认为作为一种诞生于西方语境、话语和学术传统并仍处于发展中的国外马克思主义研究流派，有机马克思主义不免存在一些误解和误读马克思主义的部分，从一定程度上偏离了马克思主义的正统方向，如认为历史是不可预测的，过于扩大思想文化、宗教等意识层面的作用等。[③] 杜梅和甘冲也认为产生于西方文化背景和学术传统，克莱顿有机马克思主义的一些观点和结论具有一定局限性，如将马克思主义误解为“普遍的预测性的科学”，主张“消除一切市场力量”，追求物质生产最大化等，这显然是不符合马克思主义的理论的。[④] 袁雄认为有机马克思主义的主要代表人物小约翰·柯布对马克思主义观点有三个方面的误读：一是认为马克思主义忽视自然界；二是漠视马克思主义的辩证法；三是轻视马克思

① 卜祥记、周巧：《对“有机马克思主义”哲学理念的质疑》，载于《黑龙江社会科学》2015年第6期。

② 卜祥记、罗振：《“有机马克思主义”的理论局限与实践困境》，载于《马克思主义研究》2016年第9期。

③ 王玉鹏、孟丽荣：《论有机马克思主义的马克思主义观》，载于《国外社会科学》2016年第1期。

④ 杜梅、甘冲：《菲利普·克莱顿有机马克思主义理论研究》，载于《国外社会科学》2016年第1期。

主义的实践观。[1] 有机马克思主义理论观点的局限性要求我们要辩证、科学地看待和借鉴。

## 第二节　马克思主义生态思想对提升中国环境竞争力的影响

“习近平在纪念马克思诞辰200周年大会的讲话”中，高度评价了马克思的人格及其理论思想，指出马克思主义是留给人类最有价值、最有影响力的精神财富，并且充分肯定了马克思主义理论在人类解放和人类发展事业中的重要作用。马克思主义理论是科学的、人民的、实践的理论，揭示了人类社会发展规律、第一次创立了人民实现自身解放的思想体系、指引着人民改造世界的行动。马克思主义理论是中国特色社会主义理论的重要依据、基础和渊源，马克思主义理论中的生态思想自然而然也是中国生态文明建设的基础理论支撑。马克思主义生态思想不仅为解决环境问题提供了理论基础，而且还剖析了生态环境问题产生的根本原因，指出了解决生态危机具体的实施路径。在马克思主义生态思想指导下的苏联的社会主义实践也为社会主义国家生态环境治理和建设提供了一定的经验借鉴。虽然马克思主义生态思想形成的时代与当前有很大的差异，但是在人与自然关系、生态环境问题产生的原因、生态环境问题解决方式等方面的论述仍与当前中国生态文明建设有很大的契合性。正如习近平同志指出的：“从《共产党宣言》发表到今天，170年过去了，人类社会发生了翻天覆地的变化，但马克思主义所阐述的一般原理整个来说仍然是完全正确的。”[2] 我们仍然要坚持和运用辩证唯物主义和历史唯物主义的世界观和方法论，坚持和运用马克思主义立场、观点、方法，顺应物质变化规律和人类历史发展规律等，将马克思主义生态思想中体现的矛盾观、发展观、阶级观、群众观、实践观等与中国生态文明建设相结合，走中国特色的生态环境保护之路，形成中国环境竞争力的核心优势。

---

① 袁雄：《论“有机马克思主义”对马克思主义的三个误读》，载于《哈尔滨师范大学学报》2016年第6期。

② 《习近平：在纪念马克思诞辰200周年大会上的讲话》，新华网，http：//www. xinhuanet. com/politics/2018－05/04/c_1122783997. htm。

## 一、人与自然的关系是提升中国环境竞争力首要处理好的关系

马克思恩格斯生态思想以人与自然关系为逻辑起点，包含着人对自然的依赖性、人与自然关系的历史发展性、生态问题的社会实践性等，并提出人与自然的和解是追求的最高价值目标。中国参与全球环境竞争首先要处理好人与自然的关系，人与自然的地位是平等的，人与自然不是独立的两个部分，而是形成了“你中有我，我中有你”的生命共同体。国际环境竞争既是不同国家和区域之间对环境资源的争夺，也需要为了某方面的利益而相互妥协与合作，面临着复杂多变的环境，不仅要实现不同国家之间资源的优化配置，而且要携手共同营造良好的生态环境，为人类永续发展提供更大更优的空间。因此，处理好人与自然的关系就是要建立起顺应自然、尊重自然的规则，形成人与自然之间物质交换的可持续的循环，建立人与自然和谐共处的机制。人与自然关系理顺了、协调了，会形成促进经济社会持续发展的动力，提高资源要素的使用效率和配置效率。而且人与自然的和谐共生也是人类文明进步的重要组成部分，表现为万物和聚而生的凝聚力和向心力。因此，妥善处理好人与自然关系可以增强中国在全球环境治理中的底气，增强中国在全球的影响力、信服力和话语权，形成中国环境竞争力的独特优势。

## 二、经济发展与环境保护的关系是提升中国环境竞争力需突破的“瓶颈”

马克思生态思想深刻阐述了资本对利润的追求而不断扩张，造成了供给与需求相脱节，导致了经济危机并伴随着生态危机。马克思曾经描述过资本家对利润的追求，甚至甘愿冒着上绞刑架的危险，这是对资本本质最直白、最赤裸裸的揭露。主张建立生态社会主义的生态马克思主义，倡导走经济、社会和生态环境相协调的可持续发展道路，在经济发展模式上，主张用“生态经济”模式取代“市场经济”模式，建立“稳态经济”，在技术的使用上也倡导使用人与自然协调的“软技术”，促进社会经济同生态环境的协调发展。这种方式只能暂时延缓问题，或者是把两者的对立尽量限制在最小的范围内，不可能从根本上解决问题。苏联的赶超型的工业化模式也证明了以资源消耗为代价的工业化模式同样不适合于社会主义社会。我国在推进工业化进程中，经济发展与环境保护的矛盾也相伴而生，工业化进程导致了资源过度消耗、环境污染、雾霾围城等一系列生态危机，但是工业化又是我国经济发展必须经历的阶段，不断扩大的投资也不可避

免会产生对利润的要求。提升中国环境竞争力必须妥善处理好经济发展与生态环境保护之间的关系，将两者看作是统一，而不是对立的，认清资本的双面性，把工业文明建设和生态文明建设结合在一起，将我国的生态优势转化为经济优势，实现“既要绿水青山，也要金山银山”。

## 三、加大国际环境援助可以为提升中国环境竞争力赢得国际支持

马克思恩格斯指出，由于工业化发展带动农村人口进入工业生产部门，一方面，城乡之间的差距扩大隔断了相互间的物质循环，城市的环境压力不断加大，农村的生态环境不断恶化，另一方面也反映出发达城市对落后农村的资源掠夺。扩大到国家层面来看，就是发达国家和不发达国家之间的环境差距越来越大，生态马克思主义也认为资本主义制度的本质属性决定了资本主义国家最多只能解决本国的生态问题，不可能从根本上解决全球性的生态危机。当前，由于国家之间经济发展差距较大，使各个国家对利益的诉求不同，经济发展较好的地区对资源要素的吸引力大，环境保护的意识也较强，经济落后的地区更注重经济利益，且缺乏环境治理的资金和技术，这一定程度上形成了国家之间环境保护合作的“鸿沟”。提升中国环境竞争力不仅要加强中国自身的生态环境能力和经济社会可持续发展能力，同时也要扩大中国在全球生态环境保护的影响力，形成中国生态环境保护和改善的正的外部影响。中国积极参与全球环境竞争并不是对全球资源的掠夺，也不是将污染对外转移，而是要在竞争中与其他国家一起为全球环境的改善做更大的努力。由于全球环境竞争力的不平衡，中国作为先发展起来的发展中国家和有责任担当的大国，应加强对不发达国家的环境治理援助，体现中国参与全球环境竞争的包容和公平正义性，可以为中国赢得国际上的信誉，赢得更多国家的赞许和支持。

## 四、提升国际环境治理地位是提升中国环境竞争力的重要保障

马克思主义生态思想认为资本主义制度是造成生态危机的根本原因，在马克思恩格斯看来，合理的制度和生产方式才是解决生态环境问题最根本的保障。“马克思主义关于‘历史向世界历史的转变’思想，在揭示出资本主义全球化趋势的同时，实际上也揭示了生态问题全球化的趋势。”① 生态马克思主义理论从

① 安勇：《马克思主义生态文明思想及其现实意义》，载于《四川经济管理学院学报》2009 年第 4 期。

全球视角来把握生态危机的根源，认为："当前资本的全球化本质上是资本所支配的权力关系的全球化，资本利用其制定的不公正国际政治经济关系和国际分工，进一步掠夺发展中国家的自然资源，并通过国际分工将污染产业转移到发展中国家，转嫁生态问题。"① 由于各个国家的制度不完全相同，政治经济体制也各有差异，因此在生态环境方面的制度安排也不一样。全球生态环境制度规则的竞争也是全球生态环境竞争的重要组成部分，中国参与全球环境竞争不仅是作为参与者的身份被动地适应国际规则，更要主动地融入全球环境治理体系中，改变长期以来由发达资本主义国家所设定的不合理的制度安排。要加强我国生态文明建设，积极推动国际环境治理体系建设，以中国方案和中国模式为其他国家环境治理提供样板，夯实我国在国际环境治理中的地位和话语权，这是提升中国环境竞争力的重要制度保障。

## 五、提高自然生产力水平是提升中国环境竞争力的内在动力

马克思有关自然生产力的观点认为，自然物本身蕴藏着有助于物质财富生产的能力，人本身也具有自然力，劳动力的生产生活环境直接决定劳动者劳动能力的恢复和持续使用。马克思恩格斯还充分肯定了科技进步的作用，认为与环境有关的科技进步可以提高人们认识自然和改造自然的能力，"现代自然科学和现代工业一起对整个自然界进行了革命改造，结束了人们对自然界的幼稚态度以及其他幼稚行为。"② 自然生产力水平的提高代表的正是人类文明的进步。苏联在加强生态环境保护时虽然很多制度设置流于形式，没有很好地贯彻下去，但"苏联的经验表明，社会主义制度的建立并不等于资源和生态可持续性问题就自动解决了"③，要加强自然科学和环境社会科学的支撑。因此，提升我国环境竞争力还要注重提升自然生产力水平，正如习近平总书记提到的"保护生态环境就是保护生产力，改善生态环境就是发展生产力"，自然生产力会转化为社会生产力，而社会生产力是推动我国经济社会发展进步的根本动力。我国要提高自然生产力水平，加强技术创新，通过创新驱动来加快自然系统的循环和提升自然系统的净化能力，促进资源要素的合理配置，特别要提高劳动力素质，增强人们环境保护意识和合理改造自然的能力，从而为提升中国环境竞争力积蓄内在动力。

---

① 王雨辰：《论生态学马克思主义与社会主义生态文明》，载于《高校理论战线》2011 年第 8 期。

② 《马克思恩格斯全集》（第 10 卷），人民出版社 1998 年版，第 254 页。

③ 田猛：《苏联的环境保护问题及其对中国生态文明建设的启示》，载于《人文地理》2010 年第 3 期。

# 西方生态思想及其对中国环境竞争力的影响

工业革命带来的环境破坏，特别是引发一系列重大的环境危机，推动了西方环境保护运动的兴起与发展，同时也引发了一大批环境经济学家、哲学家和政治家对生态环境保护的思考，形成了西方生态文明思想。西方生态文明思想也是以人与自然关系作为立足点，虽然主张人与自然和谐共处，但又深深烙上资本主义制度的印记，受多个派别利益分歧的影响，不同学派在如何处理经济利益与环境利益关系中充满了分歧与矛盾，形成了不同的主张。虽然西方生态文明思想有其历史和阶级的局限性，但是其理论又一定程度来源于资本主义国家的实践，有其科学的一面，可以为中国环境竞争力提升提供经验借鉴，拓展中国生态文明建设的思路和空间。

## 第一节　西方生态思想的发展演变

### 一、西方生态思想的萌芽期

在农业革命以前，人类对自然是敬畏和崇拜的，对环境的影响极为有限，生态环境基本上按照自然本身的规律发展变化。随着人类进入农业社会，历史上出现了第一次人口爆炸性增长，人口的剧增加大了对食物的需求，农业垦殖面积和种植范围的不断扩大对环境产生了一定的影响。受制于落后的生产力，人类主要通过大面积砍伐森林、开垦草原来扩大耕种面积，大片肥沃的土地由此也逐渐变成了不毛之地，如古希腊人将耕地向原本是林地或牧场的山坡推进，结果导致被过度砍伐的林地上的土壤失去了保护而被雨水冲蚀，农业生产一方面创造着农业文明，另一方面由于生态环境的破坏又摧毁着农业文明。农业文明的发展不当引发生态环境恶化催生出人类最早的保护环境思想。古希腊思想家柏拉图、亚里士多德等较早提出人类发展要与环境承载相适应，要适度保持人口规模，否则到明天只会留下一些“荒芜了的古神殿”。“古罗马的哲学家兼诗人卢克莱修和历史学家李维也意识到土壤侵蚀和地力枯竭可能带来的恶果，并开始寻求如何更好地利用土地来满足人类的生存。”① 古希腊和古罗马时期产生质朴的生态思想，看到了人类活动会影响自然界，不过这一思想是建立在人是自然的一部分的基础上。

西欧的农业生产引发的生态环境问题虽不突出，但是城市的大量增加带来的人口集中也引起了严重的城市污染问题，如十二、十三世纪西欧出现的烟的公害问题，1661 年英国作家约翰·伊凡林在《驱逐烟气》这本书中对伦敦的烟雾事件作出了极大的讽刺。中世纪的欧洲是人类历史上最黑暗的时代，是封建的基督教世界，宗教对社会的控制广泛渗透到欧洲政治、经济、文化、日常生活等各个方面，在鼓吹由上帝统治一切的神学社会里，宗教的力量超越了自然的力量，认为自然应该由神化了的人来主宰，这完全颠覆了人与自然的本源关系，在宗教的统治下，人格化的神具有超自然的力量，即主宰一切的上帝给了人们统治自然的特权，人不应该顺应自然，而是要控制和改变自然，如中世纪天文学理论就认为人是宇宙的中心。

工业革命之前人类对人与自然关系认识还从属于人与社会的关系，主要是当时的宗教意识形态对整个社会具有强大的控制力，神学的力量超过了科学的力量，再加上生态环境破坏只是局部性的，没有造成重大影响。虽然已经有一部分有识之士呼吁对环境保护，但并没有提出切实的政策措施，民间的发声也没有得到政府部门的重视。中世纪的宗教思想影响深远，把神置于中心地位，特别是神化了的人具有超自然的力量，这在一定程度上为人类征服自然和改造自然提供了借口，也一定程度上导致工业化时期人类对自然环境的破坏。

## 二、西方生态思想的发展期

中世纪的后期，随着商品经济发展和资本主义萌芽，宗教神学的统治和压迫

---

① 黄茂兴、叶琪：《马克思主义绿色发展观与当代中国的绿色发展——兼评环境与发展不相容论》，载于《经济研究》2017 年第 6 期。

日益引起人们的不满，新兴资产阶级冲破教会神学束缚愈加强烈，欧洲终于在14～16世纪兴起了一场思想文化运动即文艺复兴。文艺复兴反对以神为中心，肯定人的尊严和价值，实质是在复兴希腊罗马古典文化的名义下反对封建文化的统治，宣扬资产阶级的思想文化。思想禁锢的解除为整个社会的发展提供了更加自由的空间。一大批思想家、哲学家、文学家等重新认识和思考世界的变化，推动了文化、哲学和艺术等社会事业的发展和繁荣，产生了一大批思想理论成果，为资产阶级革命和资本主义发展提供了充分的理论依据，也推动着生态思想的发展，奠定了西方生态文明思想的基础。思想上的进步极大地推动了资本主义生产力的发展和科学技术的进步，为工业革命做了充分的理论准备。由于资本对利润的过度狂热追求和不恰当的生产方式，工业革命成为一把“双刃剑”，带来生产力巨大飞跃的同时，也加剧了生态破坏和环境污染的扩散化，利益驱动着资本加剧对生态环境的肆意破坏和对自然资源的无度索求，最终酿成了一系列的环境危机事件，引发了一部分哲学家、思想家开始重新思考人与自然的关系，思考经济发展与生态环境的关系，生态思想伴随着经济发展日益丰富。这一时期，西方生态思想广泛分散在各个学科中，影响比较深远的主要有三个方面。

### （一）从生态哲学角度建构人类中心主义自然观

文艺复兴的思想解放推动了自然科学和技术的发展，把人从宗教统治中解放出来，重新强调了人的重要性，肯定了人的价值和尊严，但是也过于夸大了人的作用，认为人是万物的创造者，甚至凌驾于自然之上，表现了对自然规律的漠视，形成了人类中心主义的自然观，也是机械论自然观。这一时期有一批思想家从哲学的角度来思考人性，探讨人与自然的关系，如笛卡尔提出“我思故我在”、人可以“借助实践使自己成为自然的统治者”；康德主张“人是目的”“是自然界的最高立法者”，把人类中心主义从朴素的价值观提升为完整的理论形态，而且他还以自然界的动物为例，认为人和动物的根本区别在于人是理性的，而动物是非理性的。培根著名的“知识就是力量”的论述，以及洛克主张的“对自然界的否定就是通往幸福之路”，更是提出了人类征服和改造自然的手段，鼓励人们在征服自然中获取更大的利益。这些主张和观点都强调人作为意识主体的重要作用，无意识的自然应该受有意识主体的控制。发端于天文学领域的近代科学革命建立了近代科学体系，近代科学革命使人们对物质世界的认识更加深刻，但也进一步强化了人类中心主义的观念，特别是人类借助科学技术在改造世界中取得一次又一次的胜利，更是强化了人类征服自然的信心以及自认为是自然主人的主体价值观。文艺复兴时期的机械自然观肯定人的积极性、主动性和创造性，这是人类思想史上的重要进步，然而又走向了另一个极端，过度地夸大了人的作用，这种人类中心主义自然观影响着西方社会文明中形成自我价值观。人类中心主义自然观迎合了资本主义处于上升时期的需求，为资产阶级对经济利益的追求进行辩护，也成为资本主义统治和征服世界不断膨胀的欲望的借口。

### （二）从经济学角度探寻资源配置的最优方式

经济学家们早已意识到资源是有限的，而人的欲望是无限的，如何实现资源的优化配置成为经济学的研究对象，在处理人与自然关系以及经济发展和生态环境保护的关系时就是要从资源稀缺性角度出发，实现资源最优配置，获取最大的经济利益。早在重商主义时期，重商主义学者霍尼亚、塞拉等就已经意识到人口、资源等要素对经济发展的重要作用。古典经济学时期的亚当·斯密提出人口的增加会带来资源的短缺，稀缺是通过商品的价格体现出来，市场机制可以调节这种稀缺，实现资源的优化配置；马尔萨斯进一步强调资源的稀缺是绝对的，不会因为技术进步和社会发展而有所改观，要妥善处理人口、资源与环境之间的关系；李嘉图在综合了萨伊定律、土地收益递减规律以及马尔萨斯人口理论基础上，认识到人口和生活资料之间的矛盾，生态环境的再生能力是有限的，并进一步提出自然资源相对稀缺论，而技术进步有助于解决资源稀缺问题；约翰·穆勒则第一次探讨了关于人类社会的经济增长和自然环境的承受界限问题。到了新古典经济学时期，经济学家们关注稀缺资源的分配，着眼于物质的投入和产出，力图实现成本减少和生产效益增加的目标，他们肯定价格和产权在调节生态环境方面的重要作用。霍特林肯定了价格在推动经济持续增长中的作用，而价格又取决于市场，无须政府干预；庞巴维克认为，土地、资本以及耐用消费品是同等重要的；索利首次运用边际效用原则来分析采掘业的价值，并得出了矿产资源是有限的，是不可持续的资源的结论，也论证了征收矿产税的合理性。新古典经济学看到了人类经济活动会对外界环境产生较大的影响，为此，马歇尔承继了亚当·斯密的观点，认为资源是稀缺的，但是这种稀缺性并不会阻碍经济发展，价格机制会自动引导资源配置，使生态资源环境不会被过度开发，后来杰文斯提出了生态资源环境绝对稀缺的概念。马歇尔提出了外部经济的概念，这一概念引发了许多学者探讨如何解决外部性问题的兴趣。庇古认为解决外部性问题可以用立法、税收和补贴等政策实施来实现，以科斯为代表的新制度经济学派注重利用产权作为解决的手段，认为只要把产权界定的方式内生化到市场机制中，就可以有效解决市场失灵问题。1968 年英国学者哈丁提出了著名的“公地的悲剧”的概念，他认为生态环境资源是一种公共资源，而制度的缺乏会导致公共资源自由滥用，资源的有限性和个人欲望的无限性必然会导致生态环境资源的滥用和破坏。①

工业化带来的生态环境污染和破坏吸引了一批学者开展对这一问题的研究，从中衍生出的环境经济学者和生态经济学者十分注重环境的承载能力，主张通过环境成本内部化，减少物质流，实现零增长等实现可持续发展的目标，客观上推动了环境经济学和生态经济学的发展。20 世纪 60～70 年代兴起了研究生态系统和经济系统复杂系统结构、功能及其运行规律的生态经济学，他们批判新古典经济学站在人类中心的角度只关注人的经济利益而忽视了社会利益，主张从生态系统的角度来考察资源分配的公平正义问题。

显然，在经济学理论的发展更迭中，始终洋溢着生态思想，这些经济学者们不仅意识到环境问题伴随着经济增长而存在，而且还就如何解决环境问题提出了相应对策。但是由于受资本主义制度的约束和限制，经济学家们对生态环境问题的讨论始终站在资产阶级利益的立场上，无论是强调生态环境的保护，还是人与自然关系的调整，抑或是资源要素的节约等，最终都是为了能更好地利用有限的资源使资产阶级获得最大的经济利益。在他们的思想范畴中，生态环境是经济系统的外生变量，解决生态环境问题必须在不触动经济利益的基础上进行，要获得更多的经济利益。因此，保护生态环境不是目的，只是为了实现更大经济利益的手段而已。这一时期，经济学家们对人与自然关系的认识也把对环境问题的讨论从学者间的研究上升到政府与市场之间的博弈。

### （三）从生态人文的角度表达对自然的情感

特定的自然环境中的生产生活激发了诸多文学家和思想家的思考，他们崇尚自然、赞美自然，通过文字描述适宜人类的自然环境和表达保护自然的意愿。在文艺复兴时期，吟咏大自然、歌颂大自然成为诗人们笔下最常见的主题，埃德蒙·斯宾塞的《迎婚曲》、托马斯·纳什的《春》、斯宾塞的《仙后》、亨利·霍华德的十四行诗等都以优美的诗句描绘了自然的美妙以及人与动物之间的和谐相处。

英国工业革命时期的生态文学充满了生态思想。18 世纪著名博物学家、作家怀特用书信体写成了《塞耳彭自然史》，这部博物记记录了塞耳彭村这一英国乡村的鸟兽鱼虫等自然生态变迁的历史，包括生物气候学、动物行为学等等，虽然表面上是对自然万物的文学描述，但却具有极为重要的生态学价值，怀特把塞尔彭村近郊视为一个复杂的并相互之间发生联系和物质交换的统一生态体，彰显

① 姚从容：《重新解读“公共的悲剧”》，载于《财经理论与实践》2004 年第 2 期。

了其生态系统的观点。从生态人文的角度来描述大自然的另一个代表人物是梭罗，他是19世纪浪漫主义思潮的代表人物，他的诸多作品中运用了希腊神话人物和圣经典故，以及英国历史上著名的诗人诗句来表达对大自然的热爱。他的代表性作品《瓦尔登湖》描述了他独居瓦尔登湖两年多的时间里的所见、所闻、所思，系统地分析了自然界中存在着内在关联的诸多现象，充分表达了对大自然的赞美，这一文学作品充满了作者的思考，呼吁人们敬畏自然、爱护自然和保护自然，是一部生态主义思想的代表作。美国生态文学作家约翰？缪尔是世界早期环保运动的领袖、国家公园之父，他反对当时美国政府将自然视为是人类可以征服的对象，反对美国政府的自然环境政策中盛行的功利主义思想，《我们的国家公园》这部作品描述了自然界的美景以及人与自然的和谐，带给读者极度美的感受的同时也透露出作者从美学视角强调一种以自然本身为价值尺度的“自然美学”，强调自然才是人类的精神源泉。①

生态人文主义者们采用了文学方法，用他们擅长的文字工具以一种寂寞的、恬静的、优美的文笔表达了对生态环境的忧思。② 他们的灵感和忧思来自他们所生活的时代，他们也以文人墨客的身份充分地表达了对大自然的热爱，呼吁对自然的保护，从生态系统的角度倡导人与自然的和谐。但是这些思想主要还是限于作者们个人情感的表达，表达之意含蓄，产生的社会影响比较有限，也没有从经济和政治层面提出一些对策。

## 三、西方生态思想的高潮期

20世纪中叶以来，长期工业化累积的生态环境污染和破坏终于演变成一系列环境危机事件，如1946年和1948年美国洛杉矶两次光化学烟雾事件、1948年美国宾夕法尼亚州多诺拉镇的烟污染事件、1952年的伦敦烟雾事件、1970年日本东京的光化学烟雾和二氧化硫事件等。自然对人类的报复和惩罚引发西方社会普遍关注和强烈反响，唤醒了人们环境保护的意识，并广泛影响着西方国家的环境决策和环境价值观，推动了西方环境保护运动的兴起与发展。20世纪60年代以来，很多国家和地区纷纷成立了环境保护管理机构，到20世纪80年代已经有100多个国家和地区设立这一机构；非政府环境保护组织也纷纷设立，到1981

① 秦书生、鞠传国：《生态文明理念演进的阶段性分析——基于全球视野的历史考察》，载于《中国地质大学学报》2017年第1期。

② 于文杰、毛杰：《论西方生态思想演进的历史形态》，载于《史学月刊》2010年第11期。

年数量已达15000多个，成为民间环境保护的重要力量；1972年，联合国大会把每年的6月5日定为世界环境日；国家和地区间也纷纷签署了有关环境保护的国际协议或地区性协议，等等。随着环境保护实践的开展，人们对生态环境问题的认识不断深刻，关注的重点也逐步从纯粹的保护环境转向更多思考协调环境保护和经济增长的关系，生态环境问题演变为不单是一个关系人们生存的问题，也是一个经济问题和政治问题，是事关一个国家和地区发展命运和前途的问题。解决环境问题的行动也从民间的自发行动逐步上升到道德伦理层面和国家政治层面。西方国家在开展环境保护运动的同时还兴起了以反对核试验和维护世界和平为目的的绿色和平运动，在此期间，美国、联邦德国、瑞典、日本等国家纷纷成立了绿党，并登上政治舞台，将环境保护上升到前所未有的高度，用行动表达了这些国家正通过政治上的强大约束力来推动环境保护运动的开展。

环境保护运动的兴起与发展一方面以长期以来形成的西方生态思想理论为基础和依据，同时又推动西方生态思想的发展与创新。20世纪中叶以来，生态环境保护运动的开展也使西方生态思潮异常活跃，主要有“深绿”和“浅绿”两大组成部分，“深绿”主要指的是以生态中心主义为基础的生态主义思潮，即非人类中心主义，以自然界以及自然界的生物为中心，人类必须遵循自然界的变化；“浅绿”是指以现代人类中心主义为基础的生态主义思潮，强调人是自然界的能动主体，不仅要顺应自然规律，并且要凭借人的智慧改造自然。深浅之分主要是基于对自然界力量以及人的作用不同，但是他们的理论共同点都是在维护资本主义制度前提下，通过生态价值观的变革来解决生态危机。在此期间，还有一个被称为“红绿”的派别，主张变革资本主义制度，从根本上解决资本主义生态问题，这一观点与马克思主义生态思想的主张具有一致性。除此之外，还有生态政治理论和生态现代化理论，这些西方生态理论观点在生态危机的根源、生态价值观、生态治理方式等方面存在着不同的主张，深刻地影响着当代西方国家的经济发展与政治制度变革，概括起来主要有以下几个方面：

### （一）生态伦理视角下的非人类中心主义

人类中心主义自然观指导下的工业化造成了人与自然的严重对立，也使人们逐渐意识到自然的力量是人类无法抗拒的，一系列反对以人的利益和价值为中心的理论思潮兴起，并进一步形成了道德伦理上的意识和规范，即非人类中心主义生态伦理观。这一思想批判长期以来人类中心主义对自然的无视和肆意践踏是造成生态危机的根本原因，主张自然界和人在地位上是完全平等的，对自然界的非人类生命物种都要给予必要的尊重，形成了“绿色”思潮。

非人类中心主义的生态思想大体经过了动物权利解放论、生命中心论和生态中心论三个阶段，主要包括“个体主义”和“整体主义”。[①]“个体主义”思想主要有澳大利亚的彼得·辛格提出的动物解放论，认为动物同人类一样也是生命主体，也应享有道德权力；施韦兹提出的生物中心论认为一切生命都是平等的，要建立“敬畏生命的伦理学”；泰勒主张对自然界所有生命有机体，包括所有种类的动物和植物都要尊重和公平对待，形成了“尊重自然界的伦理学”。“整体主义”思想是从生态整体系统内部的联系和规律来阐述生态伦理的，最有代表性的是美国环境主义者利奥波德，他在1949年出版的《沙乡年鉴》一书中，第一次把人与自然的关系和生态学思想引入伦理学领域，标志着生态伦理学的诞生，他特别强调土地是一个共同体的概念，是土地孕育了人类文明。美国学者罗尔斯顿等建构了以自然价值论为核心的生态伦理思想体系，并提出了“系统价值”概念，凸显了生态系统整体性的内在价值。[②]美国学者巴里·康芒纳在《封闭圈》一书中也提出：“生态系统在更大程度上是社会利益而不是私人利益，生态系统需要的是一个社会的道德准则，而不是私人的道德准则。”

非人类中心主义运用生态伦理的思维使人们在对人与自然的看法上获得了一次大解放，尊重自然、尊重生命是人们道德上的权利和义务，倡导社会公平公正，这是人类文明发展中的重大进步。当然，非人类中心主义也存在着一定的缺陷，过分夸大人类中心主义价值观的效应，认为工业生产对自然资源的过度开发和利用是生态危机的根源，这种观点过分夸大人的作用，“忽视了社会思想与自然——物理环境之间的联系”。[③]非人类中心主义赋予自然权力和价值，但是对自然这样一个无意识的主体如何实现权力和价值却没有论述，过于夸大自然的力量反而忽视了生态危机的深化与工业文明全球化同步的趋势。非人类中心主义通过贬低人的作用来凸显自然的作用，忽视了人的主观能动性，降低了人的尊严，佩珀称之为“缺乏对现代大规模技术的信任”和“憎恨物质主义”。[④]从本质上来看，非人类中心主义强调通过塑造生态伦理来解决生态危机，分散了人们对生态问题的关注点，特别是回避从资本主义制度的角度来谈生态问题。

---

① 杜晓霞：《论西方生态观的两种思潮与马克思主义生态思想》，载于《兰州学刊》2013年第11期。

② 林雪梅：《当代西方生态思潮评析》，光明网，http://theory.gmw.cn/2013-10/13/content_9157456_2.htm。

③ 约翰·贝米拉·福斯特著，肖峰译：《马克思的生态学：唯物主义与自然》，高等教育出版社2006年版，第65页。

④ 戴维·佩珀著，刘颖译：《生态社会主义：从深生态学到社会正义》，山东大学出版社2012年版，第705页。

### （二）利益视角下的现代人类中心主义

随着全球性环境问题的出现和生态伦理学的发展，人们逐渐意识到对自然肆无忌惮的掠夺和征服虽然获得了暂时的利益，但却损害了长远的利益，要想获得稳定持久的利益，就必须改变对自然的看法，于是，传统人类中心主义开始转向现代人类中心主义。现代人类中心主义与传统人类中心主义相比，虽然仍然强调人类的利益和价值始终处于中心地位，但同时也强调人在改造自然获得自身利益的同时不能肆意破坏自然，要对自然负起必要的责任和义务。一些现代人类中心主义伦理者明确提出要反对“人类统治主义”“人类征服主义”，要维护人类的共同利益，包括当代人和后代人的利益，也被称为弱人类中心主义。在现代人类中心主义中，人是主体，自然是客体，但是人对自然的开发和利用不再是之前野蛮的、不计后果的方式，而是要兼顾对自然环境的保护。

现代人类中心主义中影响比较大的有澳大利亚哲学家帕斯莫尔，他的作品《人类对自然的责任》是现代人类中心论的代表作，该书指出传统哲学和宗教把人类看作是自然界的主宰是错误的，人类应该保护、热爱和尊重大自然。美国学者诺顿在 1988 年出版的著作《为何要保护自然的多样性》也是现代人类中心论的重要代表作，该书不但指出人与自然和谐相处的重要性，而且还提出了代际的公平，“我们之所以对生态环境的破坏负有道德责任，主要就源于我们对于人类生存和发展以及子孙后代利益的关系。”这一定程度上体现了可持续发展理念。

现代人类中心主义提出的人与自然和谐的观点是对以往处理人与自然关系理论的重大创新和突破，推动了西方生态界想的发展。但是这一理论的观点也有局限性，首先，弱人类中心主义强调人类的整体利益和长远利益虽然具有伦理的积极性，但是却表现出“历史必然性不充分的缺陷”，回避资本主义制度来讨论解决生态危机的路径是不现实的，也是不可能实现的。其次，人类整体利益难以实现，由于发达国家和发展中国家的经济发展水平存在较大差距，社会和文化方面也体现较大的差异性，资产阶级和无产阶级之间的矛盾是不可调和的，特别是随着经济全球化的推进，资本主义制度的剥削性和强权进一步的强化和蔓延，整体利益成为一种理想的状态，不消除制度上的分歧就不可能实现整体利益。此外，弱人类中心主义强调代际的公平，但却没有具体构建实现的路径，缺乏现实的指导性。可见，利益在生态环境保护中占据核心地位，对自然的态度和行为的转变目的还是为了获得更大的利益，这样的观点和立场仍然带有浓重的自私的色彩和资本制度的阶级特性，不利于自然界的平衡发展，也不符合自然环境的变化规律。

### （三）平等诉求视角下的生态政治理论

罗马俱乐部在《增长的极限》中的预言对传统经济发展方式提出了巨大的挑战，石油危机的爆发更是体现了资本主义工业生产的弱点，人们开始期待政府能提出生态危机的解决方式和开辟一条新的经济发展道路。与此同时，西方工业国家的中产阶级不断壮大，他们对自身的生存环境和未来发展有强烈的诉求，积极参与环境保护运动，并希望提升自己的政治地位，通过政治力量来保障环境保护运动的开展，生态政治理论有了强大的群众基础。20 世纪后半叶，西方生态运动中出现的绿党逐渐成了一支独立的政治力量，作为左翼政治组织，绿党必须要"彻底改变现行经济与社会结构，建立起人与自然、人与人和谐相处的理想社会"①。绿党从单纯的、激进的环境保护力量逐渐发展成为在西方政坛和社会中占有重要地位的政党，其政治主张就是通过强有力的政治理论和制度设计促进人与自然更加和谐，如德国绿党 1980 年在其纲领中提出："我们代表一种完整的理论，它与那种片面的、以要求更多生产为牌号的政治学是对立的。我们的政策以未来的长远观点为指导，以四个基本原则为基础：生态学、社会正义、基层民主以及非暴力。"② 这正好符合了广大群众的诉求，吸引众多中产阶级人士加入这一政党。在政治参与和生态环境保护运动的实践中，绿党逐渐总结和凝练了绿党政治理论，成为生态政治理论的重要组成部分。

生态政治理论将生态融入政治中，强调在政治制度建设中要充分考虑生态利益，形成有利于生态环境保护的政策和制度，为人与自然和谐共处提供政治制度保障。具体而言，生态政治理论主要包括六个方面：生态理论、社会责任、基层民主、非暴力、分散化、女权主义。这些主张突出责任意识和平等意识，反对剥削、否定对自然资源的掠夺、否定对自然循环系统的破坏，充分表达了新兴阶级对政治地位的诉求和借助生态环境保护谋求阶级地位的提升，强化了人与自然地位平等、阶级平等的观点，对西方的政治观念、政党结构都产生了较大的影响。

生态政治理论突破了长期以来把生态环境问题作为经济领域问题的界限，将其上升至政治的高位，绿党运动的宣传和诉求推动了环境问题越来越受到社会广泛关注和重视，唤起更多的人反思工业文明，反思人与自然之间的关系。但是绿党在反对工业经济生产、淡化阶级和国家利益等方面还存在着空想的成分，绿党的政治影响有限，难以从根本上撼动资本主义的政治结构，也难以对资本主义的

① 董晓霞：《德国绿党的生态政治理论》，载于《理论视野》2001 年第 4 期。

② 弗·卡普拉、查·斯普雷纳克：《绿色政治》，东方出版社 1988 年版，第 58 页。

生产方式产生实质性改变。

### （四）转型视角下的生态现代化理论

长期以来，西方生态思想把造成生态环境问题的原因主要归结于工业化，并认为工业生产方式转型是解决生态环境问题的重要出路。工业生产和环境保护之间的矛盾是否是不可调和的？如何妥善解决好经济增长与环境保护的关系，实现两者的互利共赢？这些问题直接关系到经济社会转型的方向和成效，伴随着经济社会转型而呈现的技术创新、制度变革、产业升级等为环境保护提供了新的手段，开辟了新的路径，逐渐形成了生态现代化理论。

20世纪80年代，德国学者约瑟夫·胡贝尔、马丁·耶内克和荷兰学者阿瑟·莫尔等率先提出了生态现代化理论。早期的生态现代化理论者认为环境保护不应成为经济发展的负担，依靠科学技术创新是可以解决环境问题的，但是他们的这一观点也招致了反对工业化的反生产力主义学者们的抨击。20世纪90年代开始，生态现代化理论开始更加关注国家在经济社会转型过程中的改革、制度变迁、技术创新、文化进步等方面的作用，表达出了两个方面的鲜明观点：一是重新审视工业化和环境问题的关系，认为环境污染并不是工业化不可避免的结果，而是工业化发展到一定阶段后遇到的阻碍，是社会、技术和经济改革面临的挑战。只要能应对这些挑战，经济发展与环境保护是可以同时实现的；二是强调现代社会的制度转型，认为在科学和技术、生产和消费、政治和治理、市场等制度转型的推动下，能促进整个社会的生态转型。① 这两个观点都表达了转型是实现生态环境保护的手段和路径。如今，生态现代化理论越来越被社会所接受，影响也越来越广泛，在全球化问题、环境问题改革、可持续发展等问题上被广泛应用。

生态现代化理论消除了传统上认为工业化与环境保护相对立的片面意识，强调工业化与生态化是可以相互融合的，经济增长与环境保护是相互促进的，要实现这种和谐共赢需要以经济社会体制改革、技术创新、政府作用、市场机制等生态化转变为保障，为生态环境保护提供了新的思路和视角。

此外，当代西方生态思潮中还出现了生态社会主义、生态女权主义、生态批评等多种生态理论，近年来，环境公民权理论、绿色国家理论、环境全球治理理论等也纷纷出现，反映了西方生态环境运动中生态环境保护的认识不断提高，并且逐渐突破了国家限制，从全球视野中考虑如何解决生态环境难题，积极推动开

---

① 王宏斌：《借鉴生态现代化理论，推进我国生态文明进程》，载于《红旗文稿》2016年第12期。

展全球环境合作，为全球生态文明的发展不断注入新的要素。

## 第二节　西方生态思想对提升中国环境竞争力的影响

西方生态思想庞大而繁杂，特别是20世纪中叶以来，西方生态思想融入了多元化的现代文明，以及多个利益主体的差异化诉求，在自由主义思潮的影响下，西方生态文明思想显得泛散多样，而且不同理论主张之间有的还相互矛盾和对立，既有人类中心主义，也有生态中心主义，既有以经济利益为主，也有政治主张，既主张依托群众的力量，也主张依托政府的力量。西方生态思想多数是基于民间环保运动中总结形成的规律和经验，体现自下而上的诉求，因此这些思想又带有区域性、阶段性的特征。西方生态思想还带有很强的哲学意蕴，包含世界观、思维模式、价值观等精神因素，同时也强调生态伦理关系，把生态价值观和社会制度联系在一起，等等。虽然西方生态思想是在资本主义制度框架内，本质上是为资本主义制度辩护，但是其中的一些生态伦理思想，以及在生态环境保护实践过程中的做法和经验还是值得中国借鉴的，西方生态思想的多样性一定程度上为我国生态文明建设提供了多方位的视角，开拓了环境竞争的视野，也拓展了我国提升环境竞争力的空间。

### 一、环境竞争力提升要以强有力的制度为保障

资本主义制度下的经济是一种自由主义的经济，重视市场机制的作用，同时具有强烈的阶级性，不同阶级的利益诉求不同，看待环境问题的角度和出发点也不同，形成了多样化的环境思想。每个阶级的生态伦理和价值观的差异，政策主张也不同。在自由的市场经济下，资本主义生态环境治理缺乏强有力的制度约束，特别是缺乏系统性的顶层设计，虽然从表面上看不同政策主张的目标都是改善生态环境，促进人与自然的和谐，但是在其背后却涌动着不同主体的利益之争，由于缺乏一个能协调各方利益的机制，各种生态环境保护的约定存在着很大的不确定性和不稳定性。资本主义制度是维护资产阶级利益的，甚至会以牺牲广大人民群众的利益为代价，此外，一旦政府在某种生态思想影响下形成了生态治理的政策和措施，由于存在着多个不同生态思想的影响，其推行也需要进行宣传游说以获得更大民众群体的支持，这大大降低了环境治理的效率。因此，生态环境问题的系统性和全面性决定了生态环境治理是一种全方位的治理，提升环境竞

争力需要各方的共同努力形成合力才能达到预期的效果，这就需要有一个强有力的制度做保障，需要有一个能消除各方矛盾、统筹兼顾各方利益特别是最广大人民群众根本利益的制度，需要有一个能做好顶层设计，多方拥护、高效实施的制度保障。我国生态文明建设进程中，提升环境竞争力的前提就是要建立完善的生态文明体制机制，着眼于长远、着眼于广大人民的根本利益，自上而下地形成生态环境保护的制度和法律体系，确保环境竞争力提升的一致性、稳定性和长期性。我国社会主义制度具有比资本主义制度更大的“集中力量办大事”的优势，要充分发挥这一优势，为我国环境竞争力提升提供强有力的制度保障。

## 二、环境竞争力提升要实现人与自然的平衡

西方的生态思想也重视对人与自然关系的分析，不管是讨论人与自然关系中谁处于中心地位，还是生态文学、生态伦理思想中推崇的人与自然的和谐，抑或是生态主义者们从关注自然发展到关注社会多方面的问题，从人与自然的关系中不断衍生文化、社会、政治等问题。西方生态思想中关于人与自然如何实现和谐的路径和方式是多样的，人类中心主义强调人的主观能动性，通过人对自然的积极改造使自然更加适应人类生产和生活的需求；生态中心主义恰恰相反，强调要以自然为中心，人的生产和生活要适应自然变化的规律；现代人类中心主义则强调要在自然可承受的合理范围内对生态环境进行适当的改造。人类中心主义突出人重要性，但却忽视自然的生命性和价值性；生态中心主义过度夸大自然的作用，忽视了对人的尊重；现代人类中心主义在尊重自然的同时也尊重人，但是总的来说是以人为主；生态伦理学强调自然也具有价值和权利，人对自然负有直接伦理义务，要形成人与自然协调的新生活方式；社会生态学则倡导“辩证的整体主义”，个人在推动生态共同体建设中也能实现个人的价值。这些生态思想的差异体现了在看待人与自然关系中的利益立场不同，过于强调人或者自然的作用，都会引起人和自然之间的失衡，进而会引发很多社会问题。因此，环境竞争力的提升首先就是要处理好人与自然的关系，不夸大人的作用，也不夸大自然的作用，合理定位好人与自然的角色，既要尊重人的主体地位，充分发挥人的主观能动性，通过合理的技术创新修复美化自然，又要尊重自然的主体地位，把自然看作是生命的主体，凸显自然的生命价值。只有实现人与自然在相互尊重的基础上地位平等，才能实现真正的平衡与和谐相处，合力推进环境竞争力的提升。

## 三、环境竞争力提升是一个系统性的工程

西方生态思想和此起彼伏的绿色运动表明了环境问题已引起了西方社会各个阶层的关注，西方国家从政治、文化、权力、制度等多个方面来关注环境问题和提出治理对策，从生产到生活提出的整体利益，形成了系统化的环境意识。但是西方的文化又是注重个体性的文化，认为个人的尊严、自由、生命以及其他权利具有崇高的地位，是神圣而不可侵犯的，因为他们主要从个人的思维逻辑角度来看待整体的利益，同时他们也善于运用他们的思维能力，透过表象和表层来探究事物整体的运行规律和原理。[①] 我国一方面要发扬传统的整体性文化传统；另一方面也要吸收西方的整体性思维逻辑方式，从系统化的角度综合考虑多方面的因素来提升环境竞争力。在经济上要走绿色发展道路，节约资源能源，减少污染物的排放，推崇节俭，反对浪费，大力发展新能源产业和节能产业，依托科技创新提高资源利用效率，形成更加合理的经济结构。在政治上要推进以生态理念为指导的政治体制改革，减少贫富差距，确保社会的公平正义，同时也要鼓励广大人民群众参与到生态建设中，培育广大群众生态环境保护的自觉性，形成生态建设最广泛的基层力量。在文化上要塑造和弘扬生态环境理念的文学艺术，展现和讴歌生态环境建设的美好，唤醒广大人民群众内心的生态保护意识。环境竞争力的提升绝不仅仅是生态环境治理，而是以生态环境治理为中心的多方面的完善和支持，也只有从整体性的角度系统地提升环境竞争力才能形成稳定的合力。

## 四、环境竞争力的提升要警惕西方国家的“环境霸权”

西方国家的生态思想虽然复杂多样，但是都是在维护资本主义制度的前提下的党派、团体间的利益之争，利益是西方生态思想的核心关键词，这种利益是自我的利益，也是排外的利益。虽然西方生态思想的内部充满矛盾和分歧，但是在对外国际竞争中，又会表现出一致性，就是维护本国的利益，加上西方霸权主义从未消失，因此，中国在参与全球环境竞争中要警惕西方国家的“环境霸权”。这种“环境霸权”会表现在西方国家内部，不同的生态思想为了能得到政府的认可并推崇，相互之间存在着激烈的争论，甚至相互诋毁和打压。伴随着不平等的国际政治关系和资本逻辑的全球性扩张，“环境霸权”更多地体现在全球环境治

① 蔡毅：《西方文化与生态文明》，载于《中华文化论坛》2013 年第 11 期。

理中，西方国家会把自己的“生态文明”强加于其他国家之上，在国际经贸往来中，会以环境为借口对发展中国家提出苛刻的标准和要求，阻碍这些国家的出口和对外投资；西方国家会凭借自己在全球环境治理中的主导地位，掌控话语权和主导权，制定有利于自己的规则体系；西方国家已经完成了工业化，并且对工业化导致的环境破坏进行了一定的修复，他们把当前的全球性环境危机主要归结于发展中国家的工业化，并且在国际环境问题谈判上倾向于让发展中国家来承担更多的环境治理责任，甚至以环境为借口来阻碍发展中国家和新兴国家的工业化进程。环境成了发达国家加持在发展中国家和新兴国家身上的一把枷锁。因此，提升中国环境竞争力要警惕西方国家的“环境霸权”，要用中国的生态文明和中国传统文化在与西方的生态文化交流中实现“以柔克刚”，要以中国的生态公平正义输出和生态文明建设的实践争取其他国家的支持，强化中国的环境竞争优势，不断提升中国的环境竞争力水平。

# 第四章

# 中国生态思想的发展演变与生态文明思想的形成

中国是有悠久历史和灿烂文化的文明古国，在五千年文明发展与传承中始终闪耀着智慧的光芒，“自古以来，中华文明在继承创新中不断发展，在应时处变中不断升华，积淀着中华民族最深沉的精神追求，是中华民族生生不息、发展壮大的丰厚滋养。”[①] 中国的四大发明、天文历法、哲学思想、民本理念等在世界上影响深远，不仅增强我国历史发展的厚重感，缔造了灿烂的中华文明，形成中国特有的文化优势，而且这种思想也深刻地影响着当代的历史进程，对世界文明进步发挥了重要作用。这些不断被传承的优秀文明大都和生态有着或多或少的联系。从远古时代开始，勤劳的中国人在原始农业生产中不断探索与自然和谐相处之道，在处理资源和环境问题上产生了最简单、最朴素的生态环境思想，在历史的发展和传承中，这一思想不断被拓展和延伸，并伴随着物质文明和精神文明的发展凝结成中国特有的生态文明，成就了中国在全球生态环境保护和治理中的贡献。沿着中国千百年来文明发展的足迹，梳理中国生态思想的发展与演变，可以更加深刻地领会中国生态文明建设的内涵和实质，指导中国在生态环境保护和建设中的独特意蕴。

## 第一节　中国古代生态思想的发展演变和实践探索

中国古代生态思想的发展与传承是与社会生产力的发展水平、文明的发展以

① 《习近平在亚洲文明对话大会开幕式上的主旨演讲》，新华网，2019 年 5 月 15 日。

及人自身的发展紧密联系在一起的。在远古旧石器时代，人们的采集和狩猎完全遵从自然界的变化，图腾崇拜代表着人们对自然界充满着幻想，这标志着原始的、朴素的生态意识的萌芽。进入新石器时代后逐渐形成的农耕文明标志着人类从蒙昧时代进入了古文明时代，人类对人与自然关系的认识也前进了一步，从思考如何顺应自然的单方面的努力到加强与自然界之间的双向互动，再到利用自然和改造自然，实践强化了人们的意识，也使人类在一次次的探索中更加深刻地把握人与自然之间的规律，创造了灿烂的生态文化，使生态意识上升为丰富的生态思想。在古代生产力发展水平极端落后的情况下，生态问题往往还会和政治问题纠缠在一起，据历史记载，盘庚迁都是因为丧失了生存环境，黄河流域丰沃的土地成就了夏商周王朝灿烂的古文明，但是也同样是因为黄河生态环境的恶化而加速了商朝的灭亡，历朝历代的迁都多半也和生态环境有关。梳理中国古代生态思想是对当前我国生态文明建设理论根源的把握，也是中国在全球生态环境保护和环境竞争中独具韵味的竞争优势。

## 一、中国古代生态思想的萌芽与发展

### （一）从万物有灵到图腾崇拜是古代生态意识的最初萌起

人类产生之初对自然界充满了恐惧和敬畏，生产力低下和对事物认知的蒙昧使早期的人类无法认知各种自然现象，萌生了万物有灵的思想观念，这种早期唯心的哲学思维认为自然界的万物都有思维，并且可以支配人类。泰勒曾指出："古代中国人也完全承认对充满世界的无数精灵的崇拜。"[①] 弗雷泽也指出："中国书籍甚至正史中有许多关于树木受斧劈或火烧时流血、痛哭或怒号的记载。"[②] 原始人对大自然充满敬畏之心，并且赋予了大自然和人类一样的喜怒哀乐，产生不破坏和不随意改变自然的自觉行为。随着对万物有灵认识的不断加深，人们越来越依赖大自然提供的物质，进一步将对大自然的敬重深化为崇拜和依附，图腾崇拜应运而生。图腾是产生于原始时代人们崇敬大自然的奇特文化现象，普遍存在于世界范围，也是最古老的宗教信仰之一，被视为图腾的生物或非生物与所在的氏族和部落有着特殊关系，成了该氏族或部落的象征。"图腾"一词最早产生

① ［英］爱德华·泰勒著，连树声译：《原始文化》，广西师范大学出版社 2005 年版，第 567 页。

② ［英］弗雷泽著，徐育新、汪培基、张泽石译：《金枝》，中国民间文艺出版社 1987 年版，第 172 页。

于北美印第安部落的方言，后来被广泛使用，图腾虽然来自西方，但中国古籍记载显示，在远古氏族部落时期也产生了图腾崇拜，图腾的形式多种多样，有以动物为图腾、植物为图腾、自然现象为图腾、几何图案为图腾等，如我国传说中的黄帝族以熊为图腾、夏族以鱼为图腾、商族以玄鸟为图腾、维吾尔族以“火”“黄土”为图腾，几何图腾作为装饰最早用于服装设计中等，不同的氏族和部落将不同的形式奉为自己的崇拜对象。特别值得一提的是，先民们对龙的图腾崇拜一直到现代仍有重要影响，被视为是人们生活中美好事物的象征。“从万物有灵到图腾主义这一信仰的转变绝不是偶然的，这正是反映人类从以广泛的自然环境为范围之流浪生活转向了以特定的自然环境为范围之定居生活。”[①] 用图腾崇拜来表达内心寄托和精神依附既是人类社会发展到一定阶段的产物，同时也是人类早期的无意识的顺应自然的行动。

图腾崇拜表达了古人对大自然的崇拜和敬畏之心以及他们对大自然的浅显认识。他们虽然无力去改变周围自然界的环境，但是却寄希望于自然界中的动植物能为他们的生存提供更多的衣食之源，寄希望于气候变化能为他们提供更加稳定的生存环境，远古时期的人类已经有了要与自然保持和谐的最简单、最朴素的心理。图腾崇拜使人们自觉形成了不随意捕杀动物和砍伐植物的准则，这种被称为“图腾禁忌”的约束可以看作是远古时期的环境保护。远古人类在图腾崇拜中的顶礼膜拜以及根据自己的臆想创造出各种各样的神虽然有其主观和唯心的一面，但也构成了我国古代自然文化的重要组成部分，表达了早期人类为了生存对自然界的依附、顺从和保护的美好愿望。图腾崇拜为古代生态思想的萌芽提供了启发，为中国传统文化描上浓重的一笔。

### （二）《易经》是中国古代生态思想的萌芽之作

大约 7000 多年前的伏羲氏时代开始出现了卦，伏羲氏首创了八经卦，殷商时期的周文王在此基础上推演了六十四卦，并附上卦辞；周文王之子周公旦把六十四卦配上爻辞；春秋时期的孔子为易卦做十翼，[②] 八经卦 + 六十四重卦 + 十翼构成的《易经》是我国古代多位思想家的思想结晶。“易有太极，是生两仪，两仪生四象，四象生八卦”，《易经》以卦体和卦象的变化揭示了宇宙的演化规律，涵盖了生态系统中的万事万物。《易经》以阴阳之理对天、地、人三者之间的辩证关系进行阐述，从中把握了阴阳变化规律。《周易・系辞》中写道：“古者包

① 翦伯赞：《先秦史》，北京大学出版社 1988 年版，第 110 页。

② 刘静暖、杨扬等：《易经的生态文明思想及其当代价值》，载于《河北经贸大学学报》2014 年第 2 期。

牺氏之王天下也，仰则观象于天，俯则观法于地，观鸟兽之文，与地之宜，近取诸身，远取诸物，于是始作八卦，以通神明之德，以类万物之情。”[①] 伏羲氏通过对天地万物的深刻洞察，总结出了八个表意符号，用天地山泽描述上古先民的生活和生产环境，以及用水火风雷概括了自然环境的变化，这里已经明确指出伏羲氏开始观察和探索自然界万事万物生成的规律及原因，做出了著名的“八卦图”。《周易·系辞上传》中提道：“《易》与天地准，故能弥纶天地之道。仰以观于天文，俯以察于地理，是故知幽明之故；原始反终，故知死生之说；精气为物，游魂为变，是故知鬼神之情状。”[②] 这里指出了《易经》能阐释天地之道，并且能从天文地理的观察中把握人类生死之规律，从自然现象中体会事物发展的本质。

《易经》标志着人类从盲目的图腾崇拜转向思考自然规律和万物本性，从单纯地顺应自然转向探索自然。《易经》所反映的万事万物的阴阳平衡代表了一个系统的平衡，生态平衡是其中之一。《易传》是儒家对《周易》的解释，其中蕴含着丰富的“天人合一”思想，《易传·乾·文言》中提道：“夫大人者，与天地合其德，与日月合其明，与四时合其序，与鬼神合其吉凶。先天而天弗违，后天而奉天时。”《易传·系辞下传》在诠释《易经》卦象的六爻时说：“《易》之为书也，广大悉备，有天道焉，有人道焉，有地道焉。兼三才而两之，故六；六者非它也，三才之道也。”“三才”就是儒家所阐释的天、地、人，也是儒家“天人合一”思想的核心。“《周易》不认为天地是无目的、无情义的，天、地、人形成了一个整体，着重阐明天道与人道之间的相互作用。”[③] “大自然万物的诞生与成长，是建立在阴阳两种力量交互作用的基点上。”[④] 大量对《易经》的研究都明确地指出了其把天、地、人看作是一个统一的系统，这一系统各要素相互作用形成物质循环和生态循环的回路。《易经》从哲学和物质变换的角度来阐述系统的变化实质，跳出了单纯从自然现象表面来认识人与自然关系的束缚，蕴含着深刻的生态哲理。

### （三）以“天人合一”为核心的百花齐放的生态思想

春秋战国时期，诸侯争霸的政治局面放松了对思想的禁锢，社会结构的急剧

① 伏羲氏著，杨天才、张善文译注：《周易》，中华书局2011年版，第607页。

② 伏羲氏著，杨天才、张善文译注：《周易》，中华书局2011年版，第569页。

③ 徐道一：《周易·科学·21世纪中国》，山西科学技术出版社2008年版，第235页。

④ 张善文：《周易：玄妙的天书》，上海古籍出版社2008年版，第9页。

变化和阶级关系的变动促成了不同的政治主张和思想派别的形成，在此背景下，思想领域出现了百花齐放、百家争鸣的局面，推动中国古代文化出现了第一次鼎盛和繁荣。在诸子百家的思想中，其中以儒家、墨家、道家和法家最为著名，他们的哲学思想中也蕴含着丰富的生态思想。同时，诸子百家对生态环境问题的论述也更加直接，形成了有逻辑的思想体系，真正地把生态环境问题从意识层面提升到思想层面。

“天人合一”思想在中国古代传统文化中占据着核心地位，是中国古代哲学发展的智慧凝结，也是中国古代生态思想的高度概括。根源于《易经》的“天人合一”思想，“天”代表自然界以及不以人的意志为转移的自然规律，是世间万事万物的最高主宰；“人”代表的是有生命的人类及人类群体；“合一”就是天和人形成了不可分割的统一体，“天”会影响“人”，“人”也影响着“天”，不仅相互影响，而且互为条件，人必须顺应自然的变化规律才能实现两者的和谐。东方文化大师季羡林先生指出：“‘天人合一’是中国哲学史上一个非常重要的命题，是对东方思想普遍而又基本的表述。这个代表中国古代哲学主要基调的思想，是一个非常伟大的、含义异常深远的思想，非常值得发扬光大，它关系到人类的前途。”① 以“天人合一”思想为基础和核心，诸子百家学派形成了丰富而多样的生态思想。

**1. 儒家的生态思想**

儒家是由孔子创立、经孟子发展、荀子为集大成者，一直延续到现今仍具有重要影响力的学派之一。在儒家博大精深的文化思想体系中洋溢着“仁”“义”“和”“德”等思想，号召人们尊重自然万物、珍惜自然资源、节俭消费，人类以仁义之心善待自然就是善待自己，儒家生态思想概括起来主要表现为以下三个方面：

一是把《易经》中的“天人合一”思想延续并深化。孔子在《易传》里称“天”“地”“人”为“三才”，并视之为世界体系的自然法则，形成了宇宙自然观的重要命题，同时还提出了“日新之谓盛德，生生之谓易”“天地之大德曰生”等，表达了自然界的万物是充满生机、相互联系的一个整体的哲学思想，并且在这一有机整体中，万物“并育而不相害，道并行而不相悖”，虽然彼此之间会有竞争和选择，但是并不影响相互之间的和谐共融，人要通过善心和诚信来发挥重要的沟通和调节作用。孟子以“诚”来阐述天人关系，“诚身有道，不明乎善，不诚其身矣。是故诚者，天之道也；思诚者，人之道也。”（《孟子·离娄

① 季羡林：《“天人合一”新解》，载于《中国气功科学》1996 年第 4 期。

上》）“诚”表示天和人之间的共处之道是友善与真诚，孟子进一步把天与人的心性相连，提出“尽心、知性、知天”。《中庸》吸收了孟子在心性方面的很多论点，把“诚”视为天的本性，“诚者物之始也，不诚无物”，人只有至诚才能与天地一起化育万物，从而把“中和”的思想拓展到自然界，“中者也，天下之大本也；和也者，天下之达道也。致中和，天地位焉，万物育焉。”到了汉代，“天人合一”的思想得到了进一步的拓展和深化，董仲舒明确提出了“天人之际，合而为一”（《春秋繁露·深察名号》），指出人与自然是一个有机的整体，天、地、人的作用各不相同，不可或缺，“天地人，万物之本也。天生之，地养之，人成之。天生之以孝悌，地养之以衣食，人成之以礼乐。三者相为手足，合以成体，不可一无也”（《春秋繁露·立元神》）。宋代的张载第一次正式提出“天人合一”：“儒者则因明致诚，因诚致明，故天人合一”（《正蒙·乾称》），不过他并没有明确提及生态问题。到了明清之际，王夫之说：“夫《易》，天人之合用也。天成乎天，地成乎地，人成乎人，不相易者也。天之所以天，地之所以地，人之所以人，不相离者也”[①]，天、地、人三者被看作是不可分离的整体的思想在历史的发展与传承中不断被认可。

二是主张节约的生态消费观。儒家提倡节俭，反对浪费，并且把节约人、财、物作为经世济国的重要理念，提出“取之有度”“用之有节”的消费观。《左传·庄公二十四年》中提道：“俭，德之共也；侈，恶之大也。”《国语·鲁语（上）》中曰：“财不过用”，《礼记·王制》中曰：“量入以为出”等都明确表达了节俭思想。

当年齐景公向孔子问政时，孔子就直接指出：“政在节财”（《史记·孔子世家第十七》）。在对自然生物上“子钓而不纲，弋不射宿”（《论语·述而》），以鱼和飞禽的例子表达了对自然界的物质要取之有度的生态消费观。孔子重“礼”，然而礼是建立在节俭的基础上的，“礼，与其奢也，宁俭；丧，与其易也，宁戚”（《论语·八佾》），礼与俭的紧密结合表达了节俭本身就是美德之意。孔子对其弟子颜回的节俭赞美道：“一箪食，一瓢饮，在陋巷，人不堪其忧，回不改其乐，贤哉回也！”[②] 公开肯定了节俭乃君子之美德。孟子也主张寡欲和有节制的生活，《孟子·告子上》云：“养心莫善于寡欲。其为人也寡欲，虽有不存焉者，寡矣；其为人也多欲，虽有存焉者，寡矣。”孟子把节俭寡欲与养心、养性结合在一起，从人性的角度突出了节俭的必要性，这是自然生态的必然要求，也是培养贤仁之

① 王夫之、陈玉森、陈宪猷：《周易外传镜铨》，中华书局2000年版，第631页。

② 朱熹：《四书》，中华书局1983年版，第87页。

心的必然途径。荀子进一步发展了这一思想，提出了强本节用的主张，荀子认为要实现富民富国，促进自然资源和社会经济的协调，就必须“节用裕民，而善臧其余”（《荀子·富国》），“谨养其和，节其流，开其源”（《荀子·富国》）。节俭的生活方式就是充分合理地利用自然物质资源，促进人与自然的和谐统一，崇尚节俭、反对浪费的思想成为中国几千年来的传统美德，其仍是当代生态环境保护的重要理念。

三是以仁爱之心保护自然资源和维护生态平衡。儒学的内容体系中充满了温柔淳朴的伦理亲情和仁爱思想，不仅要爱自己、爱他人、爱社会，也要爱自然界的生物。孔子的“仁爱”思想主要体现对人的爱，在论文中提及“爱人”（《论语·颜渊》）也有提及对自然界的爱，“钓而不纲，弋不射宿”（《论语·述而》）表达对自然界生物的仁爱之心。孟子把仁爱从爱人进一步推广到爱物，《孟子·尽心上》说：“亲亲而仁民，仁民而爱物。”孟子进一步提出对待自然资源和自然生物时也要有仁爱之心，“不违农时，谷不可胜食也；数罟不入洿池，鱼鳖不可胜食也；斧斤以时入山林，材木不可胜用也；谷与鱼鳖不可胜食，材木不可胜用，是使民养生丧死无憾也。养生丧死无憾，王道之始也”（《孟子·梁惠王上》）。要根据大自然的规律，适时而取、适量而取、适度而取，不滥杀滥捕生物，不滥用自然资源，通过自我约束限制自然资源的利用，确保维持自然界生命的延续性。荀子也提出了自然万物都有其自然规律，应该尊重规律，特别是自然万物的“万物皆得其宜，六畜皆得其长，群生皆得其命”“圣王之制也：草木荣华滋硕之时，则斧斤不入山林，不夭其生，不绝其长也”（《荀子·王制》）。荀子还提出了要从法律和制度的角度加强对自然资源的保护和管理，“修火宪，养山林薮泽草木鱼鳖百索，以时禁发，使国家足用而财物不屈，虞师之事也”。西汉时期的董仲舒明确指出“仁爱”不仅包括爱民，还要爱自然界的昆虫鸟兽，“质于爱民，以下至于鸟兽昆虫莫不爱。不爱，奚足谓仁?”（《春秋繁露·仁义法》），宋代的张载也充满了对自然界的爱，他的“物与民胞”的思想把自然界置于与人同等的地位，既表达了对自然界的热爱，也表达了对自然界的尊重。

**2. 道家的生态思想**

春秋时期，老子集古圣先贤之大智慧，汲取道家思想之精华，形成完整而系统的道家思想体系，标志着道家作为一个独立派系的正式形成。道家把世界的本源归结为“道”，“道”是最高的哲学范畴，是宇宙万物赖以生存的依据，道家思想中蕴含着丰富的辩证法和无神论思想。老子第一次提出了“自然”这一范畴，《道德经》将之表述为“道生一，一生二，二生三，三生万物”。[①] 继老子之后，战国时期道家学派的代表人物庄子也认为“道者，万物之所由也”（《庄子·渔父》），道家认为，“道”是万物的根基，从“道”中产生宇宙万物是一个自然而然的过程，“一”与“万物”之间体现了统一性与多样性的关系。在以道为原则的前提下，道家主张向自然学习，人的心性和行为都要与自然之道统一和谐，道家的生态思想主要蕴藏在其对自然景色的描绘以及个人行为的约束上，强调尊重自然变化的规律，主要表现在以下几个方面。

一是以“无为”适应自然界的变化规律。道家认为人产生于道生万物的过程，是万物中的一种，强调“无为”，这里的无为指的是不以人为的方式去破坏自然或者强行改变自然界的变化规律，不刻意妄为，要约束自己的行为，顺应自然界的变化。“无为”的思想体现了人与自然相处中，自然是强大和不可侵犯的，人要顺从自然。不影响和破坏自然，实质也是一种保护，这是与自然相处的最简单的方式。在处理人与自然的关系上，庄子认为应该“顺物自然、无为而为”以及“道通为一，万物皆一”，只要不对自然进行干涉和强加任何个人的意志，就可以保持宇宙生态的和谐平衡。唐代著名道教学者成玄英阐述了“道”的自然性，他认为，“道”是自然存在的法则，万事万物都处于自然之道中。因此，人类在向大自然索取财物时，要“守道而行”，不能违背自然法则，做到“食其时，百骸理；动其机；万化安”（《黄帝阴符经》）。当然，“无为”的思想过度地抬高了自然的力量，人在自然的面前显得渺小而谨慎，忽视了人的能动性，不承认人对自然界的积极作用。

二是以“天人合一”思想处理天人关系。和儒家的生态思想一样，道家也主张以“天人合一”的思想来看待天人关系。老子的“人法地，地法天，天法道，道法自然”的观点就是以自然之道论述“天人合一”思想的最终归宿就是要回归自然，自然是万事万物运行的根本准则和最终指向。道家从宇宙和自然的大系统中来看待人的存在，人是自然万物的一部分，人得依赖于自然界而生存，人与自然界要和谐共处，才能在人、自然以及万物之间形成更加紧密的有机统一体。老子说：“有物混成，先天地生，吾不知其名，故强字之曰道。道大，天大，地大，人亦大。域中有四大，而人居其一焉”（《道德经》第二十五章），强调了自然是与人在一起的，其中道、天、地、人都为大，各自地位平等。庄子也把天地万物看成是一体的，“天地与我并生，万物与我为一”“天地一指也，万物一马也”（《齐物论》）形象地指出了天地万物与人是一体的。庄子还在《德充符篇》

---

① 《老子》，山西古籍出版社 2006 年版，第 47 页。

中借孔子之口说："自其异者视之，肝胆楚越也；自其同者视之，万物皆一也"。道家的"天人合一"思想充分表达了其宇宙哲学观，认为天与人是浑然一体的，人与自然的和谐相处是人在宇宙中生存和发展的基本准则，也是万事万物共融共生的一种境界。

三是以道德约束主张清心寡欲。欲望是人的一种本性，人的无限欲望会驱使人类不断向自然界索取，并最终造成对自然资源的过度掠夺和自然环境的破坏。道家认为尊重自然规律和顺应自然环境变化是人的基本道德准则，为了避免欲望过度而破坏了人与自然之间的和谐，道家主张节欲。《道德经》讲"见素抱朴，少私寡欲"，并且指出："祸莫大于不知足；咎莫大于欲得。故知足之足，常足矣。"表达了欲望过多与各种灾难和错误一样会导致不良后果，人要"寡欲"和"知足"。这从人性的角度上提出要克制个人的欲望，减少对大自然资源的索取，从而更好地维持人与自然之间的平衡，同时只有做到对欲望的努力克制，才能确保自然界源源不断地为人类提供所需要的资源，做到"常足"。老子也提到了"大道泛兮，其可左右。万物恃之而生而不辞，功成不名有，衣养万物而不为主，常无欲"（《道德经》第三十四章）。人尽量做到无所欲才能真正的发自内心去保护生命和自然界，这也是人类道德的一种至高境界。老子还提道："持而盈之，不如其已；揣而锐之，不可长保；金玉满堂，莫之能守；富贵而骄，自遗其咎。功成、名遂、身退，天之道也"（《道德经》第九章），充分表达了其节欲主张，财富功名都不宜过度追求，要适可而止，只有约束自己内心的欲望才能控制自己外在的行为，这种思想也表达了道家对自然资源的珍惜与合理使用的观点，主张控制对自然资源过度开发的私欲，提出要减少对资源的消耗就要在行动上进行节俭，降低欲望，减少消费，因此，道家也主张消费上的节俭。

**3. 墨家的生态思想**

墨子是中国历史上唯一一个农民出身的哲学家，他所创立的墨家学说从社会道德和伦理的角度出发，反对社会等级制度，维护社会公理道义。针对当时的社会等级，他提出了"兼爱"，主张节约，反对浪费，提出了"节用""节葬""非乐"等主张，他主张在治国中要"尚贤""尚同"，反对兼并战争，提出了"非攻"，他否认天命，又承认鬼神的存在，提出了"非命""天志""明鬼"，这十大主张是墨子思想的精髓所在。其中"兼爱"是核心，其他的思想主张都是以此衍生和拓展开的，"兼者，圣王之道也，王公大人之所以安也，万民衣食之所以足也"（《墨子·兼爱上》）。"若使天下兼相爱，爱人若爱自身，……不慈者，盗贼，战争皆亡矣"（《墨子·兼爱上》）。"兼爱"表达了墨子博爱的思想，是对所有阶级的人施以平等的爱，没有偏见和偏差，这样可以使人们的生活过得富足，可以使战争消失、社会平等。以兼爱为核心，墨子在治国、反对战争、天命等论述中又洋溢着生态思想，主要表现为以下几个方面。

一是主张和谐的天人关系。墨子认为“天”是世间万事万物的主宰，而且无所不知、无所不在，人不能违天命。“今人皆处天下而事天，得罪于天，将无所以避逃之者矣”（《墨子·天志下》）。同时，墨子也把各种自然灾害的产生归结为是由于人违背了自然规律，自然界对人类惩罚的方式，“既尚同乎天子，而未上同乎天者，则天灾将犹未止也。故当若天降寒热不节，雪霜雨露不时，五谷不孰，六畜不遂，疾灾戾疫，飘风苦雨，荐臻而至者，此天之罚也。”① 墨子主张和谐平等的天人关系，并且认为天人之间没有等级之分，“然而天下之士君子之于天也，忽然不知以相儆戒，此我所以知天下士君子知小而不知大也。然则天亦何欲何恶？天欲义而恶不义。然则率天下之百姓，以从事于义，则我乃为天之所欲也。我为天之所欲，天亦为我之所欲”（《墨子·天志中》）。无论是天子还是平民百姓，地位是一样的，都要遵循自然规律，谁都没有特权。“天之行广而无私，其施厚而不德，其明久而不衰，故圣王法之”《墨子·法仪》，只有尊重自然，按自然规律办事，才能规避自然的惩罚，保障人类社会的持续发展、长盛不衰。

二是痛斥战争对环境的破坏。墨子反对当时的兼并战争，主张“非攻”，他痛斥战争不仅给广大人民带来了痛苦和伤害，也严重地破坏了生态环境。“入其国家边境，芟刈其禾稼，斩其树木，堕其城郭，以湮其沟池，劲杀其万民，覆其老弱，迁其重器，卒进而柱乎斗。”② 在墨子笔下，战争爆发之处，成片的庄稼被毁坏，茂盛的树木被砍伐，完整的城池被攻破，好好的沟池被填塞，大量无辜的百姓被戕害，战争不仅毁损了自然资源，破坏了自然界万事万物的可持续发展，而且也破坏了人本身的可持续发展。同时，墨子还进一步指出为了准备战争而制造大量的武器会造成资源的浪费，战争破坏农业资源和农业基础设施，削弱农业社会最基本的生产和生活基础。“今师徒唯毋兴起，冬行恐寒，夏行恐暑，此不可以冬夏为者也，春则废民耕稼树艺，秋则废民获敛……今尝计军上：竹箭、羽旄、幄幕、甲盾、拨劫，往而靡弊腑冷不反者，不可胜数。”③ 此外，在迎战的准备中，为了防御敌人的进攻，也会以破坏环境为代价而建立起防御设施，如“去郭百步，墙垣、树木小大尽伐除之。外空井尽窒之，无令可得汲也。

① 孙诒让：《墨子间诂》，中华书局 2001 年版，第 81 页。
② 梁奇：《墨子译注》，上海三联书店 2014 年版，第 150 页。
③ 梁奇：《墨子译注》，上海三联书店 2014 年版，第 138 页。

外空窒尽发之，木尽伐之”（《墨子·号令》）。墨子从生态环境的角度来揭露战争的残忍，实质批判了战争对“天”的违背，表达其内心反对战争的意愿，这也是其仁爱之心的体现。

三是提倡适度消费和节俭消费。墨子把节俭的思想上升到治国的高度，提出节俭不仅是百姓消费上的准则，更是关系到一个国家的兴衰成亡。“俭节则昌，淫佚则亡”（《墨子·辞过》）是墨子消费观的核心。墨子指出，由于“食者众而耕者寡”（《墨子·贵义》），只有适度消费和节俭消费，才能确保所生产的物质能够满足每个人的需要，否则就会出现“为者寡，食者众，则岁无丰”（《墨子·七患》）的现象，一部分人的需求得不到满足就会严重影响社会的稳定与和谐。墨子的节俭观主要包括“节用”“节葬”“非乐”等方面，在“节用”上，墨子主张不要过分地剥夺自然资源，消费要在自然界合理的限度内，适可而止，一切从简。君王首先应该节约开支，“去无用之费。圣王之道，天下大利也”（《墨子·节用中》）。生活应节俭朴素，如穿衣是“适身体，和肌肤而足矣”（《墨子·辞过》），住房是“冬以圉寒，夏以圉暑”（《墨子·辞过》）。墨子反对对丧事大操大办，他认为在人死后，“衣三领，足以朽肉，棺三寸，足以朽骸，堀穴深不通于泉流不发泄，则止”（《墨子·节葬》）。此外，墨子也极力反对生活中过度的装饰和娱乐，他认为乐器的翩造、音乐的演奏和欣赏不仅劳民伤财，而且耽误了生产，儒家认为“足以丧天下”的原因正是“弦歌鼓舞，习为声乐”（《墨子·公孟》）。墨子的节俭适度消费观体现在大到君王治国，小到平民生活，由于人类消费所需要的物质资源主要来源于自然，过度的消耗是对自然规律的一种违背。

**4. 佛教的生态思想**

佛教是世界上著名宗教之一，从印度传入中国后已有2500多年的历史，佛教的思想博大精深，源远流长，抛开其唯心主义的一面，佛教思想中的善恶因果理论、宇宙生命理论等蕴涵着深刻的哲学思想，其提倡的众生平等、慈悲为怀、因果轮回等观点不仅是人与人之间相处的准则，也是处理人与自然关系的准则，佛教的经文和教义中包含着丰富的生态思想，正是由于从人性本质的角度来谈论生态环境问题，触及了人的思维情感，极易引起大多数人的共鸣，使得佛教的生态思想被广泛接受，佛教也成为中国信仰人数最多的教会，佛教的生态思想主要包括三个方面。

一是“缘起论”揭示了自然生态系统的整体性。佛教讲求终始和因果联系，即把万事万物从何处来，将去往何处叫作缘起，缘起论本是佛陀的基本教义，其弟子阿说示解释为："诸法因生者，彼法随因灭，因缘灭即道，大师说如是。"①"因"就是事物存在的必要条件，万物会随着"因"的存在而生，也会随着"因"的消失而灭亡，万物和"因"之间有着紧密的联系。正如《东阿含经》中所讲的："此有故彼有，此生故彼生；此无故彼无，此灭故彼灭。"②"此"和"彼"是一个相互依赖、不可分割的统一整体，宇宙万事万物的产生并不是独立的，而是相互联系在一起的，万物因缘而起，因散而灭，同有无，共生灭，这正是缘起论的核心要义所在。佛教还进一步认为"一即一切，一切即一"。万事万物都存在于"一"中，万法都无法脱离"一"这个整体，③这里的"一"泛指一个整体系统，自然界，万事万物都是存在于自然界中的个体，人与人、人与物、物与物之间是相互依存、相互渗透的，各个要素形成了一个不可分割的整体。正是因为如此，万物之间才要彼此宽待，善待他物就是善待自己。

二是尊重生命的众生平等观。在中国传统文化中，有关尊重生命的思想表述最完整的是佛教禅学。佛教把自然界万物分为"有情物"和"无情物"两种，其中有生命的人和动物是有情物，没有生命的草木瓦石、山河大地等是无情物，所有的万物统称为"众生"，佛禅认为，一切众生皆有佛性，正如《金刚经》所云："我及众生皆有此性，故名佛性，其性遍造、遍变、遍摄，世人不了大教之体，为云无情不云有性，事故须云无情有性。"吉藏在《大乘玄论》中明确指出了草木也具有佛性："依正不二，以依正不二故，众生有佛性，则草木有佛性，以此义故，不但众生有佛性，草木亦有佛性也……以此义故，若众生成佛时，一切草木亦得成佛。"正是万事万物都具有佛性，都应该被平等地对待，佛教据此提出了"众生平等"，即佛、人、动物、植物、无机物之间都应该彼此平等对待、相互尊重，这是自然和生命可持续发展的价值所在。"众生"指的是自然界一切"有情物"和"无情物"，自然生态系统中的每一个要素都有其存在的价值，都是相互平等的，离开了自然界，任何事物无法存在，伤害了其中一物，其他事物也会受到牵连。所谓"青青翠竹，尽是法身；郁郁黄花，无非般若"表达了要爱护自然界的一切，众生之间应相互尊重，把自然生态环境提高到与人的生存发展同等重要的地位，表达了佛教独特的自然生态环境生命观和价值观。

三是相爱相敬的慈悲观。佛教非常敬重生命，建立在缘起和众生平等基础上的爱是一种非常纯粹的、无差别的、平等的爱，这种爱不仅存在于人与人之间，

---

① 阇那崛多译：《大正藏》（第3卷），新文丰出版公司1983年版，第876页。

② 阇那崛多译：《大正藏》（第3卷），新文丰出版公司1983年版，第67页。

③ 吴言生：《深层生态学与佛教生态观的内涵及其现实意义》，载于《中国宗教》2006年第6期。

也存在于人与动物和植物之间，是自然界万物之间的爱。正是这种人性深处简单朴素的爱，不夹杂着世俗的情感，佛教称之为“慈悲为怀”。《大智慧论》中一再提到的“大悲为上首”“大慈悲为根本”“一切佛法中，慈悲为大”等都反复强调万物之间要彼此有慈善悲悯之心，特别是要尊重生命，保护彼此的生命。佛教的慈悲观体现在其戒杀、放生、吃素等行为约束上，《大智慧论》中提道：“诸余罪当中，杀罪最重；诸功德中，不杀第一，世间中惜命为第一。”《楞伽经》中也提到“凡杀生者多为人食，人若不食，亦无杀事，是故食肉与杀同罪。”[①] 佛教宣扬的“因果报应”更是认为宇宙万物都受因果法则支配，善因必产乐果，恶因必生苦果，所以要“观诸生同于已身”，可见佛教的慈悲观充分表达了对生命的敬重，不任意砍伐，不肆意捕捞，这种尊重自然界生命是一种非常纯粹的保护生态环境的意识，通过假想的后果以感化人类形成自觉保护生态环境的行动。

此外，佛教还倡导节俭、朴素、回归自然、清心寡欲的生活，佛教徒终生追求的是清净之处，他们所描绘的清净的“极乐世界”就是一个众生平等、生态环境优美的理想国。

## 二、古代生态思想影响下的生态保护实践

诸子百家的思想对我国几千年的封建统治产生了重要的影响，特别是博大精深的儒家思想成为中国几千年封建统治的正统思想。诸子百家的生态思想深刻影响着历朝历代君王在治国理政中对生态环境的保护和治理，并且历代君王也从生态环境的影响中逐渐意识到生态环境保护的重要性，如《史记·周本记》所言：“昔伊洛竭而夏亡，河竭而商亡”。西周大臣伯阳甫解释说“夫天地之气，不失其序，若过其序，民乱之也”“夫水土演而民用也，土无所演，民乏财用，不亡何待?”各个朝代都十分重视对生态环境的保护，通过实施严格的法律法令约束人们的行为，并对破坏生态环境者以严厉的惩罚，建立环境保护管理部门以加强对生态环境的管理，积极鼓励和推动生态技术进步等。

### （一）从制度上规范和约束人们生态环境保护行为

古代生态思想充分表达了人和自然之间要建立起和谐的关系，历朝历代将如何处理人与自然关系的准则上升到制度层面，通过强有力的制度约束来规范人们

① 阇那崛多译：《大正藏》（第3卷），新文丰出版公司1983年版，第624页。

的生产和生活。早在西周时期，就已经制定了相应的规定和措施来保护生态环境，如《周礼》规定在冬季只能砍伐春夏生长的落叶类阳木，在夏季只能砍伐秋冬生长的常绿阴木，制作车具和农具不能砍伐大树等。先秦时期的《吕氏春秋》详细记载着“四时之禁”，即一年四季中需要保护的动植物的具体名称。唐朝划定了动植物保护的区域范围，据《旧唐书》记载，京兆、河南两都四郊三百里被当时政府划定为禁伐区或禁猎区，这可以看作是“自然保护区”的最初雏形。《唐律》还规定了人们生活中的污水和垃圾不能随意排放，否则“其有穿穴垣墙，以出秽污之物于街巷，杖六十”。元朝对野外用火进行了明确禁止，《大元通制条格》中提道：“若令场官与各县提点正官一同用心巡禁关防，如有火起去处，各官一体当罪，似望尽心。”可见，历朝历代对生态环境保护并不是停留在学者的理论层面上，而是通过规范的制度和明确的规定形成自上而下强有力的行为约束，涵盖的范围包括自然资源、生态环境、生活方式等多个层面，形成了较全面的生态环境保护制度体系。

### （二）颁布严格的生态环境保护法令

为了更好地监督和惩戒人们破坏生态环境的行为，古代制定了严格的法律制度以及对破坏环境者实施严厉的惩罚，从法律层面加强环境保护，这是古代政治统治的一大进步。公元前 11 世纪西周时期颁布的《伐崇令》规定：“毋坏屋，毋填井，毋伐树木，毋动六畜，有不如令者，死无赦。”这是我国古代较早的保护水源、森林和动物的法令，被称为“世界最早的环境保护法令”。秦朝的《田律》是迄今为止保存最完整的古代环境保护法律文献，几乎涵盖了对所有生态资源的保护，如其中明文规定“春二月，毋敢伐材木山林及雍堤水。不夏月，毋敢夜草为灰，取生荔麛卵谷，毋毒鱼鳖，置井罔，到七月而纵之。”唐朝的《唐律》规定了环境保护的具体措施和对违反法律者详细的处罚标准，“诸部内，有旱、涝、霜、雹、虫、蝗为害之处，主司应言不言，及妄言者，杖七十”“诸失火及非时烧田野者笞五十”等，这些都是对破坏生态环境惩罚措施的具体规定。宋元明清时期的法律制度基本上是在《唐律》的基础上进行改进完善以及针对环境问题对相关法律规定进行细化和补充。总之，历朝历代颁布的保护自然资源和生态环境的政府法令法规，充分表明了统治者对生态环境保护的重视，从政治上肯定了人与自然关系在经济社会发展中的重要性，并以统治者的权威确保各项法律规范的强制实施。

### （三）设立保护生态环境的管理机构

古代生态环境保护自上而下的权威性不仅体现在法律制度的文本规范上，还体现在政治统治中建立的管理机构和执行机构。许多朝代都建立了管理山林川泽政令的机构，主要负责对生态环境的管理和监督，如虞、虞衡、虞衡清吏司等。据《史记》和《尚书》记载，我国最早的虞官产生于帝舜时期，大禹治水时，舜帝同时派益为“虞”，除协助大禹治水外，还要管理草木鸟兽，特别是要驱逐伤害人类的猛兽，益是有记载的当时最早管理生态环境的官员。《周礼》详细记载了周代管理山林川泽官员的建制、名称、编制及职责等，称为大司徒，大司徒的职责是要“以土宜之法，辨十有二土之名物，以相民宅，而知其利害，以阜人民，以蕃鸟兽，以毓草木，以任土事”。负责山林川泽和鸟兽等动物的保护，以保证人们有良好的生存环境。具体的管理部门还按山林川泽的大小制定了大、中、小三类机构及员工的数目编制，形成了非常健全的生态环境管理机构。周代之后的历朝历代都设置了类似的环境保护管理机构，只是称呼和所辖部门不同而已，如汉武帝时称为水衡都尉，元朝设虞衡司，明朝主要由工部负责等。生态环境保护管理机构的设置表明了我国历朝历代对生态环境保护的重视，将其纳入了治国的范畴之内。当然这种管理还主要是保护生态和应对自然灾害，鲜少有涉足开发自然资源方面。

### （四）积极推进农业生态技术进步

我国古代社会长期主要以农业生产为主，农业凝结了广大劳动人民的智慧，成为古代技术进步最活跃的部门。历代的统治者都把农业生产置于至关重要的地位，鼓励农业生产效率的提升和可持续发展，为农业生态技术的进步提供了宽松的环境，并且还实施奖励政策鼓励和刺激农业生态技术改进，对推动农业生产力进步和提高农业生产效率发挥了重要作用。我国古代的农业生产轮作制，把充分用地与积极养地相结合，运用轮作复种、用粪肥田、精耕细作等主要耕作手段，保证了地力的恢复和可持续利用，进而保障传统农业粮食生产的持续性。三国、两晋、南北朝时期，我国已经开始从利用野生绿肥作物转向有意识地栽种绿肥作物，《齐民要术》称之为“美田之法”。宋代已经运用粪便来增强土壤的肥力，陈甫《农书》中记载：“或谓土弊则草木不长，气衰则生物不遂，凡田种三、五年，地力已乏。其语殆然也，是未深思也。若能时加新沃之土壤，以粪治之，则益精熟肥美，其力常新壮矣，何弊何衰之有？”清代的《知本提纲》也提到“地虽瘠薄，常加粪沃，皆可化为良田”。清代在南方建立的“桑基鱼塘”的生态农业模式集中体现了中国农耕文化的智慧，是世界农业文化的重要遗产，《高明县志》中提道：“将洼地挖深，泥复四周为基，中凹下为塘，基六塘四。基种桑，塘蓄鱼，桑叶养蚕，蚕矢（粪）饲鱼，两利俱全，十倍于稼。”这种良性生态循环的古代农业生产模式一直传承至今，成为生态农业系统可持续发展的重要方式。

## 三、中国古代生态思想对提升中国环境竞争力的当代价值

从古至今，人与自然的关系一直都是理论家、思想家、政治家等所关注的主题之一，从其中较有代表性的生态思想的梳理和总结中可以看出，古代学者的生态思想大都以人与自然关系为分析对象，诸子百家的“天人合一”思想以及佛家的生态思想既是我国生态思想的源头，也被历朝历代传承和发扬，成为各朝代生态环境保护和建设的思想理论依据。中国传统生态思想中蕴含着深刻的哲学思维，从人性、人与自然以及社会的关系角度揭示了生态问题产生的根源，甚至从生命的角度来谈论生态问题的价值性，这是对生态问题本质的深刻洞悉，也是对人的价值的揭示。虽然不同学派生态思想的侧重点各不相同，但是在看待天人关系上是比较一致的，即把人和万物看成是一个整体，人类要顺应自然、尊重自然，“天人合一”是中国传统文化的精华所在，也是论述其他一切生态关系的前提；提倡人应该要遵循自然规律、顺应天意、尊重所有生物和非生物的生命，实质体现的就是保护生态环境，实现人与自然的和谐相处；强调人必须要有仁爱之心，对万事万物的爱护就是对生命的关怀，等等。这些思想是中国古代生态智慧的结晶，表明我国在生态环境保护问题上具有悠久的历史，有深厚的理论文化沉淀，形成了我国在生态环境保护中独特的竞争优势。

### （一）提升中国环境竞争力要以人与自然的关系为根本

传统生态思想揭示了自然界的伟大，因此，提升中国环境竞争力首先就是要从根本上处理好人与自然的关系。在人与自然的关系中，人是主观性的存在，自然是客观的存在，人类的主观活动会影响自然变化的客观规律，而自然的变化也会反馈于人类的生产生活。人与自然的关系被反复强调并以生命这一既本源又令人敬畏的概念来描述，表明人与自然的关系并不是两个普通主体间的关系，而是涵盖了自然界和人类社会万事万物的关系网，关系网内充斥着物质和能量的代换，“人靠自然界生活。这就是说，自然界是人为了不致死亡而必须与之处于持

续不断的交互作用过程的、人的身体。”① 这种代换的平衡或失衡决定着人与自然关系的和谐或紧张。在不同的社会制度和发展阶段，人与自然的地位不尽相同，人与自然关系演变的历史同时就是人类社会发展的历史，“历史可以从两个方面来考察，可以把它划分为自然史和人类史。但这两方面是密切相连的；只要有人存在，自然史和人类史就彼此相互制约。”② 只有保护和敬重自然，才能确保万事万物生生不息，同时也要在自然可承受、可修复的基础上采取提升环境竞争力的行动。

### （二）提升中国环境竞争力要以实现人与自然和谐为目标

传统生态思想中所描绘的“天人合一”是几千年来先哲们为我们描绘的人与自然和谐共处的美好景象，也是历朝历代在处理人与自然关系中追求的目标。经过了农业社会、工业社会，人们的生产方式和消费方式对生态系统产生了巨大的影响，人从顺应自然变成了凌驾于自然之上，破坏了人与自然的平衡。生态环境的破坏直接影响了文明的兴衰交替，四大文明古国的文明积淀于生态环境优美的地区，然后生态环境的衰退也导致了这些地区文明的衰弱。习近平总书记指出：“人类经历了原始文明、农业文明、工业文明，生态文明是工业文明发展到一定阶段的产物，是实现人与自然和谐发展的新要求。”③ 并且“这种文明就是人与自然和谐共处与共同净化、生态与经济协调发展与共同繁荣的生态文明”④。当代生态文明建设归根结底要解决的还是人与自然关系的问题，谋求在更高的发展阶段上人与自然之间的重新平衡，这一关系超越了当代所有一切的社会经济关系，也是当代人类可持续发展价值观的基本要义和取向。在现代国家和地区之间的竞争中，文明的竞争是推动经济发展动能转变的重要无形力量，凸显人与自然和谐共生的生态文明必然成为中国环境竞争力的核心优势所在。

### （三）提升中国环境竞争力要树立生态系统整体观

古代“天人合一”生态思想体现了自然界的万事万物与人是一个统一的整体，彼此之间相互影响，应该从生态系统的统一性来处理人与自然的关系。提升我国环境竞争力应该把生态系统看作是一个统一的整体，各要素协调推进，才能

---

① 《马克思恩格斯选集》（第 1 卷），人民出版社 1995 年版，第 45 页。
② 《马克思恩格斯全集》（第 3 卷），人民出版社 1995 年版，第 30 页。
③ 《习近平关于全面建成小康社会论述摘编》，中央文献出版社 2016 年版，第 164 页。
④ 刘思华：《生态文明是 21 世纪可持续发展的鲜明特色》，载于《生态经济》1999 年第 2 期。

始终保持生态系统的平衡。山、水、林、田、湖、草是自然的有机整体，与人一起构成了生命共同体，这个生命共同体又在不断地演化之中，不断创造新生命，不仅是生命系统，也是可持续的系统，充满了生机和活力。在这一生命共同体中，人与自然之间形成了物质和能量交换的天然形式和难以割舍的命脉，不仅是物质上联系，也有道德情感的联系，自然和人类一样，不仅具有生命，也有情感。因此，要从系统工程和全局的角度来探寻生态环境治理之道，统筹兼顾、整体施策、多措并举，全方位、全地域、全过程地开展生态环境保护，而不是头痛医头、脚痛医脚。生态系统的保护和治理是庞大的工程，牵一发而动全身，开展系统治理可以大大节约治理的成本，而且会通过系统形成正向循环传导机制，产生正面叠加效应，大大提高治理效率，有利于我国采用更加先进的治理技术和手段，推进国家治理体系和治理能力现代化，形成我国在提升环境竞争力方面的竞争优势。

### （四）提升中国环境竞争力要形成文明的生活方式

在诸子百家的生态思想中，除了强调“天人合一”，还非常注重节约资源和节俭消费，反对浪费。节俭节约作为文明的生活方式，直至现今仍然在社会中被广为提倡，自然界中的多数物质资源是不可再生的，自然界的承载能力也是有限的，只有充分合理地利用物质资源，同时使自然界新物质资源的形成大于同期消耗的物质资源才能确保资源的持续利用。因此，形成健康、文明的生活方式、消费方式显得至关重要。要处理好经济发展与环境保护的关系，牢固树立保护生态环境就是保护生产力、改善生态环境就是发展生产力的理念，同时也要发挥人类的智慧，积极推动有利于生态环境保护的技术创新，运行现代科学技术生产出更多的物质资源以增加生态环境供给，满足人口不断增加的需求。要坚持走绿色发展、循环发展、低碳发展之路，倡导适度消费、绿色消费，反对奢侈浪费，形成全社会良好的生态观和消费观，将生态环境保护从理念落实到行动中。广大人民群众的普遍参与可以形成全社会的合力，为提升中国环境竞争力奠定最坚实、最广泛的基础。

总体而言，中国古代生态思想为我国生态文明建设提供了几千年来的理论基础，历经时代的变迁依然具有强劲的生命力，这是提升中国环境竞争力长期积累的内在文化优势，是不可复制模仿和难以超越的。可以从传统生态思想中汲取丰富的理论给养，在生态文明建设的目标制定、体系构建、制度建设、实施方式和路径等方面构建中国生态环境治理模式，以文明的力量形成强大的社会约束力，并对全球生态环境治理产生深刻影响。

当然，中国古代生态思想产生的时代与现今有很大的不同，当时的社会生产力水平低下，经济社会发展落后，科学技术不发达，对自然现象和自然规律的认识还处于蒙昧、未开化的阶段，对很多问题的解释只能从主观上进行推断，不可避免地具有一定的局限性。一是中国传统生态思想产生于农业社会，是对农业生产规律的总结，当时的生产力水平还比较落后，农业生产主要依赖于自然界，人们寄希望于自然界的风调雨顺来提供稳定的衣食来源。人们对自然界的许多未知只能以假想的神或者是凌驾于人之上的力量来解释。因此，传统生态思想在人与自然的关系分析上带有一定的唯心主义。二是“天人合一”思想主张中，虽然强调人与自然之间的平等，但是在具体论述中又会偏向于自然，自然被看作是客观的不可改变的存在，自然的力量非常强大，强调人必须要顺应自然，对自然敬畏和尊重，人在两者的关系中处于被动地位，忽视人的主观能动性，虽然也有学者提出了人可以改造自然，但是总体上人还是受自然力量支配。三是古代生态思想毕竟产生于阶级社会中，一定程度上为统治阶级的统治进行辩护，如皇帝被称为“天子”，意喻着可以与天和自然齐名，人们要顺应自然就是要服从天子的统治，如果违背阶级统治就是违背天意。再如，古代天子可以代表民众进行祭天以求风调雨顺、五谷丰登，统治者被看作是一种高高在上的力量。因此，要客观看待传统生态思想，摒弃其唯心主义成分，让其科学的理论之光闪耀在当代生态文明建设中。

## 第二节　我国近代生态思想的发展演变和实践探索

中国近代史是一部充满灾难、落后挨打的屈辱史，也是一部抵抗帝国主义侵略、实现民族解放、推翻封建主义统治的斗争史，从1840年鸦片战争到1949年中华人民共和国成立的100多年时间里，中国经过清王朝晚期、中华民国临时政府时期、北洋军阀时期和国民政府时期，制度的斗争和权力的争夺使整个近代充斥着战争，广大有识之士把目光锁定于救国救民于危难之中，追求社会和平与安宁。连绵不断的炮火摧毁了山林河海，破坏了基础设施，削弱了农业生产条件，整个国家的生态环境变得十分脆弱，抵御自然灾害的能力也十分薄弱。帝国主义对中国侵略同时也加大了对自然资源的掠夺，对资源能源的无度开采和对生态环境的肆意践踏导致我国自然资源的巨大浪费和破坏，我国很多资源被无偿输出到国外用于资本主义国家建设。从自然界本身发展规律来看，“清代中后期我国基本上属于寒冷期"[①]，根据干湿波动与冷暖变化大致对应这一特点，这一时期我国正好经历着干旱期，各种植物的分布以及成长环境和规律都会受到影响，自然灾害发生的概率也会比其他时期高。此外，人口的增加对资源消耗的增大和财富争夺也更加频繁，常年战争使政权不稳定，在特殊的政治环境下，政府部门的重点是在争权夺利上，根本无暇顾及生态环境问题，疏于对生态环境的管理，如清政府没有专门的部门和机构来保护森林和环境，后来对砍伐树木、毁林开垦等生态环境破坏行为也大多放任直流，甚至还鼓励，自以为天朝的资源丰富，可以任意毁之用之，舍弃了几千年来形成的生态环境管理制度。如嘉庆皇帝谕军机大臣等曰，"朕意南山内既有可耕之地，莫若将山内老林量加砍伐，其地亩既可拨给流民自行垦种，而所伐材木，即可作为建盖庐舍之用"。[②] 如位于陕西省大巴山之中的镇坪县，据道光年间所刻碑石记载，因为"山林树木，恣意砍伐，肆行偷窃，忝然无忌，以致民食艰鲜而俯仰不给"。[③]

在中国的近代时期，由于自然环境本身的变化规律、帝国主义侵略、战争、缺乏环境管理等多种原因的交汇使得这一时期中国的生态环境极为脆弱。据统计，至新中国成立前夕，黄河中游地区水土流失区域达 43 万平方公里，占中游地区 58 万平方公里的 74.14%，由于水土流失，导致土地贫瘠和农牧业面积减少，水旱灾频繁，在有记载的 1644 ~ 1906 年的 262 年间，甘肃省发生过 114 次旱灾。[④] 虫灾害也很频繁，1929 年，南方发生了一次特大蝗虫灾，光是浙江省一地就损失超过 2 亿元。[⑤] 广大民众既要饱受战争之苦，又要面临自然灾害的侵袭，还要受各种传染病困扰，生活条件极端困苦。新中国成立前，我国鼠疫时有发生，据北京第一卫生所统计，1915 ~ 1925 年，城市居民结核病死亡率高达 2% ~ 4%，全国每年死于结核病者约有百万人。[⑥] 这一时期，广大学者和思想家主要把重心放在政治研究方面，生态环境问题在政界和学界均未引起广泛的关注，但仍有一些有识之士认识到生态环境的重要性，在一些文献中仍可窥见生态思想。

---

① 竺可桢：《中国近五千年来气候变迁的初步研究》，引自《竺可桢文集》，科学出版社 1979 年版，第 12 页。

② 《清实录·清仁宗实录》（第 53 卷），嘉庆四年十月戊戌，中华书局 1968 年版，第 648 页。

③ 《镇坪抚民分县严禁牲匪赌窃告示碑》，道光九年立石，现存镇坪县白家乡茶店村，引自张沛编著：《安康碑石》，三秦出版社 1991 年版，第 140 ~ 143 页。

④ 金鉴明、王礼嫱、薛达元编著：《自然保护概论》，中国科学技术出版社 1991 年版，第 26 页。

⑤ 郭文韬等编著：《中国农业科技发展史略》，中国科学技术出版社 1988 年版，第 457 页。

⑥ 傅维康主编：《中国医学史》，上海中医学院出版社 1990 年版，第 487 页。

## 一、清朝末期的生态思想

清朝末期是中国政治格局极端动荡的时期，这一时期自然灾害也极为频繁，据统计，在近代100多年间造成万人以上人口死亡的灾害总共有119次，平均每年在1次以上，死亡总数为3836万人，年均35万人，造成的损失不可低估。[①]特别是在光绪年间，水灾、旱灾、蝗灾、雹灾、风灾、震灾、虫灾、疫灾、荒灾等几乎所有都发生过，而且频率极高。自然灾害的肆虐引起了一部分人思考自然灾害的原因，一些有识之士将其与生态环境的破坏联系在一起。如清代散文家梅曾亮曾关注水土流失问题，认为对森林的乱砍滥伐是主要原因，他详细地论述了其中的关系："当山未开之时，土坚石固，草树茂密，腐叶积成可二、三寸厚。每天雨，从树至叶，从叶至土石，因石罅滴沥成泉，其下水也缓，又水下而土不随其下；水缓，故低田受之不为灾；而半月不雨，高田获受其浸溉。今以斤斧童其山，而以锄犁疏其土，一雨未毕，沙石随下，奔流注壑，涧中皆填圩不可贮水，毕至洼田中乃止。及洼田竭，而山田之水无继者。是为开不毛之土，而病有谷之田。[②]"清代著名的政治家、思想家林则徐在其从政期间，大力主张兴修农田水利，他清楚地认识到农田水利的好坏直接关系到农业生产的好坏，关系到国家财政收入的溢绌，更是关乎广大农民的生存。在他的重要著作《畿辅水利议》中，详细地记载了他有关农田水利建设的思想，如"自古致治养民为本，而养民之道，兴利防患，水旱无虞，方能盖藏充裕""水利兴则余粮亩皆仓庾之积""水治则田资其利，不治则田被其害，赋出于田，田资于水，故水利为农田之本，不可失修"等论述充分表达了其认为水利建设有利于防范旱涝，促进农业生产的思想。清代思想家魏源也曾指出盲目开垦造成的水土流失是长江水灾的重要原因，他指出："湖广无业之民，多迁黔、粤、川、陕交界，刀耕火种，虽蚕丛峻岭，老林邃谷，无土不垦，无门不辟……浮沙壅泥，败叶陈根，历年壅积者，至是皆铲掘疏浮，随大雨倾泻而下，由山入溪，由溪达汉达江，由江汉达湖，水去沙不去，遂为洲渚。洲渚日高，湖底日浅。"[③]

清末以来，常年受风沙之困、自然环境恶劣的西北地区生态环境问题也逐步

---

① 夏明方：《自然灾害与近代中国》，中国社会科学网，http：//www.cssn.cn/ddzg/ddzg_ldjs/ddzg_wh/201701/t20170113_3383395_1.shtml。

② 陈嵘：《中国森林史料》，中国农学会印行1951年版，第49页。

③ 魏源：《魏源集》（上册），中华书局1976年版，第388~389页。

得到重视，其中，清末名将左宗棠是近代以来对西北生态环境给予深切关注和进行初步治理的第一人。他晚年到新疆戍守，不仅推动当地的政治经济建设，而且在当地植树造林，倡导生态环境保护，为维护边疆地区的生态安全和军事安全作出了巨大的贡献。他积极推动生态环境保护实践的开展，主张保护林木，禁止乱伐，制定了《楚军营制》严禁官吏、士兵、百姓毁坏林木："长夫人等不得在外砍柴，但（凡）屋边、庙边、祠堂边、坟边、园内竹木及果木树，概不准砍——倘有不遵，一经查出，重者即行止法，轻者从重惩办。开仰营官、哨官随时教戒。"[①] 左宗棠也非常重视兴修水利，把水利建设看作是保证农业生产的先行条件："治西北者，宜先水利，兴水利者，宜先沟洫。"[②] 此外，他还提出不能盲目垦荒，要因地制宜，否则会破坏自然环境，他认为在农业生产中，应"择其水泉饶沃者为田畴，择其水草丰衍者为牧地，庶将来可耕可收，丁户滋生日蕃，亦不患无可安插，正不必概行耕垦，始尽地利也"[③]。左宗棠对西北地区的生态环境保护极大地促进了当地农业生产的发展，受到了当时光绪帝的赞赏，并要求他"认真经理，以期次第就绪，教养有资"[④]。这也是对其生态环境保护实践的高度认可和鼓励。

总的来说，清末是中国封建社会的衰退时期，整个经济社会发展非常落后，薄弱的经济基础决定当时的政治、文化、教育、艺术等都处于低潮期，一些有识之士虽然察觉到生态环境破坏是引起自然灾害的重要原因，但是这些思想没有形成统一的体系，也没有引起社会的广泛关注，关注的焦点主要是在如何抵御自然灾害的操作层面，并且也只在部分区域实施。总体而言，清末的生态思想主要由当时频发的旱涝灾害而引发的对森林保护、水土保持、水利建设等思考，认为要减少自然灾害，就应该植树造林、兴修水利，给农业生产提供良好的环境，促进农业增产和保证农民的丰衣足食。虽然这一时期的思想家没有过多地讨论人与自然的关系，但是却肯定了人可以通过努力抵御自然灾害，隐含着人能发挥主观能动性去适应自然和改造自然，这是较之于古代生态思想的进步之处。

## 二、民国时期的生态思想

民国时期中外科技文化交流日益频繁，国外的思想和文化不断传入我国，其

---

① 《左公柳》，同人通讯 1944 年版，第 22 页。
② 《左宗棠全集·书信（二）》，岳麓书社 1996 年版，第 515 页。
③ 《左宗棠全集·札件》，岳麓书社 1996 年版，第 481 页。
④ 《左宗棠全集·奏稿（七）》，岳麓书社 1996 年版，第 521 页。

中也包括生态思想和环境治理思想，最为突出的是水土保持理论。这一时期，林学家、水利学家、土壤学家等在国外有关水土保持理论的影响下，充分认识到水土保持的重要性，他们还借鉴了国外有关水土保持研究的范式，在国内开展实地调查研究。这一时期有不少国内外学者前往我国西北地区进行水土保持的实地考察，明确了水土保持对西北地区生态改善的重要作用，并提出相应的建议。这一时期西北地区的生态环境之所以引发学者们特别的关注，是因为西北地区在古代是农业生产发达的区域，自周秦到汉唐都是我国重要的政治、经济、文化中心，但是也因为农业的过度开发造成生态环境的严重破坏，累积到近代时，西北地区早已失去了往日的光芒，满是光秃的山和沙漠，成为中国最贫穷落后的地方。同时西北地区是黄河流域的源头和流经之处，曾经孕育了古代灿烂的华夏文明，但是随着生态环境的破坏，大量的林木砍伐和不合理的毁林开荒，土质疏松的黄土在雨水冲刷下不断汇入黄河，成为黄河泥沙的主要来源，黄河善淤、善徙、善决与此不无关系，造成了洪水灾害的频发，对黄河中下游地区人民的生命财产造成了极大的损害，西北开发的重要内容之一就是要开展黄土高原水土保持，治理水土流失问题，重返黄河昔日的文明。

这一时期，西北地区的生态环境保护得到了较高的重视，政府还设立了水土保持相关的制度和机构，直接影响了新中国成立后率先在西北地区开展水土保持工作的研究。如林学家程景皓、周重光在考察了甘肃省林区后发现森林破坏严重，到处可见山崩撕裂的现象，耕地遭到损坏，公路等基础设施也因此遭到破坏，对此充满了忧虑并提出警示："诸地阳山坡上，除星散之旱生植物外，森林早已遁迹。阴坡各地除局部辟为农田外，森林已退居山巅一隅，冲刷现象，至为显著，数十年后，非但无可用之木，且亦将无可耕之田矣。"① 陕南地区对保护生态环境有了具体的规定，对破坏环境者实行相应惩罚以规范人们的行为，如陕西省汉阴县塔岭乡保护耳山禁碑中有如下的规定："一禁不知自重，擅入境内，对枫、柏、耳树，举刀乱砍，拿获给洋五元……一禁牧牛童子，家长不为早戒，每将牛羊赶入林，耳秧，拿获给洋三元……一禁不蓄杂木，有一砍一，有三砍三，查出议罚……"② 陕西省西山乡政府为保护当地重要的灌溉工程金洋堰，在1948年出示的公告中规定临近坡地不得开垦，保护植被，防止水土淤塞渠道，并规定要在河堤的两岸植树造林以保持水土，"沿堰渠内外山坡，禁止开垦，藉

---

① 程景皓、周重光：《龙江上游之森林》，存于岷县洮河林区国有林管理处1942年，第17页。

② 《桃园村护耳山禁碑》，1930年立石，现存汗阴县塔岭转引自张沛编著：《安康碑石》，三秦出版社1991年版，第383～384页。

免沙石淤垫渠道，并在沿堤两旁，栽植树木，以固堰基。”[①] 这一时期对西北地区生态环境的关注还主要局限于对该地区生态环境破坏的描述以及引起原因的探析，并初步提出一些治理措施，并没有形成系统化的理论体系，也没有上升到一般规律性的高度。因此，这一时期的生态环境保护对后续的实践探索有一定的影响，但是没有推动生态思想取得多大的进步。

在民国前期，北洋政府出台了一些保护森林资源法规，1914 年颁布了《森林法》规定在大河流域的上游营造安保林，涵养水源，防风蔽沙，还规定了奖惩方式，奖励造林，对乱砍滥伐、毁林开荒等进行相应的惩罚。1914 年 9 月颁布了《狩猎法》，为保障鸟兽的繁殖，规定了禁猎期，对受保护的鸟兽一律禁止狩猎，对违反法律的，分别给予罚款处分。[②] 这一时期颁布的保护森林资源的法律还有《规划全国山林办法给大总统呈文》（1914 年 5 月 3 日）、《森林法实施细则》（1915 年 6 月 30 日）、《造林奖励条例》（1915 年 6 月 30 日）。此外，这一时期与森林资源保护与合理利用有关的法律法规还有北洋政府 1921 年颁布的《秋季造林令》；[③] 1928 年民国政府颁布的《森林条例》[④]，等等。

民国时期生态思想比较有代表性的当属孙中山先生，作为中国民主主义革命的开拓者和先行者，孙中山先生在治国从政上有许多独特思维，其中也包括对生态环境的治理。受当时比较广泛开展的水土保持研究的影响，他以水旱灾害的防治为出发点，大力提倡植树造林和水土保持，加强流域治理和美化城市环境等，把生态环境建设作为一项治国方略提出来，这在中国近代历史上当属第一人。他不仅把生态环境保护看作是解决现实生态环境问题的重要手段，而且把生态环境保护与制度、教育等社会文化联系在一起，把生态环境保护提升到重要的地位，思考生态环境保护的价值意义所在，对推动中国生态思想的发展发挥了重要作用。孙中山先生的生态思想主要包括以下几个方面：一是深入揭示自然灾害的根本原因。自然灾害从表面上看是由于自然环境的破坏造成的，而造成自然环境破坏的深层次原因则是吏治败坏，“中国所有一切的灾难只有一个原因，那就是普遍的又是有系统的贪污，这种贪污是产生饥荒、水灾、疫病的主要原因。”[⑤] 他

---

① 《保护金洋堰布告碑》，1948 年立石，现存西乡县金洋堰水利管理站转引自陈显远编著：《汉中碑石》，三秦出版社 1996 年版，第 101 页。

② 田雪原：《新时期人口论》，黑龙江人民出版社 1982 年版，第 10 页。

③ 中国第二历史档案馆编：《中华民国史档案资料汇编（农商）》，江苏古籍出版社 1991 年版，第 447 页。

④ 中国第二历史档案馆编：《中华民国史档案资料汇编（农商）》，江苏古籍出版社 1991 年版，第 430 页。

⑤ 《孙中山全集》（第 1 卷），中华书局 1981 年版，第 89 页。

还以黄河为例，详细分析了官员不仅对待水灾玩忽职守，而且还故意制造水灾以便贪污赈灾款和在水利建设中贪污工程款。帝国主义的侵略和压迫也是加重自然灾害的重要原因之一，孙中山先生在《民族主义》第二讲中指出："前三年中国北方本是大旱，沿京汉、京奉铁路一带饿死的人本来是很多，但当时的牛庄、大连还有很多的豆、麦运出外国。这是什么缘故呢？就是由于受外国经济的压迫。因为受了外国经济的压迫，没有金钱送到外国，所以宁可自己饿死，还要把粮食送到外国去。"[①] 孙中山先生深刻地揭示了自然灾害既是天灾，也是人祸。二是加强流域治理。孙中山清楚地看到，要防范水旱灾害，首先就是要加强对主要流域的治理，在《实业计划》中，他对我国主要河流的治理制定了详细的方案，如针对黄河，他认为主要解决的是长期冲刷入海的泥沙，重在清淤，"黄河出口，应事浚渫，以畅其流，俾能驱淤积以出洋海。以此目的故，当筑长堤，远出深海。"[②] 针对长江，他认为除整治扬子江入海口外，还要根据不同江段的具体情况分别治理，如加筑堤坝、修直水道、拓宽河身等，从而"令河流广狭上下一律"[③]。三是大力提倡植树造林。要从根本上解决水旱灾害，还必须要大面积种植森林，孙中山认为"防水灾的治本的方法还是森林""有了森林，天气中的水量便可以调和，便可以常常下雨，旱灾便可以减少"，因此"要造全国大规模的森林"[④]。同时，他还指出植树造林是一个大规模工程，靠个人往往是难以完成的，需要国家的力量，"种植全国森林的问题，归到结果，还是要靠国家来经营。"[⑤] 四是美化城市环境。孙中山先生还关注近代城市的环境，主张为居民建设优美的生活环境。如主张加强城市的基础设施建设，"除通商口岸之处，中国诸城市中无自来水，即通商口岸亦多不具此者。许多大城市所食水为河水，而污水皆流至河中，故中国大城市中所食水皆不合卫生。今须于一切大城市中设供给自来水之工场，以应急需。"[⑥] 加强城市的美化度，使城市"所以利便其为工商业中心，又以供给美景以娱居人也"[⑦]。总而言之，孙中山先生的生态思想在那个时代是较为全面而深刻的，他思考了生态环境问题产生的深层次原因，并且从多个方面思考如何保持水土和开展流域治理，提出了较为全面的建议，同时也在

---

① 《孙中山全集》（第9卷），中华书局1986年版，第118页。
② 黄彦：《孙文选集》（上册），广东人民出版社2006年版，第130页。
③ 黄彦：《孙文选集》（上册），广东人民出版社2006年版，第149~150页。
④ 《孙中山选集》（上卷），人民出版社1956年版，第190页。
⑤ 《孙中山全集》（第1卷），中华书局1981年版，第408页。
⑥ 《孙中山全集》（第6卷），中华书局1985年版，第387页。
⑦ 黄彦：《孙文选集》（上册），广东人民出版社2006年版，第179页。

一定程度上付诸实施。孙中山先生的理性思考和个人影响力使得生态环境保护在一定范围内得到重视。

民国时期的生态思想总体是不活跃的，主要和当时的政治经济环境有关，民族民主运动的广泛兴起使政权问题和民族独立解放问题始终置于重要地位，生态环境保护的一些思想散见于民间的一些思想家的论述中，生态环境保护的政策也大多局限于某个地区或乡镇自行推行。正是由于环境保护的力度不足，这一时期生态环境建设是滞后的，没有取得明显的成效，再加上这一时期战争不断，政局动荡不安，天灾人祸交加，生态环境修复赶不上破坏程度，生态环境恶化不断加深。到了民国后期，国民党统治时期颁布了一系列自然资源保护的法律法规，主要有《矿业法》（1930）、《森林法》（1932）、《渔业法》（1929）、《土地法》（1930）、《狩猎法》（1932）、《水利法》（1942），等等，这些法规既有对动植物资源的保护，也有对自然资源的合理利用，还有对生态基础设施的建设和保护方面。但是由于这一时期政局混乱，再加上国民政府的政治腐败，这些法律法规并没有得到很好的执行，没有发挥应有的作用。这一时期，中国共产党在革命根据地建设中也积极开展环境保护和治理活动，如 1932 年中央工农民主政府颁布的《经济财政问题决策》就提出："苏维埃须鼓励群众去办理开通水圳、修筑堤岸的种种水利建设事业，……要宣传群众保护森林、栽植森林以调节气候，保持水气而利生产。"[①] 1939 年，晋察冀边区政府公布了《保护公私林木办法》和《禁山办法》；1946 年，晋察冀边区政府制定了《森林保护条例》和《奖励植树造林办法》；1948 年，晋察冀解放区颁布了《北岳区护林植树奖励办法》等，这些生态环境思想为新中国成立后以毛泽东为代表的党的第一代领导集体生态思想的形成奠定了基础。

## 三、近代生态思想对提升我国环境竞争力的启示

近代生态思想是分散的、不成体系的，并没有把中国古代人与自然"天人合一"的优秀传统思想传承与发扬，也没有在古代生态思想基础上有所创新，可以说，中国生态思想在近代 100 多年的时间里几乎是处于停滞状态。这一时期我国自然灾害特别频繁，一方面是自然气候变化的影响，加上长期的生态环境破坏累积到一定程度的爆发，是自然作用的结果；另一方面是人为因素引发的，我国经济社会发展落后、政权分裂、吏治腐败、帝国主义侵略、长期战争等，不仅无力

---

① 余谋昌：《当代社会与环境科学》，辽宁人民出版社 1986 年版，第 155 页。

治理生态环境，也造成了生态资源被掠夺和破坏。没有统一的政权，没有强有力的政府，根本掌控不了生态环境保护的大局。加上连年的战争对自然环境的毁坏，人们连基本的生命财产都没有保障，根本无暇顾及生态环境。虽然近代生态思想和生态环境保护实践总体都比较落后，但是以史为鉴，我们仍然可以从中总结出一些提升我国环境竞争力的启示。

### （一）提升环境竞争力要有稳定的政治环境为保障

近代以来，我国经济发展水平和科技发展水平几乎处于停滞状态，与几千年来中国创造的古代文明显得格格不入，由此也决定了近代的政治、文化、艺术、教育等上层建筑也处于低潮期。落后的文化文明决定了人们思想的落后，落后的政治体制以及四分五裂的政治格局更是决定了整个经济社会治理的落后。近代时期，我国生态思想没有实现对古代“天人合一”思想的超越，生态环境治理也极为缺失，政府的频繁更替和政权的不稳定，决定了当权政府即使颁布了生态环境保护的法律法规，但是也无法付诸实施，缺乏社会公信力，对广大群众也无约束力。因此，提升环境竞争力要有稳定统一的政治环境为保障，稳定的政治环境可以反作用于经济，推动生产力的进步和科技繁荣，为生态环境保护提供有力的支撑，稳定的政治环境可以产生强大的政治权利，形成自上而下的整体性、长远性和持续性的治理，从根本上构筑生态环境保护的屏障。

### （二）提升环境竞争力要以良好的经济基础为支撑

西方资本主义国家之间的竞争异常激烈，最明显的是经济竞争和军事竞争，其中，经济竞争力又处于基础地位，经济竞争力的强弱决定着军事竞争力的强弱。我国近代生态环境的脆弱以及治理的落后其根本就在于经济基础的薄弱，连年战争摧毁了农业和工业部门，政府的财政困难，再加上对外巨额的战败赔款等，财政亏空，入不敷出，广大人民饱受外国侵略者的剥削，连基本的温饱问题都无法解决，政府无心也无力顾及生态环境问题。环境竞争力一般是人们在满足基本的物质生活需求后才会产生对生态环境的需求，政府在培育了良好的经济竞争力后才有能力改善环境。环境竞争力是在长期中才显现的竞争力，需要持续长期投入和努力，环境的改善才会被感知，环境优势才会转化为经济优势。因此，提升环境竞争力要以良好的经济基础为其提供物质和财力上的可靠、持久的支撑。

### （三）提升环境竞争力要有完善的法律为约束

近代时期比较值得一提的是在水土保持、保护森林和植树造林方面的实践，政府部门和一些非正式的组织制定了一系列保护生态环境的法律制度、约定等，虽然实施力、监督力和效力不足，实施的时空范围有限，但是在一定程度上对人们行为有一定的约束作用。当权政府部门提倡植树造林、防止肆意垦荒造成水土流失、防范洪涝灾害等发挥了一定的作用，一定程度上防止了我国局部生态环境恶化。而且政权相对稳定、法律严明的时候，乱砍滥伐的现象明显减少，而在政权动荡、前期法律落为一纸空文的时候，破坏森林的现象明显增加。由此可见，制定完善的法律法规是加强环境治理的重要手段，把政府自上而下的行政约束力转化为广大人民群众保护生态环境的自觉行为的保障。同时，法律不仅要规定人们的行为，而且还要具体规定违反法律的惩罚措施，法律的实施需要有专门的机构负责和监督，确保法律实施落到实处。

### （四）提升环境竞争力要以人民群众的需求为根基

近代中国仍然以农业生产为主，农业生产依赖于肥沃的土壤，黄河流域孕育了我国的农耕文明。但是随着黄河上游地区的乱砍滥伐，森林大面积减少，水土流失严重，不断侵蚀流域两岸肥沃的土地，同时还直接导致干旱、洪涝等自然灾害，农业生产遭到极大的破坏，并进一步引起饥荒以及随之而来的社会动乱。当权政府要巩固政权，首先就是要解决广大民众的温饱问题，稳定农业生产首当其冲，虽然近代政府的生态保护行为表面上是为了恢复农业生产，满足广大群众的温饱需求，实质上是为了社会稳定，巩固自身政权的需求，但是不可否认的是这种行为的确符合广大人民群众的利益，也得到群众的拥护。因此，我国当代提升环境竞争力要以人民为中心，从人民群众的切身利益出发，从人民群众身边的环境保护做起，这样更好地得到人民的认可和拥护，形成环境保护最广泛的社会力量。

## 第三节　新中国成立以来我国生态思想的发展和实践探索

新中国成立以来，中国共产党领导中国人民开启了社会主义现代化建设的新征程，在社会主义制度探索和实践过程中逐渐把生态环境纳入其中，从认识自然、利用自然、改造自然到加强环境保护、思考人与自然的关系，理论和实践推动着我国生态思想不断创新，孕育了我国生态文明建设思想，形成了中国特色社会主义生态环境保护和建设独特的优势，指导中国在实现中华民族伟大复兴之路上披荆斩棘，不断创造新辉煌。中国共产党在新中国成立之初就着手开展生态环境保护，并将其视为经济建设的重要组成部分，随着社会主义现代化建设的推进以及在环境保护实践中对生态环境问题认识的愈加深刻，逐渐从问题的解决转向对问题产生原因的思考，从生态环境的变化转向对变化规律的探索，从着眼于当前环境问题的解决到可持续发展，从单方面环境问题解决到系统化推进，从经济层面扩展到政治、经济、文化、社会等层面，从阶段性问题解决上升到人类永续发展的文明高度……生态文明的提出是中国共产党作为马克思主义政党，根据具体国情，正视当前我国发展难题作出的伟大理论创新，是国家治理体系和治理能力现代化的新拓展，极大丰富了中国特色社会主义理论体系。

从中共十七大首次把生态文明写入中国共产党全国代表大会报告，并把生态文明建设与经济建设、政治建设、文化建设和社会建设并列为全面建设小康社会的重要奋斗目标；中共十七届五中全会明确提出树立绿色、低碳发展理念；中共十八大报告提出建设“美丽中国”，并把生态文明建设提升到与经济建设、政治建设、文化建设、社会建设同等的高度，构建了中国特色社会主义事业“五位一体”总体布局；中共十八届五中全会把绿色发展作为五大发展理念之一；中共十九大报告把建设生态文明进一步上升为中华民族永续发展的千年大计，提出建设人与自然和谐共生的现代化以及把“美丽”纳入社会主义现代化强国建设的目标；第八次全国生态环境保护大会提出加快构建生态文明体系，等等。我国在快速推进生态文明建设进程中开展一系列根本性、开创性、长远性工作，提出一系列新理念新思想新战略，污染治理力度之大、制度出台频度之密、监管执法尺度之严、环境质量改善速度之快前所未有，推动生态环境保护发生历史性、转折性、全局性变化。[①] 我国生态文明建设取得的历史性成就彰显了生态文明建设重要的战略地位，这是中国特色社会主义在发展目标、发展理念和发展方式方面的深刻转变。生态文明思想是中国共产党在中国特色社会主义现代化建设道路上的智慧结晶，新中国成立以来我国生态文明建设思想的发展与演变可以划分为从属期、主体期、主导期、主轴期四大阶段。

## 一、从属期（1949～1976年）：生态环境保护从属于经济建设

由于长期的战争造成我国大面积森林锐减和大量的荒山秃岭，生态环境极度恶劣，水涝、干旱、风沙等自然灾害频发，严重影响了新中国成立初期经济恢复与发展，为了巩固政权、恢复经济，以毛泽东为代表的党的第一代领导集体开始

---

① 习近平：《推动我国生态文明建设迈上新台阶》，载于《求是》2019年第3期。

着手环境治理，进行新中国成立以来生态文明建设的最初探索，并在实践中形成了我国社会主义建设最初的生态思想。这一阶段的主要任务是发展经济，着重解决影响经济发展的最直接、最突出的生态环境问题，尽快使土地、森林等资源得到充分利用、恢复生产，由此形成了我国社会主义建设早期的生态思想，集中表现为毛泽东的生态思想。

毛泽东继承了中国传统的“天人合一”思想以及马克思主义有关人与自然关系的思想，以探索人与自然关系为起点和突破口，明确指出了人与自然是辩证统一的，自然界是客观存在的，人必须顺应自然规律，“自然界有抵抗力，这是一条科学。你不承认，它就要把你整死。”[①]“如果对自然界没有认识，或者认识不清楚，就会碰钉子，自然界就会处罚我们，会抵抗”。[②] 当然，这并不意味着自然的力量无法征服，只要“更多地懂得客观世界的规律，少犯主观主义错误，我们的革命工作和建设工作，是一定能够达到目的的”[③]。人可以发挥主观能动性反作用于自然，使自然界朝着有利于人类生产和生活的方向发展。以人与自然关系为出发点，在长期的革命和建设中，毛泽东从认识自然、利用自然、改造自然等多个层面讨论了经济建设与环境保护的关系。

### （一）植树造林，绿化国土

毛泽东很早就意识到森林大面积毁坏是造成我国水患、旱灾和沙漠化的重要原因，面对着战争造成的荒山秃岭，新中国成立初期他就向全党提出了消灭荒地荒山、绿化祖国的任务。毛泽东同志在《征询农业十七条的意见》（1955 年 12 月 21 日）中要求：“在十二年内，基本上消灭荒地荒山，在一切宅旁、村旁、路旁、水旁，以及荒地上荒山上，即在一切可能的地方，均要按规格种起树来，实行绿化。”1958 年 4 月 7 日，《中共中央、国务院关于在全国大规模造林的指示》指出：“迅速地大规模地发展造林事业，对于促进我国自然面貌和经济面貌的改变，具有重大的意义。”毛泽东还看到了绿化不仅可以减少自然灾害，还可以美化环境，面对“大跃进”运动时期大炼钢铁造成的生态环境和森林资源的破坏，毛泽东同志于 1959 年提出：“要使我们祖国的河山全部绿化起来，要达到园林化，到处都很美丽，自然面貌要改变过来。”[④] 毛泽东还十分重视林业建设对经

① 《毛泽东文集》（第 7 卷），人民出版社 1999 年版，第 448 页。
② 《毛泽东文集》（第 8 卷），人民出版社 1999 年版，第 72 页。
③ 《毛泽东文集》（第 6 卷），人民出版社 1999 年版，第 393 页。
④ 中共中央文献研究室、国家林业局：《毛泽东论林业》，中央文献出版社 2003 年版，第 51 页。

济发展的重要作用，林业发展可以为工农业生产提供原料，“积极发展和保护森林，对于促进我国工、农业生产具有重要意义。”[①] “牧放牲口需要林地、草地，又要注重林业、草业。由此观之，为了副食品，农林牧副渔五大业都牵动了，互相联系，缺一不可。”[②] 由此可见，农林牧副渔五业是相互联系、互为条件的，要协调发展才能推动农业的综合平衡，促进农业生产的快速发展。

### （二）建设水利，保持水土

农业生产离不开水利建设，早在 1934 年，毛泽东就指出：“在目前的条件之下，农业生产是我们经济建设工作的第一位……水利是农业的命脉，我们也应予以极大的注意。”[③] 新中国成立后，几次大规模的洪涝灾害极大地破坏了我国农业生产，进一步坚定了毛泽东治水兴农的决心，他指出：“水利是农业的命脉。”“发展农业、畜牧业，首先要发展水利工作，这里包括水闸、蓄水沟、水沟等工程。”[④] 为加强水利建设，毛泽东还特别注重水利规划，要求各个县都要有自己的水利规划，而且“同流域规划相结合，大量地兴修小型水利，保证在七年内基本上消灭普通的水灾旱灾”[⑤]。改革开放前，我国先后对淮河、黄河、长江、海河、辽河、松花江、珠江七大流域进行了比较系统的规划治理，而且还兴建了三门峡水库、葛洲坝水利枢纽等许多大中型水利工程项目以及遍布全国的小水利工程，为农业生产建立了较为完善的基础设施。在水利建设的同时，毛泽东还十分重视水土保持，多次强调水土保持的重要性，1956 年，国务院专门设立了水土保持委员会，在毛泽东水土保持思想的指导下，我国水土保持进展顺利，成效显著，涌现出了山西省大泉山、甘肃省邓家堡等水土保持工作的典范。可见，毛泽东同志已经意识到我国农业生产很大程度上依赖于自然生态环境，生态环境保护需要以较为完善的生态基础设施建设为前提和条件。

### （三）防治污染，治理环境

新中国成立初期，环境破坏的现象比较严重，但是环境污染问题并不明显，主要是当时以农业生产为主，工业并不发达，人口相对较少，人们的生活方式也比较单一，生产和生活造成的环境污染问题并不突出。但毛泽东同志富有远见，

① 中共中央文献研究室、国家林业局：《毛泽东论林业》，中央文献出版社 2003 年版，第 78 页。
② 《毛泽东文集》（第 8 卷），人民出版社 1999 年版，第 72 页。
③ 《毛泽东选集》（第 1 卷），人民出版社 1991 年版，第 131 ~ 132 页。
④ 《建国以来毛泽东文稿》（第六册），中央文献出版社 1997 年版，第 216 页。
⑤ 《毛泽东文集》（第 6 卷），人民出版社 1999 年版，第 509 页。

早在1958年讨论三峡工程建设谈到水电还是火电时，毛泽都就指出要把煤炭资源保护起来留给后代。毛泽东指出在资源能源的节约中可以采取循环利用的方式，他要求：“在生产和基本建设方面，必须节约原材料，适当降低成本和造价，厉行节约。”① “在保证质量的条件下，大力节约原料、材料、燃料和动力”。他还把资源的循环利用和污染的治理比喻成打麻将，资源能源的综合利用就“和打麻将一样，上家的废物，就是下家的原料”，通过对废弃物的再利用，减少污染物排放，变废为宝。可见，毛泽东同志已经较早地洞察到资源能源的有限性，在我国提出了循环经济理念，并且具有了可持续发展的初衷，有利于推动形成资源节约的生产方式和生活方式。到了20世纪70年代，重大环境污染事件开始出现，如大连湾污染事件，涨潮一片黑水，退潮一片黑滩，堤坝腐蚀、海洋资源枯竭。毛泽东等领导人逐渐意识到经济发展不能以牺牲环境为代价，不能盲目地推进工业化，这一思想直接促成了党中央、国务院于1973年8月5~20日在北京召开了第一次全国环境保护会议，该次会议确立了我国环境保护工作的32字方针：“全面规划，合理布局，综合利用，化害为利，依靠群众，大家动手，保护环境，造福人民。”同时通过了《关于保护和改善环境的若干规定》，这是我国第一个环境保护文件，充分体现了生态环境保护的整体系统观以及依靠人民群众和为了人民群众利益的群众观，从此，我国环境保护工作有了统一的部署，环境保护正式纳入了社会主义建设中。

### （四）勤俭节约，反对浪费

勤俭节约是中华民族的传统美德，特别是在生产力发展水平落后、物资匮乏的年代，为了更好地将有限资源集中起来发展生产，更需要大力提倡节约。早在土地革命战争时期，1934年1月23日在江西省瑞金县召开的第二次全国工农代表大会上，毛泽东就告诫人们，为人民服务和贪污浪费是水火不相容的，为人民服务就必须反对贪污浪费，不仅贪污是极大的犯罪，浪费同样是不可容忍的。抗日战争时期和解放战争时期，毛泽东多次强调勤俭节约、反对滥用浪费。新中国成立后，在一穷二白的基础上，勤俭节约、反对浪费被大力推崇，毛泽东指出：“必须注意尽一切努力最大限度地保存一切可用的生产资料和生活资料，采取办法坚决地反对任何人对于生产资料和生活资料的破坏和浪费，反对大吃大喝，注意节约。”② 毛泽东还把勤俭建国视为是社会主义建设的重要方针，指出“要使

① 《毛泽东文集》（第7卷），人民出版社1999年版，第60页。

② 《毛泽东选集》（第4卷），人民出版社1991年版，第1316页。

我国富强起来，需要几十年艰苦奋斗的时间，其中包括执行厉行节约、反对浪费这样一个勤俭建国的方针”[①]。在这一方针指导下，1958 年，毛泽东提出了“多、快、好、省”的社会主义建设总路线。毛泽东同志把资源能源节约与生态环境保护有效地统一在一起，体现了生态环境保护不仅是事后的弥补和修复，更是要在源头上把控，节约资源能源一方面有利于支持经济更全面地发展；另一方面也可以减少排放，提高资源利用效率，实现资源的可持续利用。

### （五）控制人口，计划生育

毛泽东一贯重视人的作用，以人为本、以民为贵、人定胜天等都是他人口思想的重要体现，1949 年，他在《唯心历史观》一文中就指出：“世间一切事物中，人是第一可宝贵的。在共产党领导下，只要有了人，什么人间奇迹也可以创造出来。”但是新中国成立后，人口众多和资源不足的矛盾已经逐步显现，毛泽东也看到了人口的增加给生态资源带来的压力，他指出：“中国的情况是由于人口过多、已耕的土地不足（全国平均每人只有三亩田地，南方各省很多地方每人只有一亩田或只有几分田），以致广大农民的生活仍然有困难。”[②] 在资源有限的情况下，要实现人口与资源之间的协调平衡就应该对人口进行控制，毛泽东提出了人口计划的思想，1956 年 10 月，毛泽东同南斯拉夫妇女代表团的谈话中指出：“社会的生产已经社会化了，而人类本身的生产还是处在一种无政府和无计划的状态中。我们为什么不可以对人类本身的生产也实行计划化呢？我想是可以的。”[③] 1957 年，在最高国务院会议第十一次（扩大）会议讲话中，毛泽东又提出：“人类要自己控制自己，又是促使他能够增加一点，有时候使他能够停顿一下，有时减少一点，波浪式前进，实现计划的生育。”[④] 这一思想可以看作是我国计划生育思想的源头之一，虽然随后的“大跃进”以及中苏关系破裂后全国进入备战状态，毛泽东同志又重提人多力量大，并对马寅初先生的人口理论从最初的支持转为批判，但是毛泽东同志已经在那个时代已经看到了人口的多寡对资源环境的影响，并提出了计划生育的主张，这对日后我国计划生育国策的出台起了重要的奠基作用，也推动了人口、资源和环境协调发展的理论形成。

毛泽东的生态思想是毛泽东思想的重要组成部分，在新中国成立初期经济发

---

① 《毛泽东文集》（第 7 卷），人民出版社 1999 年版，第 240 页。
② 《毛泽东文集》（第 7 卷），人民出版社 1999 年版，第 429 页。
③ 《毛泽东文集》（第 7 卷），人民出版社 1999 年版，第 153 页。
④ 彭佩云：《中国计划生育全书》，中国人口出版社 1997 年版，第 131 页。

展异常困难的情况下，以毛泽东为核心的党的第一代领导集体能清楚地认识到生态环境修复和环境基础设施建设对有效防御自然灾害、促进农业生产的恢复、推动经济的发展与建设的重要作用。在对人与自然关系认识基础上，毛泽东提出的经济发展与生态效益协调、人口与资源协调、节俭等思想是对古代生态思想和马克思主义生态思想的继承与发展。毛泽东提出的植树造林、绿化环境、兴修水利、计划生育的做法仍是我国当今生态文明建设的重要内容。毛泽东提倡的节约增产、反对浪费，反对腐败、造福于民的理念对当代建立绿色生产和消费方式仍具有重要的价值。虽然“大跃进”时期，毛泽东动员群众向自然宣战，大炼钢铁时代的“村村点火、户户冒烟”，将麻雀列为四害，在全国掀起清除麻雀运动，宣扬人多力量大造成了人口激增等，但是毛泽东同志也对自己的错误决策及时总结了教训，开展批评和自我批评。总体而言，这一时期的生态思想主要是依附于经济建设，为经济发展服务的，社会主义生态环境保护和建设采取的措施也主要是针对恢复经济生产力。毛泽东生态思想可以看作是当代中国生态文明建设思想的初步萌芽。

## 二、主体期（1976～2002 年）：生态环境建设逐渐成为社会主义建设的独立方面

邓小平在总结社会主义建设时期经验教训基础上，提出了“发展才是硬道理”①，把发展的重心从阶级斗争转移到经济建设中，邓小平提出社会主义的首要任务是发展生产力，只有生产力发展和进步才能创造社会财富，为社会主义现代化建设提供强大的物质基础，只有着眼于经济社会的发展进步才能为生态环境建设提供更稳定坚实的支撑。改革开放初期，我国工业生产方式比较粗放，技术水平落后、资源消耗大、利用率低、环境污染严重、劳动者素质不高等，高消耗、高污染和高排放使工业污染对我国生态环境的影响不断加重，特别是随着工业生产规模的不断扩大，工业污染的程度和范围也在加深和蔓延。邓小平根据我国生态环境面临的严峻形势，提出可持续发展，后来，江泽民进一步把这一思想落实到实践中，推广到外交上，对全球的可持续发展理念产生了深刻的影响。邓小平的可持续发展思想提出，良好的人口、资源、环境状况是经济可持续发展的必要条件。江泽民进一步具体指出：“经济的发展，必须与人口、环境、资源统筹考虑，不仅要安排好当前的发展，还要为子孙后代着想，为未来的发展创造更

---

① 《邓小平文选》（第 3 卷），人民出版社 1993 年版，第 377 页。

好的条件，决不能走浪费资源、走先污染后治理的路子，更不能吃祖宗饭、断子孙路。”以邓小平为核心的党的第二代领导集体和以江泽民为核心的党的第三代领导集体在毛泽东生态思想的基础上，对生态环境保护的认识更进一步，生态环境保护不仅服务于经济建设，而且是与经济发展具有同等重要地位，这一时期的生态思想主要是探讨可持续发展的内容以及如何推动可持续发展，从历史、现实和未来的统一性来思考生态环境保护和改善。

### （一）以邓小平为核心的党的第二代领导集体的可持续发展思想

邓小平曾指出：“我们评价一个国家的政治体制、政治结构和政策是否正确，关键看三条：……第三是看生产力能否得到持续发展”。[①] 邓小平从其生产力理论出发来思考可持续发展问题，其可持续发展思想主要包括两大方面：

**1. 可持续发展的内容**

邓小平对可持续发展内容的阐述可以概括为两个部分：一是人口的可持续。邓小平关注人口理论，延续了毛泽东有关计划生育的思想，并把这一思想提高到关系中国未来发展的战略地位，他从社会主义发展的全局出发，提出中国要实行计划生育的基本国策，在控制人口数量的同时要提高人口素质，邓小平在1985年全国教育工作会议上指出：“我们国家，国力的强弱，经济发展后劲的大小，越来越取决于劳动者的素质，取决于知识分子的数量和质量。”[②]“劳动者只有具备较高的科学文化水平，丰富的生产经验，先进的劳动技能，才能在现代化的生产中发挥更大的作用。”[③] 可见，邓小平同志提出提高人口素质以缓和劳动力数量与物质资源不足之间的矛盾。二是生态环境的可持续。邓小平继承了毛泽东植树造林的做法，并尊重森林成长的周期规律，立足长远来制定这一政策。邓小平指出植树造林不仅可以改善环境，减少自然灾害，而且是造福后代的千秋大计。“植树造林、绿化祖国，是建设社会主义、造福子孙后代的伟大事业，要坚持二十年，坚持一百年，坚持一千年，要一代代永远干下去”。[④] 1982年11月，他在全军植树造林总结经验表彰先进大会上题词“植树造林，绿化祖国，造福后代”[⑤]。邓小平重视农田水利建设，这一时期兴建了一大批的水利工程，改善了

---

① 《邓小平文选》（第3卷），人民出版社1993年版，第213页。

② 《邓小平文选》（第3卷），人民出版社1993年版，第120页。

③ 《邓小平文选》（第2卷），人民出版社1994年版，第88页。

④ 国家环境保护总局，中共中央文献研究室：《新时期环境保护重要文献选编》，中央文献出版社、中国环境科学出版社2001年版，第39页。

⑤ 《邓小平文选》（第3卷），人民出版社1994年版，第21页。

江河周边的环境，他还多次强调：“农业除开化肥、农药以外，要着重解决水利问题。”[①] 农业水利基础设施建设提高了防灾抗灾能力，提升了农业生产水平。邓小平还非常注重资源的节约和综合利用，资源的利用要和环境保护相协调，他指出：“核电站我们还是要发展，油气田开发，铁路公路建设，自然环境保护等，都很重要。”[②] 他还指出资源浪费会影响可持续发展，提倡节约生产，以开发煤炭为例，他主张要搞坑口发电和煤的综合性使用，“提高产品质量是最大的节约”,[③] 要提高企业的资源利用水平，对浪费资源的企业要整顿。可见，邓小平同志对可持续发展内容的界定是十分广泛的，涉及资源、环境、人口、生产条件等，表明了生态环境问题是一个综合性的问题，需要各方面协调推进才能发挥最大的效应。

**2. 可持续发展的实现方式**

在提出可持续发展内容的基础上，邓小平进一步论述了如何实现可持续发展，以及如何为可持续发展目标的实现提供有利的条件。邓小平坚持统筹兼顾的原则，他指出，“在社会主义制度之下，个人利益要服从集体利益，局部利益要服从整体利益，暂时利益要服从长远利益，我们必须按照统筹兼顾的原则来调节各种利益的相互关系”。[④] 这一统筹兼顾的原则运用到生态环境保护中，具体表现为他主张统筹协调好人口、资源和环境之间的利益关系

一是制定保护环境的制度和法律。依法办事一直是邓小平治国思想的重要理念，社会主义建设“要靠法制，搞法制靠得住些”[⑤]。为了确保可持续发展各项政策措施的落实，邓小平主张从法律和制度的层面自上而下地推动执行，使环境保护有法可依，有章可循，并成为广大民众的自觉行动。他曾强调，要制定一些必要的法律，如“人民公社法、森林法、草原法、环境保护法……做到有法可依，有法必依，执法必严，违法必究”[⑥]。“加强环境管理，要从人治走向法治”[⑦]，1979 年 9 月，第五届全国人民代表大会第十一次常务委员会通过了《中华人民共和国环境保护法（试行)》，开启了中国环境保护工作的法制时代。1989 年 12 月，第七届全国人民代表大会第一次常务委员会对该项法律进行了重

① 《邓小平文选》(第 1 卷)，人民出版社 1994 年版，第 336 页。
② 《邓小平文选》(第 3 卷)，人民出版社 1993 年版，第 363 页。
③ 《邓小平文选》(第 2 卷)，人民出版社 1994 年版，第 30 页。
④ 《邓小平文选》(第 2 卷)，人民出版社 1994 年版，第 175 页。
⑤ 《邓小平文选》(第 3 卷)，人民出版社 1993 年版，第 379 页。
⑥ 《邓小平文选》(第 2 卷)，人民出版社 1994 年版，第 146 ~ 147 页。
⑦ 《邓小平论林业与生态建设》，载于《内蒙古林业》2004 年第 8 期。

大修订，并正式通过实施，中国环境保护有了具体行动指南及约束准则。此外，《中华人民共和国森林法》《草原法》《中华人民共和国矿产资源法》等法律也陆续制定和发布，逐渐构建了生态环境保护的法制屏障。

二是重视科技创新的作用。邓小平十分重视科学技术的作用，他曾提出“科学技术是第一生产力”的重要论断，也把这一思想贯穿至生态环境保护中，重视利用科学技术来保护生态环境。1982 年，在谈到农业生产时，邓小平指出：“要抓好农业科学研究，农业增产增收，多种经营大发展，耕作栽培方法改革，农村能源问题以及生态环境保护，等等，都得靠科学。”① “像黄土高原这些水土流失严重的地区，要运用先种草后种树的（生态）技术，把黄土高原建设为绿色草地和现代牧场，这不仅会让人们富起来，也会使自然环境变得更好。”② 邓小平的主张中已经鲜明地表达了经济发展与环境保护可以相互协调，其中科学技术扮演着重要角色。邓小平主张科技兴农，他认为农业发展未来的出路就在于科技，“将来农业问题的出路，最终要由生物工程来解决，要靠尖端技术，对科学技术的重要性要充分认识。”③ 邓小平对科学技术的发展进行了客观、科学的前瞻预判，明确地指出了科学技术发展对生态环境保护的重要作用。

三是提出走集约经营的发展道路。在工业化发展初期，我国生产力水平低，工业生产技术落后，资源利用效率不高，并且存在着严重的浪费现象，要有效地利用资源能源，避免走“先污染后治理”的西方工业化老路，邓小平从马克思《资本论》有关循环经济的思想中得到启示，提出了我国工业生产也应走循环利用的生态之路，例如，他针对四川省的天然气提出：“天然气能生产化肥，化肥又能增产粮食，还可用来发电，可作多种化工原料。”④ 在《关于发展工业的几点意见》中，邓小平不仅重视生产过程，而且还重视生产结果，倡导以最少的投入生产出最优的产量，提高产品的质量：“质量第一是个重大政策。这也包括品种、规格在内。提高产品质量是最大的节约。在一定意义上说，质量好就等于数量多。”⑤ 在这一思想的影响下，1987 年，中共十三大报告首次提出“从粗放经营为主逐步转向集约经营为主的轨道”的经济增长方式，这一提法是对我国长期以来的生产经营方式的重大创新和突破，为我国经济增长方式的根本性转变指明了新的方向。

---

① 《邓小平思想年编（1975－1997）》，中央文献出版社 2011 年版，第 449 页。

② 《邓小平思想年编（1975－1997）》，中央文献出版社 2011 年版，第 442～443 页。

③ 《邓小平文选》（第 3 卷），人民出版社 1993 年版，第 275 页。

④ 王东：《邓小平理论与跨世纪中国》，北京出版社 1999 年版，第 449 页。

⑤ 《邓小平文选》（第 2 卷），人民出版社 1994 年版，第 30 页。

## （二）以江泽民为核心的党的第三代领导集体的可持续发展思想

江泽民全面继承和发展了邓小平的可持续发展思想，结合我国改革开放的具体实际，从不同要素间的协调推进到代际的协调，把可持续发展战略思想从理论层面进一步上升到实践层面，从国内全方位推广向国际拓展延伸。1992 年，联合国环境与发展大会在巴西里约热内卢召开，通过了《关于环境与发展的里约热内卢宣言》和《21 世纪议程》，可持续发展成为全球共识，中国政府也在此次会议上作出了履行《21 世纪议程》的庄严承诺。1994 年 3 月，我国政府发表了《中国 21 世纪议程——中国 21 世纪人口、环境与发展白皮书》，可持续发展战略首次被纳入我国经济和社会发展的长远规划中。1995 年 9 月，中共十四届五中全会上，“实现经济社会可持续发展”正式被载入党的文件中。1997 年，中共十五大把可持续发展战略确定为我国“现代化建设中必须实施”的战略。2002 年，中共十六大把“可持续发展能力不断增强，生态环境得到改善，资源利用效率显著提高，促进人与自然的和谐，推动整个社会走上生产发展、生活富裕、生态良好的文明发展道路”写入报告，并作为全面建设小康社会的四大目标之一。至此，生态环境问题被上升到人类文明发展的高度，并被视为是社会文明发展进程中的重要实现路径之一。江泽民在继承了马克思主义有关人与自然关系的基础上，更加强调人与自然的和谐，并且把环境保护提高到民族素质的高度，指出：“环境意识和环境质量如何，是衡量一个国家和民族的文明程度的一个重要标志。”① 以可持续发展思想为中心，江泽民的生态文明思想主要包括以下几个方面：

**1. 经济发展与环境保护是相互协调关系**

江泽民已经把环境保护作为独立于经济发展的社会主义建设的重要部分，并且指出两者是相互协调、相互促进的，经济发展不能以牺牲环境为代价，而是要在推动经济增长的同时也保护环境，要“将单位国民生产总值的污染排放量和资源生态损耗量降下来”②。江泽民还提出了社会生产力的发展与资源环境紧密相关的“环境生产力论”，在 1996 年第四次全国环境保护会议上，“保护环境的实质就是保护生产力”的科学论断第一次明确提出。2001 年 2 月 28 日在海南省考察工作时，他又再次强调“破坏资源环境就是破坏生产力，保护资源环境就是保护生产力，改善资源环境就是发展生产力”，生态环境保护和生态环境资源也可以转化为经济增长的动力。江泽民把生态环境保护看作是“关系我国长远发展的

---

①② 《江泽民文选》（第 1 卷），人民出版社 2006 年版，第 534 页。

全局性战略问题"①，经济发展与环境保护一定要协调起来，通过推动产业结构调整优化，合理投资，从粗放型经济发展方式向集约型经济发展方式转变，"任何地方的经济发展都要注重提高质量和效益，注重优化结构，都要坚持以生态环境良性循环为基础，这样的发展才是健康的、可持续的"，② 否则，"如果在发展中不注意环境保护，等到生态环境破坏了以后再来治理和恢复，那就要付出更沉重的代价，甚至造成不可弥补的损失"③。可见，江泽民同志已经十分重视经济发展与环境保护的协调，而且他也坚信社会主义制度具有集中力量办大事的优越性，可以统筹兼顾、科学规划，实现经济、社会和生态环境协调发展。

**2. 可持续发展战略的内涵**

江泽民把可持续发展上升到国家战略层面，并进行全面深刻的阐述，"在现代化建设中，必须把实现可持续发展作为一个重大战略。要把控制人口、节约资源、保护环境放到重要位置，使人口增长与社会生产力的发展相适应，使经济建设与资源、环境相协调，实现良性循环。"④ 实现经济社会和人口、资源环境协调发展是可持续发展的核心问题，三者构成了一个互促互进的循环系统，只有保持循环系统的畅通才能发挥出最大的效益，江泽民从代际的角度来诠释可持续发展战略，虽然"人口、自然资源、生态环境等对经济持续发展的压力在增大"⑤，但是"必须与人口、环境、资源统筹考虑，不仅要安排好当前的发展，还要为子孙后代着想，为未来的发展创造更好的条件，决不走浪费资源和先污染后治理的路子，更不能吃祖宗饭，断子孙路。"⑥ 江泽民对可持续发展战略的解释深刻地把握了人与自然的发展规律，从空间范围和时间递进上丰富了可持续发展的内涵。

**3. 生态科学技术的重要作用**

江泽民继承了邓小平的有关科学技术与生态环境保护关系的观点，继续强调生态科学技术创新对建立资源节约和环境保护的生产方式，以及推动可持续发展的重要作用。1989 年 12 月 19 日，江泽民同志在国家科学技术奖励大会上的讲话中指出："全球面临的资源、环境、生态、人口等重大问题的解决，都离不开科学技术的进步。"⑦ 科学技术是实现可持续发展的重要保障，要着眼于全球科技

---

①③ 《江泽民文选》（第 1 卷），人民出版社 2006 年版，第 532 页。
② 《江泽民文选》（第 1 卷），人民出版社 2006 年版，第 533 页。
④ 江泽民：《论有中国特色社会主义（专题摘编）》，中央文献出版社 2002 年版，第 279 页。
⑤ 江泽民：《论科学技术》，中央文献出版社 2001 年版，第 50 页。
⑥ 江泽民：《论有中国特色社会主义（专题摘编）》，中央文献出版社 2002 年版，第 280 页。
⑦ 江泽民：《论科学技术》，中央文献出版社 2001 年版，第 2 页。

发展的前沿，引进国外的先进技术，建立可以兼顾生态环境保护的工业化发展模式，“在环境保护、资源和能源的高效洁净利用等方面，也要广泛采用世界先进技术，以免重蹈工业化国家先污染、后治理的老路，真正实现可持续发展。”① 在经济发展过程中要“运用现代科学技术，特别是以电子学为基础的信息和自动化技术改造传统工业，使这些产业的发展实现由主要依靠扩大外延到主要依靠内涵增加的转变，建立节耗、节能、节水、节地的节约型经济”②。

**4. 加强国际环境保护合作**

环境污染是全球面临的共同问题，江泽民意识到生态环境保护需要各国携手共同努力，“人类共同生存的地球和共同拥有的天空，是不可分割的整体，保护地球，需要各国共同行动”③。加强国际合作不仅可以更加有效地利用资源，弥补我国资源的不足，也可以在合作中维护我国的资源环境安全，因而在合作中要“正确处理利用国外资源和维护我国资源安全的关系”。④ 我国是一个发展中国家，在国际环境合作中既要承担大国的责任，如早在 1992 年，我国政府在联合国环境与发展大会上就作出了履行《21 世纪议程》的承诺，1994 年发表了《中国 21 世纪议程——中国 21 世纪人口、环境与发展白皮书》，同时，江泽民又强调在对外合作中要独立自主，积极争取平等的地位，警惕发达国家强加的不合理要求，他表示：“我们愿为保护全球环境作出积极贡献，但不能承诺与我国发展水平不相适应的义务。”⑤ 一方面，我们要加强同其他国家的经贸往来，另一方面，又要时刻保持警惕，“引进外资，需要抓好环境保护工作，改善投资环境，同时也要注意防止国外有人把污染严重的项目甚至‘洋垃圾’往我国转移，切不可贪图眼前的局部利益危及国家和民族的全局利益，危害子孙后代。”⑥

**5. 加强环境保护管理和提高环境保护意识**

要确保环境保护的各项政策措施落到实处，就要有专门的机构负责实施，加强环境保护的管理和监督，形成自上而下的约束机制。江泽民指出：“人口、资源、环境工作要切实纳入依法治理的轨道。”⑦ “各级党委和政府特别是主要领导干部，要从战略和全局的高度充分认识人口和计划生育工作的重要性、长期性、

---

① 江泽民：《论科学技术》，中央文献出版社 2001 年版，第 207 页。
② 江泽民：《论有中国特色社会主义（专题摘编）》，中央文献出版社 2002 年版，第 238 页。
③ 江泽民：《论有中国特色社会主义（专题摘编）》，中央文献出版社 2002 年版，第 295 页。
④ 《江泽民文选》（第 3 卷），人民出版社 2006 年版，第 465 页。
⑤ 《江泽民文选》（第 1 卷），人民出版社 2006 年版，第 534 页。
⑥ 《江泽民文选》（第 1 卷），人民出版社 2006 年版，第 535 页。
⑦ 《江泽民文选》（第 3 卷），人民出版社 2006 年版，第 468 页。

艰巨性，始终坚持发展经济和控制人口两手抓。”① 生态环境是一个系统性的构成，对生态环境保护的管理也要系统性地综合考虑，“要从宏观管理入手，建立环境和发展综合决策的机制。制定重大经济社会发展政策，规划重要资源开发和确定重要项目，必须从促进发展与保护环境相统一的角度审议利弊，并提出相应对策。这样才能从源头上防止环境污染和生态破坏。”② 江泽民还强调要加强法制宣传教育，普及有关法律知识，使企业单位和广大人民群众自觉守法，“广大干部群众都要提高环境意识，积极参与环境保护。我们相信，只要全党全社会都来关心和支持环境保护，我国环保事业就大有希望”。③

经过了以邓小平为核心的党的第二代领导集体的开拓创新和以江泽民为核心的党的第三代领导集体的继承与发扬，生态环境保护已经从从属和服务于经济发展上升到国家战略层面，从阶段性的问题解决上升到社会文明进程的永续推进。邓小平和江泽民从人口、资源和环境的协调发展角度把生态环境保护看作是实现可持续发展的重要战略，是世世代代始终要坚守的价值理念和原则。改革开放以来，中国经济取得了飞速发展，工业化进程快速推进，工业污染引发的环境危机更加多样，破坏程度更深、影响范围更广，国家领导人深刻意识到工业化进程不能再走西方“先污染，后治理”的老路，人民生活水平的提高也对生态环境提出了更高的期待。邓小平和江泽民都对可持续发展的内涵进行深刻阐述，并从生产力发展、生态科技进步、环境保护法律和制度约束、完善生态环境管理等多个角度提出推进可持续发展的系统路径。这一时期，生态环境保护和治理已经成为社会主义现代化建设的重要方面，虽然没有直接提及生态文明，但是已经把生态思想提高到事关民族文明兴衰的重要地位，为生态文明的正式提出做了充分的理论和实践准备。

## 三、主导期（2002～2012年）：生态文明建设正式提出并成为科学发展观的主导方向之一

进入21世纪以来，可持续发展思想在全球范围内得到普遍认同和拓展，全球环境污染事件频繁以及由生态危机引发的一系列经济社会发展问题使越来越多的国家意识到生态环境保护的重要性，并积极采取行动。我国对可持续发展理解

---

① 《江泽民文选》（第3卷），人民出版社2006年版，第464页。
② 《江泽民文选》（第1卷），人民出版社2006年版，第534页。
③ 《江泽民文选》（第1卷），人民出版社2006年版，第536页。

的深化和实践探索的深入不仅丰富了我国生态价值观，也为我国生态环境保护行动积累了丰富的经验。虽然经过多年的努力和治理，但我国生态环境破坏和污染形势的严峻却大大超出人们所预估的范围，引发的一系列危机也大有超出人们可控范畴的可能。生态环境问题成为我国经济社会发展严重的制约因素，它提高了经济发展成本、放缓了经济发展步伐、削弱了经济发展后劲、压制了经济发展活力，只有彻底解开这一“瓶颈”才能把经济社会发展的内部力量释放出来。这需要对生态环境问题的认识有更高的站位，需要一个自上而下的顶层设计来激发所有要素的活力。2003 年 10 月，中共十六届三中全会第一次完整地提出了科学发展观是“坚持以人为本，树立全面、协调、可持续的发展观，促进经济社会和人的全面发展”，中共十七大报告中提出了科学发展观的核心观点：科学发展观第一要义是发展，核心是以人为本，基本要求是全面协调可持续性，根本方法是统筹兼顾。科学发展观成为中国经济社会的根本指导思想，无论是全面协调可持续，还是人与自然的和谐发展是五个统筹之一，抑或是发展本身的科学性，都标志着中国共产党对人与自然的关系，对生态环境的保护和建设的认识更加科学和深化，而且立足以人为本，凸显生态环境保护的人民性，这也契合了中国共产党的宗旨。生态环境问题显然被置于社会主义建设大局中来统筹考虑，占据“牵一发而动全身”的地位。

中共十七大报告首次明确提出建设生态文明，并把生态文明作为全面建设小康社会奋斗目标的新要求进行战略部署，这是中国共产党从人类文明发展的高度来诠释生态环境，是对千百年来人类处理人与自然关系中形成的生态智慧的生动诠释，赋予生态环境保护的历史意义、时代意义和未来之义。是对未来人与自然应该如何更加和谐相处表明了立场态度，树立了标杆，明确了路径，这代表了中国共产党执政兴国理念的新发展，是党的科学发展、和谐发展执政理念的一次升华。生态文明成为科学发展观内涵的具体呈现，成为中国特色社会主义理论体系的又一创新，生态文明建设正通过文明的力量渗透并影响和带动经济社会发展的方方面面，这一目标也是科学发展观的重要主导方向之一。主导地位与主体地位最大的区别就在于，生态文明建设不仅会带动生态环境的建设和完善，而且会激发经济社会发展的潜力，提高人的积极性是实现人的价值，建设更加和谐的社会。以胡锦涛同志为总书记的党中央的生态文明思想主要包括以下几个方面：

### （一）提出人与自然的和谐

早在 2004 年《在中央人口资源环境工作座谈会上的讲话》中，胡锦涛就指出：“对自然界不能只讲索取不讲投入、只讲利用不讲建设。”中共十六届三中全会把统筹人与自然的和谐发展作为五个统筹之一。中共十六届四中全会首次提出了构建社会主义和谐社会的历史任务，并把人与自然的和谐作为和谐社会的主要内容之一。2005 年 2 月 19 日，胡锦涛在中央党校省部级主要领导干部“提高构建社会主义和谐社会能力”专题研讨班上进一步指出：“构建社会主义和谐社会，是党提出的一项重大任务。要建设的和谐社会是民主法制、公平正义、诚信友爱、充满活力、安定有序、人与自然和谐相处的社会。”中共十七大把“人与自然和谐”“建设资源节约型、环境友好型社会”写入新修改的党章中，中共十八大报告提出要树立尊重自然、顺应自然、保护自然的生态文明理念。“和谐”一词完美地表达了人与自然的关系，代表着人和自然双方的地位是平等的、彼此尊重又彼此促进。胡锦涛已经鲜明表达了人与自然和谐的思想，并把促进人与自然和谐置于经济社会发展的重要地位和重要任务。

### （二）明确生态文明建设的战略地位

中共十六大以后，以胡锦涛为总书记的党中央领导集体反复强调：“全面落实科学发展，坚持保护环境的基本国策，深入实施可持续发展战略。”[①] 生态环境保护作为基本国策被重点强调。2006 年 10 月，中共十六届六中全会通过的《中共中央关于构建社会主义和谐社会若干重大问题的决定》中指出“推进节约发展、清洁发展、安全发展，实现经济社会全面协调可持续发展”，在继承可持续发展思想的基础上，生态环境保护升华为构建社会主义和谐社会的重要原则。2007 年 9 月，《中共中央关于制定国民经济和社会发展第十一个五年规划的建议》中，首次提出要建设“资源节约型和环境友好型”的两型社会，这是生态环境保护的新战略，明确了生态环境保护的具体内容包括资源和环境两大部分，具体做法是节约和友好。中共十七大报告首次提出建设生态文明，并作为全面建设小康社会奋斗目标的新要求，生态文明一经提出就被置于重要地位。

### （三）建设生态文明的路径

胡锦涛立足科学发展观，对生态环境保护的路径也进行了详细的阐述。一是转变经济发展方式。胡锦涛指出：“彻底改变粗放型的经济增长方式，使经济增长建立在提高人口素质、高效利用资源、减少环境污染、注重质量效益的基础上。”[②] 要妥善处理好经济发展与环境保护的矛盾，就要转变经济发展方式，调

---

① 温家宝：《全面落实科学发展观　加快建设环境友好型社会》，载于《光明日报》2006 年 4 月 24 日。
② 《十六大以来重要文献选编》（中），中央文献出版社 2006 年版，第 816 页。

整经济结构，推动自主创新，发展生态型产业，走科技含量高、经济效益好、资源消耗低、环境污染少、人力资源优势得到充分发挥的新型工业化道路。转变经济发展方式也是对邓小平提出的从粗放型向集约型转变的进一步发展和创新。二是大力发展循环经济。在2003年中央人口资源环境座谈会上，胡锦涛提出："要加快转变经济增长方式，将循环经济的发展理念贯穿到区域经济发展、城乡建设和产品生产中，使资源得到最有效的利用。最大限度地减少废弃物排放，逐步使生态步入良性循环。"循环经济是人—自然—社会系统相互物质交换的重要渠道，也是科学发展观的实现路径，"要大力发展循环经济，逐步改变高耗能、高排放产业比重过大的状况，努力在优化结构、提高效益、降低消耗、保护环境的基础上，实现自然生态系统和社会经济系统的良性循环。"[①] 三是建设资源节约型和环境友好型社会。建设生态文明"实质上就是要建设以资源环境承载力为基础、以自然规律为准则、以可持续发展为目标的资源节约型、环境友好型社会"[②]。"从当前和今后我国的发展趋势看，加强能源资源节约和生态环境保护，是我国建设生态文明必须着力抓好的战略任务。我们一定要把建设资源节约型、环境友好型社会放在工业化、现代化发展战略的突出位置。"这是对生态文明社会的具体而形象的概括。四是鼓励生态科技创新。胡锦涛也非常注重技术创新在环境保护中的重要作用，提出要专门围绕生态文明建设开展有针对性的生态技术创新，他提出要"大力加强生态环境保护科学技术……要注重源头治理，发展节能减排和循环利用关键技术，建立资源节约型、环境友好型技术体系和生产体系"[③]。2009年9月，胡锦涛参加联合国气候变化峰会并发表讲话，"要大力发展绿色经济，积极发展低碳经济和循环经济，研发和推广气候友好技术"，这是较早地提出了生态文明建设的具体模式，在国际上表明中国生态文明建设的立场和态度。五是加强生态文明的法律和制度建设。建设生态文明必须加强管理，强化法律和制度的约束，确保生态文明建设法制化和规范化，形成全社会的一致行动。中共十七大报告明确提出："要完善有利于节约能源资源和保护生态环境的法律和政策，加快形成可持续发展体制机制。"六是要提升全社会生态文明的意识。充分调动广大人民群众参与生态文明建设的积极性和能动性，可以积极发挥群众力量的巨大作用。胡锦涛指出："要加强基本国情、基本国策和有关法律法规的宣传

① 《十七大以来重要文献选编》（上），中央文献出版社2009年版，第78～79页。
② 《十七大以来重要文件选编》（上），中央文献出版社2009年版，第109页。
③ 《十七大以来重要文件选编》（上），中央文献出版社2009年版，第750～751页。

教育，增强全社会的人口意识、资源意识、节约意识、环保意识”① “坚持走新型工业化道路，倡导有利于节约能源资源和保护环境的产业结构和消费方式，大力开展能源资源节约活动。”②

以胡锦涛为总书记的党中央拉开了中国生态文明建设的序幕，生态文明凝结的是几千年来中国在人与自然关系的探索中形成的物质成果和精神成果的总和，是中国在生态环境保护理论和实践探索中形成的重要的阶段性成果。这一思想坚持以人为本，最终目标是实现人与自然的和谐，让广大人民群众都能享受美好的生活环境。建设生态文明的主导力量已经渗透人们的生产生活中，引领人们把追求物质享受的观念改变为崇尚自然、追求健康、可持续利用资源能源，走出一条生活富裕、生态良好的人与自然和谐发展的文明新路。建设生态文明是中国特色社会主义建设实践的成功探索，是中国方案的优势和中国智慧的结晶，也为全球生态环境保护作出了重要的理论贡献。

## 四、主轴期（2012 年至今）：生态文明建设以轴带面协调推进新时代中国特色社会主义事业

中共十八大以来，以习近平同志为核心的党中央从中国特色社会主义事业“五位一体”总体布局和“四个全面”战略布局的战略高度出发，把建设生态文明看作是中华民族永续发展的千年大计，中共十九大把“美丽”作为党在新时代的奋斗目标，凸显到 21 世纪中叶，生态文明建设将是中国特色社会主义事业建设的重要内容，凸显党和国家正大力推动生态文明建设，引领中华民族奋力走在伟大复兴的征途中。这既是从历史的角度对人类文明发展经验教训的总结，也是对人类可持续发展意义的深邃思考，大大丰富和发展了马克思主义生态观。这既是炽热的民生情怀，也是坚定的历史担当，是中国共产党以人民为中心的价值体现，中国在生态文明建设中的理论创新和实践行动得到了国际社会的认同与支持。生态文明就如一根转轴，牵连着中国特色社会主义事业发展的方方面面，转轴的运动会产生以点带面的效果，为中国特色社会主义现代化建设注入绿色发展动力，提供美好生态环境和生态产品，催化绿色技术创新，促进经济社会可持续发展，提高人民群众的生活质量。

---

①② 《十六大以来重要文献选编》（中），中央文献出版社 2006 年版，第 826 页。

### （一）生态文明建设思想的重大理论创新

中共十八大以来，以习近平同志为核心的党中央汲取了中华民族传统文化的精华，坚持马克思主义生态思想的传承与创新，对人与自然关系进行深度总结和高度升华，站在坚持和发展中国特色社会主义、实现中华民族伟大复兴中国梦的战略高度，从历史唯物主义和辩证唯物主义的角度，深刻回答了为什么建设生态文明、建设什么样的生态文明、怎样建设生态文明等重大理论和实践问题，系统形成了习近平生态文明思想，为新时代中国特色社会主义现代化建设提供了有力支撑。

**1. 生态文明建设担负着中华民族伟大复兴的历史使命**

中华民族近代以来最伟大的梦想就是实现中华民族的伟大复兴，然而复兴之路充满了挑战，生态复兴就是其中的历史责任和时代责任。在生态文明贵阳国际论坛 2013 年年会开幕式上，习近平总书记强调："走向生态文明新时代，建设美丽中国，是实现中华民族伟大复兴的中国梦的重要内容，把生态文明建设融入经济建设、政治建设、文化建设、社会建设各方面和全过程。"习近平总书记在多次主持中央政治局集体学习和考察时均强调："要清醒认识保护生态环境的紧迫性和艰巨性，清醒认识加强生态文明建设的重要性和必要性，以高度负责的态度和责任真正下决心把环境污染治理好。"在 2018 年 5 月 18 日全国生态环境保护大会上，习近平把中共十九大提出的"生态文明建设是关系中华民族永续发展的千年大计"进一步表述为"生态文明建设是关系中华民族永续发展的根本大计"，"千年大计"有很多，但是"根本大计"只有一个，"根本"一词更加确定了生态文明建设在中华民族伟大复兴征程中的重要地位。习近平还指出，建设生态文明的时代责任已经落在了我们这代人的肩上，号召要齐心协力、攻坚克难，大力推进生态文明建设，为全面建成小康社会、开创美丽中国建设新局面而努力奋斗。可见，习近平总书记早已把生态文明建设视为中国特色社会主义事业的重要组成部分，视为是在中国前途和命运选择中重要的手段，丰富了中国特色社会主义理论体系。

**2. 生态文明建设夯实了国家富强人民富裕的发展基础**

国家富强、人民富裕是社会稳定、国家长治久安的根本，强本固基要以高度发达的生产力水平和和谐稳定的社会关系为保障。习近平总书记突破了传统认为生产力水平主要依靠要素投入和技术创新的狭隘思维，独辟蹊径地提出"保护生态环境就是保护生产力、改善生态环境就是发展生产力"，这是对生产力理论的重大创新。习近平总书记还辩证统一地阐述了经济发展和环境保护的关系，用

“绿水青山就是金山银山”论述两者相互协调、协同共生的路径。绿水青山是自然财富，也是经济社会财富，保护生态环境就是保护自然价值和自然增值能力。要如何将绿水青山转化为金山银山？习近平同志在全国生态环境保护大会上提出了要贯彻新发展理念，加快形成节约资源和保护环境的空间格局、产业结构、生产方式、生活方式。“发展经济是为了民生，保护生态环境同样也是为了民生”[①]“良好生态环境是最公平的公共产品，是最普惠的民生福祉”[②] 等鲜明地指出了环境保护并不必然以牺牲经济发展为代价，生态文明建设可以产生巨大的生态效益、经济效益、社会效益造福人类。随着社会主要矛盾的转变，人们日益增长的美好生态环境需要同生态环境发展的不平衡和不充分之间的矛盾日益凸显，习近平总书记把生态文明建设提高到政治高度，指出建设生态文明，是民意，也是民生，习近平总书记创新性地把生态文明建设作为夯实国强民富基础的重要途径，是对其绿色治国思想和生态民生观的生动诠释。

**3. 生态文明建设拓展了生态环境保护的战略视野**

生态环境是由人、自然、社会组成的复合系统，牵一发而动全身，生态环境保护要追根溯源，而不能头痛医头、脚痛医脚。习近平总书记指出，环境治理是一个系统工程，要按照系统工程的思路要求，抓好生态文明建设重点任务的落实。要把生态文明建设融入经济建设、政治建设、文化建设、社会建设的各方面和全过程。可见，生态文明是人类文明建设中取得的物质成果、精神成果和制度成果的总和，生态文明作为人类文明发展的高级阶段，是原始文明、农业文明和工业文明发展演进中的新文明形式，也是各阶段人类文明精华的集成。习近平总书记还第一次在生态环境领域提出了“生命共同体”的思想，并具体指出“山水林田湖草”是一个生命共同体，在全国生态环境保护大会上，习近平指出“生态是统一的自然系统，是相互依存、紧密联系的有机链条。人的命脉在田，田的命脉在水，水的命脉在山，山的命脉在土，土的命脉在林和草，这个生命共同体是人类生存发展的物质基础”。这形象地强调了生态系统的各个要素和各个环节都是维持生命的不可或缺的部分，并且各个部分紧密相扣，共同维护生态平衡，这种系统观和全局观突破了生态环境的狭隘意识，为我们认识生态环境和生态文明建设拓展了新视野和新空间。正是由于生态环境的系统性，因而在生态环境治理中“要从系统工程和全局角度寻求新的治理之道”“统筹兼顾、整体施策、多

---

① 习近平：《推动我国生态文明建设迈上新台阶》，载于《求是》2019 年第 3 期。

② 2013 年习近平在海南省考察工作时首次提出。

措并举，全方位、全地域、全过程开展生态文明建设”，[1] 这体现了习近平生态环境治理中宏大的视野、大局意识和全局意识。

**4. 生态文明建设体现了人类永续发展的不懈追求**

习近平总书记以发展的眼光来看待生态文明建设问题，他深刻地感受到人类古代辉煌的文明因为生态环境的衰退而衰落，既对人类文明发展的经验教训进行历史总结，又对未来提出了新的思考，他深刻认识到“我国生态环境矛盾有一个历史积累过程，不是一天变坏的”[2]，面对严重的生态环境问题提出“中华文明已延续了5000多年，能不能再延续5000年直至实现永续发展?”[3]。同时他还着眼于人类文明的延续，指出生态环境保护是功在当代、利在千秋的事业，是一项长期任务，要久久为功。习近平总书记深谋远虑地指出了生态文明建设不是一个阶段性的任务，而是伴随着人类可持续发展的永恒任务。随着我国生态文明建设的不断推进，习近平总书记对如何实现生态文明的认识也日臻深刻，从中共十八大首次把生态文明建设作为“五位一体”总体布局，到中共十八届三中、四中全会把生态文明建设上升到制度层面，指出“要深化生态文明体制改革，尽快把生态文明制度的‘四梁八柱’建立起来，把生态文明建设纳入制度化、法治化轨道”，再到中共十八届五中全会“绿色发展”理念的提出，以及中共十九大报告提出建设“富强民主文明和谐美丽”的社会主义现代化强国的目标，“美丽”的纳入，表明生态文明建设已经上升为新时代中国特色社会主义的重要组成部分。可以说，生态文明思想的传承与创新正引领着全国人民努力走向社会主义生态文明新时代。

### （二）生态文明建设思想的实践引领

中共十八大以来，在习近平生态文明建设战略思想指导下，党中央和国务院对生态文明建设先后作出了一系列重大决策和部署，形成了当前和今后一个时期我国生态文明建设的顶层设计、制度架构和政策体系，通过开展有重点、有力度、有成效的环境整治运动，系统推进生态文明制度体系建设，带领广大人民为建设良好的生态环境而进行新的伟大实践，在全社会逐渐形成“像保护眼睛一样保护生态环境，像对待生命一样对待生态环境”的环境保护行动，推动我国进入

---

① 习近平：《推动我国生态文明建设迈上新台阶》，载于《求是》2019年第3期。

② 《在中央财经领导小组第五次会议上的讲话》，引自中共中央文献研究主编：《习近平关于社会主义生态文明建设论述摘编》，中央文献出版社，2017年9月。

③ 《为了中华民族永续发展——习近平总书记关心生态文明建设纪实》，载于《解放日报》2017年7月26日。

生态文明建设的新时代，2019 年中国北京世界园艺博览会向世人展示了中国生态文明建设的最新成果。

**1. 绿色发展成为引领我国经济高质量发展的新指针**

中共十八届五中全会把绿色发展作为“十三五”规划五大发展理念之一，将生态环境质量总体改善列入全面建成小康社会的新目标，以绿色发展来推动中国经济发展方式从粗放型向集约型转变，从高速增长转向高质量发展阶段。立足我国经济发展进入新常态的时代特征，在生产方面，通过实施创新驱动发展战略、供给侧结构性改革、加大产能过剩治理等，积极推进科技创新、调整优化产业结构、发展绿色产业、推进节能减排、发展循环经济等，构建节约资源保护环境的产业体系，形成绿色化的生产方式。在生活方面，积极倡导文明、节约、绿色、低碳的消费理念，通过开展绿色出行、垃圾分类等推动人们生活方式和消费模式向勤俭节约、绿色低碳、文明健康的方向转变，反对奢侈浪费，努力构建绿色化的生活方式。2017 年，中国单位 GDP 二氧化碳排放比 2005 年下降约 46%，提前 3 年实现到 2020 年碳强度下降 40% ~45% 的承诺目标。2012 ~2016 年，全国规模以上企业单位工业增加值能耗下降 29.5%，2017 年继续下降 4.6%，工业绿色发展成效明显。①

**2. 生态修复和环境治理成为美丽中国的新航程**

生态文明建设要坚持以人为本，“天蓝、地绿、水清”的美好环境是人民群众最基本的生态需求。深入实施大气、水、土壤污染防治行动计划，以 PM2.5、PM10 等防治为重点，发布实施《大气污染防治行动计划》；以保障饮用水安全为重点，发布实施《水污染防治行动计划》；以推进农村土地污染防治、保障农产品质量和人居环境安全为重点，发布实施《土壤污染防治行动计划》。我国全面深化林业改革，提高森林覆盖率，提升森林质量，增加森林碳汇；积极调整能源结构，严控煤炭生产，降低化石能源消费比重，我国已成为水电、风电、太阳能发电装机世界第一大国，清洁能源消费比重不断提升，有效地控制了温室气体排放。与 2013 年相比，2017 年全国 338 个地级及以上城市 PM10 平均浓度下降 22.7%，森林覆盖率已达 21.66%，成为同期全球森林资源增长最多的国家，全国地表水好于三类水质，所占比例提高了 6.3 个百分点，劣五类水体比例下降 4.1 个百分点。2017 年，中国库布其治沙得到联合国认可，中国治沙经验成为全球样板，塞罕坝林场建设者和浙江省“千村示范、万村整治”工程先后荣获联合国环保最高荣誉——“地球卫士奖”，中国生态修复和环境治理正为美丽中国建

① 中国信息通信院发布的《中国工业发展研究报告（2018）》。

设的航程不断添加绚丽的色彩。

**3. 生态文明体制改革成为绿色发展的新动力**

中共十八届三中全会把加快生态文明制度建设纳入全面深化改革的重大战略部署，中共十九大继续提出加快生态文明体制改革，建设美丽中国。中共十八大以来，我国相继出台了《关于加快推进生态文明建设的意见》《生态文明体制改革总体方案》，制定了40多项涉及生态文明建设的改革方案，对生态文明建设从理念到行动进行全面系统部署，形成了生态文明体制改革的顶层设计，在改革中不断释放生态文明建设的动力。2016年8月，党中央决定把福建、江西和贵州三省列为首批国家生态文明试验区，试验区以体制创新、制度供给、模式探索为重点，在构建生态文明建设责任体系、完善国土开发保护制度、强化生态监管、生态产品价值实现、绿色金融改革、自然资源资产负债表编制、环境保护税开征、生态保护补偿等方面集中开展生态文明体制改革综合试验，形成了一批可复制、可推广的经验，为完善我国生态文明制度体系探索路径、积累经验。2019年5月，海南国家生态文明试验区方案正式获批，海南省将在建立以治理体系和治理能力现代化为保障的生态文明制度体系开展试验探索。加强生态文明建设的法治保障进一步强化，制定和修改了《中华人民共和国环境保护法》《中华人民共和国环境保护税法》《中华人民共和国大气污染防治法》《中华人民共和国水污染防治法》和《中华人民共和国核安全法》等法律，形成了最严密的法律体系，同时加大对环境污染和破坏的刑罚，形成最严格的执法体系，确保各主体行为都能形成良好的约束，自觉地开展生态环境保护。

**4. 环保责任和意识成为全民生态共治的新号角**

为了增强各级领导干部保护和完善生态环境的责任意识和担当，使生态文明建设稳步、持续、有效推进，中共十八届三中、四中全会都提出要建立生态环境损害责任终身追究制。我国专门出台了《党政领导干部生态环境损害责任追究办法（试行）》，强调有权必有责、党政同责、行为追责、后果追责等在广大领导干部中形成强大的约束。完善经济社会发展考核评价体系，逐步摒弃以GDP论英雄的传统政绩观，以资源消耗、环境损害、生态效益等指标来取代，淡化了GDP的速度色彩，把体现生态文明建设状况的指标纳入考核评价范围，突出生态文明导向。加强中央对地方的环保督查，2016~2017年，中央环保督察完成对31个省区市的全覆盖，推动解决了7万个群众身边突出的环境问题。2018年，中央统一部署开展了对河北等20个省（区）中央环保督察“回头看”，对生态环境问题的整改情况进行检查。习近平称赞中央环境保护督察制度“建得好、用得好，敢于动真格，不怕得罪人”①。此外，我国还试点建立跨区域的大气环境管理机构和全流域的环境监管执法机构，加强区域和流域的联防联控，等等。一系列严格的督查和问责机制强化了各级领导干部、各企业主体以及全社会的生态责任意识，有力地保障了我国生态文明建设各主体从被动参与到深刻认识和自觉行动。

### （三）习近平生态文明建设思想的全球贡献

习近平总书记生态文明建设思想是开放和包容的，是在中国长期生态环境建设中凝结而成的“中国经验”，不仅为美丽中国建设规划了宏伟蓝图和战略指引，而且也为全球可持续发展奉献了“中国方案”，在构建人类命运共同体中体现了大国使命和担当，引领我国成为全球生态文明建设的重要参与者、贡献者、引领者。

**1. 习近平生态文明建设思想极大地唤起全球生态觉醒**

习近平生态文明建设思想超越了物质利益体系的束缚，既有理论高度，又有说服力，更有行动指引，极大地唤起了全球生态环境保护的意识，并为全球生态环境保护提供示范，激发了全球人民生态环境保护的自觉性。中共十八大关于生态文明建设的命题一经提出便受到了全球瞩目，2012 年 2 月，联合国环境规划署第 27 次理事会通过了推广中国生态文明理念的决定草案，生态文明思想开始在全球范围内传递。2016 年 5 月，联合国环境规划署发布《绿水青山就是金山银山：中国生态文明战略与行动》报告，标志着中国生态文明建设的有益探索不仅在国际社会得到认可与支持，为其他国家应对经济、环境和社会挑战提供了经验借鉴。积极推动落实 2030 年可持续发展议程和绿色“一带一路”建设的协调推进，2019 年中国北京世界园艺博览会举办，中国向世界展示了生态文明和改革开放的成果，美国国家人文科学院院士小约翰·柯布评价其为是一张闪亮的“绿色名片”，将为第三世界国家提供园林设计、绿色发展、生态农业等方面的经验，帮助它们打造绿色生态家园。

**2. 生态文明建设思想丰富了全球环境治理体系**

中国作为全球第二大经济体和主要温室气体排放国积极参与全球环境治理，秉承人类命运共同体的理念积极推动全球环境合作，不仅发挥着沟通发达国家和发展中国家的桥梁作用，还极力平衡大国之间的利益关系。习近平主席在多个国际场合都公开表示，中国会努力承担国际义务，同世界各国开展生态文明领域的

① 习近平：《推动我国生态文明建设迈上新台阶》，载于《求是》2019 年第 3 期。

交流合作，推动成果共享，共建美好生态家园。如积极开展大国气候外交，为《巴黎协定》的最终达成作出了重要贡献；加强应对气候变化的南南合作，出资200亿元人民币成立“中国气候变化南南合作基金”，用于支持其他发展中国家应对气候变化。中国还积极推动国际环境治理体制和法治的完善，积极签署并批准了《巴黎协定》《水俣公约》《蒙特利尔议定书》《名古屋议定书》等诸多重要环境协定，为全球环境治理作出了重要表率。2019年4月，在第二届“一带一路”国际合作高峰论坛绿色之路分论坛上，“一带一路”绿色发展国际联盟正式成立，成为“一带一路”绿色发展与合作的政策对话和沟通平台、环境知识和信息平台、绿色技术交流与转让平台，有力地保障了绿色“一带一路”建设。

以习近平同志为核心的党中央把生态文明上升到关系中华民族永续发展的千年大计和根本大计的高度，以宽广的全球视野、炽热的包容胸怀、深远的使命担当，通过构建顶层设计和制度体系，把美丽中国建设作为新时代中国特色社会主义强国建设的重要目标，从2020年打赢污染防治攻坚战、2035年前基本建成美丽中国、21世纪中叶建成富强民主文明和谐美丽的社会主义现代化强国的系列战略部署中勾画了美丽中国的远景，努力建设人与自然和谐共生的现代化，打造人类命运共同体。

## 五、新中国成立以来我国生态文明思想对提升中国环境竞争力的影响

恩格斯说过：“一个民族要想站在科学的高峰，就一刻也不能没有理论思维。”[①] 习近平也非常强调哲学辩证思维的学习和运用：“必须不断接受马克思主义哲学智慧的滋养，更加自觉地坚持和运用辩证唯物主义世界观和方法论，增强辩证思维、战略思维能力，努力提高解决我国改革发展基本问题的本领。”[②] 新中国成立以来，历代党和国家领导人在社会主义现代化建设征程中不断思考生态环境保护和建设，在实践中超越资本逻辑主导下的人与自然关系，在公平正义的基础上凝聚新的社会价值观，形成了不同于西方国家生态环境保护的新判断和新认识。生态文明思想传承和发扬了中国古代“天人合一”的生态智慧、发展和创新了马克思主义生态文明思想、批判和借鉴了当代西方生态思想，从把生态环境保护看作是经济建设的一部分，到逐渐将其列为与经济建设同等重要的地位，再

① 《马克思恩格斯选集》（第2卷），人民出版社1995年版，第467页。

② 习近平：《辩证唯物主义是中国共产党人的世界观和方法论》，载于《求是》2019年第1期。

到可持续发展观的提出和实践、科学发展观的升华、人与自然和谐的提出、绿色发展理念的形成，在一步步的探索中，生态文明建设理念孕育而生并不断成熟，这一思想演变的进程既遵循着理论发展创新的一般规律，同时又体现了一代代共产党人的智慧结晶，凝聚成中国特有的理论优势和竞争优势。

在全球可持续发展进程中，环境竞争不可避免，全球气候问题久拖未决，全球环境治理话语权争夺激励，生态技术创新和环境标准制定也充满竞争。中国在全球化进程中，既要加入全球环境竞争，又要开展环境合作，运用生态文明智慧在竞争合作中实现生态效益和经济利益的最大化。可以从新中国成立以来我国生态思想的发展演变中汲取提升我国环境竞争力的启示。

### （一）提升环境竞争力要遵循自然规律的变化

新中国成立以来我国生态文明思想的形成与发展体现了理论形成的一般规律，在生态环境治理实践中也要遵循自然变化规律，才能有效避免生态环境治理少走弯路。首先对自然变化规律的认识越全面，“这种事情发生得愈多，人们愈会重新地不仅感觉到，而且也认识到自身和自然界的一致，而那种把精神和物质、人类和自然、灵魂和肉体对立起来的荒谬的、反自然的观点，也就愈不可能存在了。”[①] 人越是主动遵循自然规律，人对自然的认识就会愈加深刻。其次是生产力与生产关系的辩证关系决定着生态环境治理是一个长期的过程，生态环境污染问题的累积不可能在短期内解决，传统以牺牲环境为代价的生产和生活方式也不可能在短期内转变，必须有计划、有组织地推进。因此，我国建设美丽强国的大目标又可以细分为许多阶段性的小目标，从遏制污染蔓延到防止污染产生再到打赢污染防治攻坚战后建立污染防治长效机制；从满足人们基本的生态生存需求到提升人们的生态环境质量再到开创多样化的生态品质生活；从生态环境的区域性改善到区域、城乡之间的系统性平衡……环境竞争力的提升必须着眼于长远，立足于现实，脚踏实地地一步步推进。

### （二）提升环境竞争力要推动绿色生产力持续进步

提升环境竞争力是一个动态推进的过程，需要有源源不断的动力注入。新中国成立以来我国生态环境治理方式的不断创新和生态治理水平的提高很大方面依赖于生态环境内部的结构调整和生态科技创新的外在动力注入，因此，提升环境竞争力需要从生产力提升中汲取动力，并且这一生产力进步是建立在更少资源耗

---

① 《马克思恩格斯全集》（第20卷），人民出版社1971年版，第519～520页。

费、更少污染排放和更小环境影响上。生产力主要包括生产者、生产工具和劳动对象三要素，推动绿色生产力进步第一要提高劳动者的绿色生产能力，强化绿色意识，加强社会教育和学校教育并举的生态环境保护教育，提高劳动者运用现代化生产工具的能力和掌握生态环境保护的劳动技能；第二要改进生产工具，积极推进生态科技创新，改进生产设备，提高物质投入转化效率，减少废弃物排放；第三要对劳动对象进行绿色化改造，开展防沙治沙、水土保持、石漠化治理、生物多样性保护等环境修复工程，建设美丽宜居的生态环境，开发新能源和清洁能源，提升生态环境质量。要把绿色发展贯穿于经济社会发展的全过程，构建绿色生产方式和生活方式，以绿色发展系统支撑经济高质量发展；第四要针对我国区域差异、城乡差异，因地制宜地推进美丽中国建设，把生态文明建设和区域协调发展、城市化以及乡村振兴结合，形成环境竞争力提升最广泛的合力。

### （三）提升环境竞争力要坚持深化改革

习近平总书记在庆祝改革开放40周年大会上指出：“改革开放是中国人民和中华民族发展史上一次伟大革命，正是这个伟大革命推动了中国特色社会主义事业的伟大飞跃！”改革开放解放了思想，开阔了视野，一方面，我国对生态环境治理从末端治理逐渐转向前端防控，从解决具体环境问题到加强生态文明体制改革，抓住了生态环境问题的根源；另一方面，为我国生态思想的发展提供了更广的空间，也使我国生态环境保护可以更广泛地汲取有益经验，在逐渐融入全球环境治理体系中强化国家合作。当前，我国生态文明建设仍然存在着许多不合理的体制机制，如何更好地引入市场机制，如何在处理经济发展与环境保护关系中凝练中国特色和中国方案，如何克服地方政府和中央政府的利益博弈形成上下一体化的生态环境管理体制，如何理顺社会经济主体的生态利益关系，等等，都需要进一步深化生态文明建设的产权、法律、考核、评价等全方位制度的改革创新。恩格斯曾指出：“只有一个有计划地从事生产和分配的自觉的社会生产组织，才能在社会方面把人从其余的动物中提升出来，正像生产一般曾经在物种关系方面把人从其余的动物中提升出来一样。历史的发展使这种社会生产组织日益成为必要，也日益成为可能。”[①] 提升中国环境竞争力需要进一步深化改革来解决从思想到实践的体制禁锢，要坚持改革创新，加快构建自然资源资产产权制度、国土空间开发保护制度、资源有偿使用和生态补偿制度、环境治理和生态保护的市场体系、生态文明绩效考核、责任追究制度、公众参与机制等，建立起最严格制度

---

① 《马克思恩格斯选集》（第4卷），人民出版社1995年版，第275页。

和最严密法治为环境竞争力提升保驾护航。

### （四）提升环境竞争力要坚持以人民为中心

广大人民群众是生态环境治理的受益者，也是生态环境保护最广泛的参与者，新中国成立以来，中国共产党历代领导人秉承全心全意为人民服务的宗旨开展生态环境保护，维护和实现最广大人民的根本利益，也赢得了广大人民群众的信任和支持。社会主义坚持正确的物质利益原则，确立了人民群众的主体地位，为广大人民积极谋求经济利益、社会利益和生态利益的统一，从广大人民群众的需求出发推动产业结构调整，提供丰富的绿色产品。这是我国较之于资本主义发达国家特有的竞争优势，是我国环境竞争力稳步提升的基础。应该“积极回应人民群众所想、所盼、所急，大力推进生态文明建设，提供更多优质生态产品，不断满足人民群众日益增长的优美生态环境需要”①。广泛开展绿色宣传和绿色教育，普及绿色文化，增加广大人民群众的参与度，“理论一经掌握群众，也会变成物质力量。理论只要说服人，就能掌握群众；而理论只要彻底，就能说服人。”② 因此，提升环境竞争力要始终坚持以人民为中心，立足社会主要矛盾转变，强化供给侧结构性改革，为广大人民提供更加丰富美好的生态产品，推进生态环境的公平正义，发挥最广大人民群众的积极性和参与度，凝聚提升我国环境竞争力提升的智慧力量。

### （五）提升环境竞争力要积极推动生态科技创新

要在全球环境竞争中取胜就要有参与环境竞争的核心优势，要确保这一优势不易被模仿和超越，就要实现优势的不断强化。新中国成立以来特别是改革开放以来，我国领导人十分注重科技创新，从强调创新是第一生产力到重视创新的动力作用，从提倡自主创新到建设创新型国家和实施创新驱动发展战略，创新已经渗透到经济社会发展的各个领域。生态环境保护和治理也需要不断创新来提供先进的治理手段和方式，形成核心竞争优势。要突破传统思维的限制，以自主创新理念和先进技术处理好“青山”与“金山”的关系，创新生态产品价值实现机制，把更多的资源型生态产品纳入市场交易中，完善生态补偿机制和生态损害赔偿机制，利用市场手段和经济杠杆盘活生态资源。大力推进生态科技创新，融入现代信息技术，开发生态信息系统，发展生态智慧产业、生态大数据产业等，构

---

① 习近平：《推动我国生态文明建设迈上新台阶》，载于《求是》2019 年第 3 期。

② 《马克思恩格斯文集》（第 1 卷），人民出版社 2009 年版，第 11 页。

建我国生态产业发展的新技术和新优势，并将这些技术运用于对传统产业的绿色化改造，建立起支撑高质量发展的现代产业体系。运用现代化的智能手段加强生态环境治理，对生态环境问题实时监测、实时反馈，提高治理效率，高水平环境保护与高质量发展相得益彰，协调推进。只有持续地推动生态科技创新，不断提高我国生态环境保护的技术水平和优势，才能一方面为我国环境竞争不断注入新优势，另一方面也积聚生态环境治理和改善的动力。

### （六）提升环境竞争力要着眼于建设人类命运共同体的国际视野

马克思曾指出："有必要对工厂劳动强制地进行限制，正像有必要用海鸟粪对英国田地施肥一样。同是盲目的掠夺欲，在后一种情况下使地力枯竭，而在前一种情况下使国家的生命力遭到根本的摧残。"① 生态环境的污染和破坏既有自身发展不当的因素，也有国际的因素。20 世纪 70 年代以来，我国就开始注重将国内的生态环境保护与国际的生态环境保护相联系，从参加联合国环境会议到可持续发展理念被国际采纳，中国从全球环境治理的边缘逐步走向了中心，以实际行动赢得了国际信任和话语权。在全球化日益紧密的当今，环境竞争力既表现为争夺资源和话语权的能力，也表现为促进合作的能力，要处理好竞争与合作的关系。中国将继续秉承人类命运共同体的理念，不断将生态文明理念和中国经验向国际传递，促成全球环境保护协议的达成，呼吁工业化国家承担相应的责任，为不发达国家提供生态环境保护的资金和技术援助。面对部分国家的逆全球化行为，中国始终坚定自己的立场，以人类命运共同体为纽带，加大应对气候变化南南合作的支持力度，扩大绿色"一带一路"建设的外围影响。中国还将继续开展环境外交，借助金砖国家峰会、G20 峰会等平台传递中国的生态文明建设理念、分享中国的实践经验、促成国际合作，在全球环境竞争中体现中国的大国担当，赢得广泛信任和支持。

① 《马克思恩格斯文集》（第 5 卷），人民出版社 2009 年版，第 277 页。

# 第五章

# 中西方生态思想的比较及对全球环境治理的影响

马克思在《资本论》中提道："不同的公社在各自的自然环境中，找到不同的生产资料和不同的生活资料。因此，他们的生产方式、生活方式和产品，也就各不相同。"[①] 从原始社会开始，人在不同地域、不同自然条件中，不同民族的生存方式、与自然相处的方式也各不相同，产生了人类最原始的文明形态。正是由于文明形态的差异，人类才有了进一步发展的可能，如好奇心的驱使、物品交换、相互合作等。人类文明发展至今，中西方文明之间的差异已经十分巨大，其中自然环境是一个很重要的因素，西方的欧美国家毗邻海洋，从海上贸易中积累了巨额的财富，也在海外殖民掠夺中逐渐形成了霸权文明，并混合着资本主义的发展形成了现代西方文明的价值内核；中国虽然也有一面临海，但是海上的自然环境却十分恶劣，经常面临大风大浪，内陆地区与他国接壤之处多是荒漠和高山，这样的自然环境下使中国的发展主要局限于内部，相对比较保守。

文明的发展主要还较多受历史的影响，中国是四大文明古国之一，文明起步比西方国家早，经过了春秋战国时期的百家争鸣，以仁义为核心的儒家思想一直占据主导地位，在几千年的社会发展中，中国形成了"谦、恭、仁、义"等为核心的具有明显儒家思想特色的文明形态，塑造了善、孝、礼、勤、平等、民主、公正等中华民族传统价值观，而且中国长期的封建统治非常稳固，使得文明得以延续。西方文明主要起源于欧洲，经过中世纪基督教的长期统治，后经文艺复兴、宗教改革等，西方文明中充斥着自我、争夺、斗争和解放，突出人的重要地位，从反对神权的斗争到反对王权的斗争，形成了以"争、自我个性"等为核心

① 《马克思恩格斯全集》（第23卷），人民出版社1973年版，第390页。

的文明价值观。不同的文明形态决定了中西方在看待生态环境问题上的差异，在长期的生态环境保护实践中形成了中西方差异化的生态思想。从本质上来说，追求人与自然的和谐，追求资源环境、经济与社会的可持续发展是全人类共同的福祉，是中西方对未来共同的美好期待。由于中西方在文化源流、经济发展水平、生态价值观以及社会制度等方面的差异，两者在看待人、自然、环境各主体之间的关系，如何实现可持续发展的路径、生态环境保护的立足点和归宿点等方面存在着不同的观点和主张。通过对中西方生态思想的比较，辨析其中的共同之处和不同之处，可以更加深刻地把握中西方文明的本质。

## 第一节　中西方生态思想的共同之处

环境污染和破坏是全人类面临的共同难题，生态环境破坏造成的后果在不同国家和地区的表现具有一致性。然而，中西方生态文明理念的差异决定了两者在生态价值观方面的不同，从中西方生态思想的发展演变中仍然可以总结出一些共同之处，这些共同之处是中西方生态环境治理合作的基础和依据，归纳起来，主要有以下几个方面的共同点：

### 一、中西方生态思想均起源于人类对人与自然关系的思考

无论是中国古代还是西方古代生态思想，最初都萌芽于人类对人与自然关系的思考。在遥远的古代，经济和科技发展落后，人类对自然现象难以作出科学合理的解释，只能顺应自然，于是，在中西方原始社会都出现了图腾崇拜和宗教信仰，表现为人类对自然的敬畏和崇拜，这种最原始最朴素的人与自然的关系在中西方并没有太大的差异。随着中西方经济社会的发展，特别是进入农业社会后，人们对人与自然关系的认识更进一步。中国的农业文明主要起源于黄河流域，后来扩展到长江流域，在流域周围的农耕实践中，人们逐渐意识到农业生产与自然环境紧密相关，风调雨顺是自然界对人类的恩赐，逐渐悟出了人与自然“天人合一”的思想，这一思想在几千年的农业经济中一直占据主导地位，成为中国处理人与自然关系的基本准则。西方文明主要继承了古希腊和古罗马的文明，古希腊是欧洲文明的发源地，古希腊没有大河平原，三面临海，不适合发展农业，但是却具有发展贸易的天然优势条件，最初的海上贸易时常遭遇海上自然环境的威胁，但贸易的暴利也激发了古代西方人征服自然的雄心。于是，在西方人与自然

关系中逐渐出现了天人二分、天人对立的人类中心主义的思想。

到了近现代，生态环境保护主要聚焦于如何处理好经济发展与环境保护的关系，无论是中国主张人与自然和谐的思想，还是西方的现代人类中心主义、自然中心主义，都强调在协调经济发展和环境保护关系时要尊重自然，以生态环境保护为底线，同时要发挥人的主观能动性。中国强调更高发展阶段上的“天人合一”，西方更强调在自然可承载的范围内对自然界进行积极能动的改造。虽然从古至今，在人与自然关系中是以人为主还是以自然为主，中西方存在着差异，但是对人与自然关系的思考却贯穿于中西方生态思想的始终，如何处理好人与自然的关系也是中西方生态环境保护的基本目标取向。

## 二、生态思想成为阶级统治的理论武器

在非暴力的阶级社会里，法律和政策是统治阶级加强统治最常用的武器，而且统治阶级还会把自身的统治理念上升为统治理论，通过政权的威慑力迫使广大民众的行动合乎统治阶级的意志。在中国的封建统治中，中国古代“天人合一”的生态思想一直占据主要地位，认为自然界存在着人无法改变的力量，人必须要顺应自然，要把人从自然界中获取的物质资料看作是自然界的恩赐。中国古代的帝王化身为“天子”，帝王的继位是顺天而为，是上天派来统治的，因此，人们必须要顺天而为，拥护帝王的统治。充满哲学智慧的生态思想被加入迷信、宗教等因素后，变得神秘和庸俗化，中国古代的生态思想被统治阶级加以利用、宣传，用以麻痹和禁锢人们的思想，成为阶级统治的理论工具。在西方封建化的进程中，不同主体之间的斗争以宗教的形式进行，统治阶级以神的力量迷惑和麻痹广大民众，进而确立自己统治的权威。因此，西方把神看作是自然界中强大力量的存在，宣扬统治阶级的统治是由神的力量决定的，任何人不能违抗和反对。可见，古代中西方对自然界力量的歪曲如出一辙，都是把自然人格化，宣扬自然的力量超越人的力量，统治者成为自然力量的代表。

到了近代以后，中国的生态思想仍然是“天人合一”为主，政府采取的一些生态环境保护的政策措施也是为了赢取民心，继续实施阶级统治。新中国成立后，生态文明思想从酝酿到提出再到生态文明建设的全面部署，都是以人为本，着眼于广大人民的根本利益，政府实施的一系列生态文明建设政策措施都是站在广大人民的立场上。西方近代工业革命引发的一系列环境问题中催生的生态思想主要是为资产阶级统治进行辩护，在资本主义社会里，宗教仍然是广泛存在的意识形态，他们提出的自由、民主、平等、人权的普世价值观，实质是资本主义精

神的渗透，正如马克思所批判的“宗教是被压迫生灵的叹息，是无情世界的心境，正像它是无精神活力的制度的精神一样。宗教是人民的鸦片”。[①] 当前西方生态环境思想中，仍然主要是宣扬资本主义制度可以解决生态环境问题，生态环境保护也成为很多竞选者和当权者赢取民意和支持率的重要筹码，成为限制和打压发展中国家发展的借口。可见，中西方生态思想变迁会随着制度的更替而变化，虽然在不同的发展阶段，中西方生态思想代表的利益主体不同，但是都具有明显的阶级倾向。

## 三、生态思想随着经济社会发展不断成熟

经济基础决定上层建筑，经济社会发展水平在一定程度上决定了生态思想的发展程度。随着人们认识水平的不断提高，人们对生态环境的认识逐渐从问题导向转向根源导向、从自然因素导向转向人为因素导向、从解决当前问题导向转向长期可持续发展导向，与之相对应的生态思想也经历了从肤浅到深刻，从单一性到多样性，从思想层面上升到人类文明发展高度的变化。

原始社会时期，人类生产力发展水平极端低下，人们生存主要依靠从自然界中直接获得物质产品，对自然充满了敬畏。步入农业社会后，中国在整个封建社会都以农耕生产为主，生产力进步极其缓慢，生产方式没有出现大的变革。农业生产对自然界的依附性较强，环境问题主要是乱砍滥伐和过度垦荒造成水土流失。因此，在环境保护行动中主要以防范旱涝等自然灾害为主，保证农业生产顺利进行。新中国成立后，工业化的快速推进带动了生产力水平的大幅度提高，特别是改革开放以来，中国经济发展取得了举世瞩目的成就，但是工业化引发的环境污染和破坏也愈加严重。经济发展水平的提升决定了我国生态环境保护意识水平也不断提高，在协调经济发展和环境保护的关系中，从可持续发展到科学发展观、人与自然的和谐，再到生态文明、绿色发展，生态思想提升到中华民族伟大复兴的高度。西方国家从 18 世纪中叶就开启了工业化的征程，也较早承受了工业化带来的环境污染，在治理环境污染中逐渐形成了环境立法、节能减排、生态科技创新等手段，生态思想中融入了更多的现代因素，来自民间的环境保护运动和绿色和平运动推动了生态环境思想更加多样化，也促进了人与自然伦理关系走向成熟。可见，经济社会发展水平决定了生态环境保护依托的基础和手段，生态环境保护的实践又不断拓展对生态环境问题认识的视野，中西方生态思想的发展

---

① 《马克思恩格斯选集》（第 1 卷），人民出版社 1995 年版，第 2 页。

逻辑遵循了从肤浅到深刻，从生存观到价值观升华的过程，遵循着生产力决定生产关系、经济基础决定上层建筑的规律。

### 四、生态思想的目标指向具有一致性

许多国家意识到生态环境问题是一个全球性问题，单靠一个国家或地区是无法解决的，必须联合起来共同应对。1972 年 6 月，联合国在瑞典首都斯德哥尔摩召开了人类环境会议，这是人类历史上第一次在全世界范围内研究保护环境的开始，40 多年来，参与的国家和地区越来越多，围绕着气候变化、环境保护、资源能源开发利用等各种形式的国际和区域环境发展合作日益深入，许多国际条约应运而生，签署的协议也越来越多。在全球环境合作的驱动下，中西方的生态思想也相互交流、相互借鉴，中国传统儒释道生态思想被引入西方，冲击了西方的人类中心主义，西方在深入实践中形成的生态思想以及环境保护的经验、技术等也传入中国，客观上促进了中西方生态思想的融合。如我国学者余谋昌 1980 年翻译了希腊哲学家布拉克斯顿的《生态学与伦理学》一文，第一次把西方生态伦理学思想引入我国，此后，西方有关自然权利理论、生态伦理基本原则、道德标准等纷纷被引入，在探索有中国特色的生态伦理学理论和实践方面取得了可喜的成果。[①] 中西方生态思想在相互融合、相互促进中推动了人类文明发展到生态文明阶段，普遍认识到生态环境问题已经不是简单的生态学问题，而是价值观的问题，是人类的伦理问题，关乎人类文明发展的进程和未来。可见，中西方生态思想虽然受制度不同的影响而不同，在生态环境保护代表的利益主体也不同，但是最终的目标具有一致性，就是实现可持续发展，争取更大的发展空间。

## 第二节　中西方生态思想的差异

由于中西方在文化源流、经济发展水平以及社会制度等方面存在着巨大的差异，两者在看待人、自然、环境各主体之间的关系，如何实现人与自然和谐相处的路径等方面存在着不同的主张。西方国家经历过工业污染导致的生态环境最恶劣最糟糕的时刻，如今，发达资本主义国家民众生活水平普遍已经达到了较高水

① 余谋昌：《从生态伦理到生态文明》，载于《马克思主义与现实》2009 年第 4 期。

平，人们的需求早已从以追求物质为主转向追求更高的精神层面和更舒适的环境，政府也具有充分的供给能力。新中国成立之初的一穷二白与当时西方发达国家快速发展的经济和科技形成了强烈的反差，小农经济思想的影响依然十分广泛，经济发展水平和人们物质生活需求之间形成了巨大的矛盾。在西方国家着手治理生态环境时，中国正走上了西方国家“先污染，后治理”的道路，但中国也充分发挥了后发优势，吸收了西方国家工业化的经验教训，在以破坏生态为代价的工业化进程中“急速刹车”，并快速在全国范围内开展生态环境保护的理论创新和实践探索，为推动全球生态环境保护作出了积极的贡献。中西方国家由于社会制度的不同、思想和理论产生的根基不同、立足点不同、政府的政策行为代表的利益群体也不同，中西方生态思想表现出明显的差异性，具体表现为以下几个方面：

## 一、生态思想的文化内核不同

中西方文化渊源不同决定了在此基础上孕育而生的生态思想天然地带上了不同的文化特质。中国古代文明是世界上最古老的文明之一，在多次民族交融和朝代更迭中形成了中国特色文化。在诸子百家时代中酝酿而生的“天人合一”生态思想就天然蕴含着文明的内核，无论是处理人与自然的关系，还是推崇节约和节俭，道德都是最重要的手段，人要顺应自然变化的规律，讲“仁义”，不能“逆天行事”。而且中国传统的文化是在农业生产经验积累中形成的，“中国在农业文明时代下，人与自然的关系是一种特殊的生态适应性关系，这种适应性关系在获取食物和其他重要的物质生活资料的模式上，是依赖直接的经验形态的生产技术实现的而不是通过理性形态的科学技术所指导的生产来实现的。”[①] 这种文化已经深深地烙上了中国特色，是中国环境竞争优势的根基所在，任何西方国家也无法回归历史。

西方文化中，科学占有较大的比重，从古希腊的亚历山大里亚时代开始就出现了几何学、力学和天文学等，科学的兴起和发展使西方生产生活带上强烈而丰富的科学色彩的同时，也使其成为一个充满理性的社会，倾向于利用外在工具手段来解决问题。西方文化受宗教的影响也较大，神学色彩浓厚，此外，西方大国崛起的过程充斥着暴力、侵略和掠夺，因而西方文化表现为强势的文化，凭借着经济和军事力量向全世界渗透。西方文化的这些特征深刻影响着西方生态思想，

① 余正：《中国生态伦理传统的诠释与重建》，人民出版社 2002 年版，第 197 页。

他们自信可以用科技手段征服自然和改造自然，相信通过人类自身的力量可以解决生态问题。因此，西方的生态思想激发西方人开辟新大陆，征服自然，并把这种思想向国际传递。

## 二、生态思想的价值属性不同

中西方生态思想的文化渊源不同决定了其所蕴含的价值意念也不同。中国的生态思想从萌芽之初就把人看作是自然的一部分，人与自然万物、国家社会的统一，从自然界的整体来看待万事万物的生存和发展，超越了情感的界限，表达了对生命万物的终极关怀，蕴涵了普世价值和情感认同。中国生态思想中的儒家、道家、佛家等对生命价值的阐释的哲学意蕴饱含人文和人性特点，表达了人与自然情感互动、交融的整体性。中国生态思想的传承和创新经历了从顺应自然到认识自然、利用自然、改造自然，再到人与自然和谐共生和中华民族永续发展的精神境界，始终立足于人的生存与发展的可持续性。中国对生态环境认识的不断深入，思想上不断创新，并上升到文明的高度，展现出中华民族博大的胸襟和浩瀚的气势，形成了中国生态思想特有的价值内核。

相比之下，西方的生态思想就显得比较“小气”，西方哲学的根本精神是“求真”，西方文化重视的是个人思维和逻辑思维，他们注重从个人利益的角度来把握整体的利益，认为个人理性会自然而然地推动集体理性的形成。因此，西方社会对生态环境问题的思考主要着眼于个人利益，个体的力量往往被夸大。在此基础上，他们把自然机械地看成是认识和改造的对象，割裂了人与自然之间的情感联系，而且还把人置于自然之上，形成了人类中心主义。泰勒在他的《尊重自然》一书中指出：“环境伦理学所关心的是人与自然界间的伦理关系。规范这一伦理关系的原则决定着我们对地球及居住在地球上的所有动植物的义务和责任”。[①]“在欧洲哲学看来，同情动物的行为是与理性伦理无关的多愁善感。”[②] 在西方，人和自然之间没有情感与道德关系，人类在自然基础上通过科学实验来进行理性的探索，对自然环境保护不是人本身的责任，只是一种附加。当前，西方生态思想的主流还是以个人利益为中心，主张个体价值的实现。

---

① 李统一：《环境伦理必须加强应用层面的理论研究》，载于《哲学动态》2006 年第 5 期。

② 夏东民、陆树程：《后敬畏生命观及其当代价值》，载于《江苏社会科学》2009 年第 9 期。

## 三、生态思想的制度基础不同

经济基础决定上层建筑，生态思想是由经济发展制度和经济发展水平决定的。中西方历经了不同社会制度更迭，走过了不同的经济发展道路，决定了其生态思想各有差异。中国的生态思想在道德和“仁义”的主宰下，在几千年的封建社会中一直居于正统地位，封建制度具有严格的集权制和等级制，占统治地位的意识形态是以维护封建制度、宣扬封建道德为主要内容，人要敬畏自然和顺应自然规律也成了统治阶级的统治工具，宣扬统治阶级的统治是“天意”，借以麻痹和控制人们的思想，人要服从于自然的思想根深蒂固。进入了社会主义社会后，社会主义制度的本质、生产资料公有制奠定了生态思想“公平”“正义”的基础，改革开放带来思想的解放也推动了生态思想的兼容并蓄，中共十八大以来，在完善中国特色社会主义制度发展进程中提出了一系列新思想、新观点，进一步深化了关于马克思主义人与自然关系的深刻认识，深化了对人类社会发展规律的认识，形成了新时代中国特色社会主义生态文明建设思想，大大丰富了中国特色社会主义理论体系。

西方的生态思想发展伴随着工业化的推进，主要在资本主义制度中得到了大力的拓展，生产资料私有制和资产阶级统治决定了其生态环境保护主要是着眼于资产阶级的利益，为了缓和此起彼伏的生态环境运动而造成的阶级之间的矛盾，他们也为资本主义的生态责任进行辩护，甚至他们为了缓和国内的矛盾，通过污染产业转移、垃圾外运等方式将污染向发展中国家转移，将生态环境引发的矛盾从国内引向国际，以国际上的“非公平”和“非正义”来暂时换取国内的稳定。资本主义制度的阶级局限性决定了其不可能从广大人民根本利益的角度来考虑生态环境问题，更难以从人类文明发展的进程中来思考生态环境问题的解决，因为生态环境保护是要以牺牲经济利益为代价的，所以西方的生态思想表现为“自私”和“排外”。

## 四、生态思想的推进主体不同

不同社会制度的治理理念、治理方式不同，决定了在社会治理中思想文化建设的方式也不同，中西方生态思想的发展经历着不同的社会制度，不同制度对生态思想的宣扬和推进的方式也不尽相同。中国在长期中央集权制封建统治下，传统文化倡导个人利益服从整体利益，强调整体价值观，因此，中国古代和近代的生态思想都由一种自上而下的力量传导，代表着阶级的意志，生态环境保护的实践也主要借助于国家的力量，由政府组织实施，广大社会民众被动参与。新中国成立以后，由于市场经济不发达，许多思想和政策仍需要从高屋建瓴的战略角度进行统筹把握，特别是生态环境保护这一事关全局性的目标，也需要政府部门加强顶层设计，从制度化和体系化的角度来把握生态环境保护。再加上生态环境是一种公共物品，私人没有投资的积极性，必须有政府力量的介入才能解决生态环境治理中的市场失灵问题。中国生态文明建设正是政府从宏观层面进行协调和设计，自上而下地整体推进，同时又注重调动政治、经济、文化、法治等各方面的积极性，发挥个人的积极能动性，形成上下联动、多方协调、整体推进的局面。

西方绿色发展思想显得比较自由和分散，西方生态思想在演变的过程中出现了许多不同的学派，分别代表不同阶级和不同社会团体的主张，这些派别之间的论争背后隐含的是利益的争夺。无论是在工业化时代不同学派对生态环境保护的政策主张，还是第二次世界大战以后频频爆发的环境保护运动，以及人类中心主义和自然中心主义的辩论，特别是20世纪60年代后，西方大量的民间环保运动组织的兴起，使民间环境保护思想异常活跃，并分别代表了不同利益集团的主张。这种自下而上的利益诉求会通过对政府的游说等方式影响着政府的执政理念和政策实施，也正是这种自下而上的生态环境保护方式使政府部门在生态环境保护中显得被动，没有全局意识。总体上，西方生态思想中还饱含着新自由主义思想，将希望寄托于市场机制完善来自动解决生态环境污染问题，缺乏整体协调和控制，降低了生态环境保护效率。

## 五、生态思想的利益机制不同

生态环境与经济发展是相互依赖、相互促进的，人类的经济活动需要生态环境提供物质资料和空间，生态环境的好坏又会直接影响经济活动的质量和效率，影响经济发展的持续性。因此，环境、人、经济社会等已经形成了相互影响的利益系统，但中西方生态思想在这一利益系统中表达的利益诉求是不同的。中国倡导的生态思想是站在人类文明的高度和永续发展的历史进程中，强调生态利益、经济利益和社会利益的统一，不仅是为本国人民提供良好的生存和发展环境，也要为维护全球生态安全，帮助落后国家和地区解决饥饿、贫困、自然灾害等问题，体现大国风范和责任担当。从纵向上要实现源头到末端的全链条的治理与保护，从生产到消费的全过程的经济社会利益链条的每个环节上都要嵌入生态文明理念；从横向上要携手多个国家开展生态环境保护合作，实现全人类共享生态利益。同时，生态文明理念体现了以人为本的人本思想和人性关怀，突出以人民为中心，即依靠广大人民群众，也把维护最广大群众的利益作为归宿点。

西方生态思想更多是崇尚经济利益，以追求经济利益为目标，思考如何完善市场经济，解决市场失灵问题，运用理性经济人假设和追求资源优化配置力求以最小的成本实现最大的利益。西方国家工业化进程中的“先污染，后治理”就是很典型的过度追求经济利益而对自然资源无度的索求和对生态环境无休止的破坏，一些伦理学家从伦理学的角度来思考人与自然的和谐相处，但也是与所代表的阶级利益联系在一起的，维护少数统治阶级的利益。在对外环境合作方面，西方资本主义国家极力维护少数发达国家的经济利益，长期霸占着全球生态环境治理的话语权，尽量撇清自身对生态环境破坏的历史责任而将生态责任强加于发展中国家和不发达国家，不愿承担应有的道义和社会义务，从自身利益出发来评判和制定国际规则，导致气候变化等环境合作的国际谈判漫长而艰难。

## 六、生态思想的实践方式不同

中西方国家的生态环境保护是在各自的生态思想指导下开展的，生态思想的差异性决定了中西方生态环境保护的立足点和方式也各有差异。中国在古代“天人合一”的思想及现代生态文明建设思想引导下，生态环境保护讲求统筹兼顾，促进人口、资源和环境的相协调，促进经济利益与环境利益，当前利益与长远利益的统一。在新中国成立之初的社会主义建设起步阶段，党和国家领导人就开始意识到并着手进行生态环境修复和污染治理，在借鉴西方发达国家法治和技术等手段的基础上发挥后发优势，进行“边发展边治理”，并且随着社会主义现代化建设进程的不断深入，对生态环境问题的认识和环境保护的理念也不断深刻。中国把生态文明的思想融入经济建设，转变发展方式，建立绿色低碳循环发展的经济体系；融入政治建设，体现在党的治国理政实践中，树立绿色的政绩观和评价体系；融入文化建设中，推进绿色科技创新，增强全民生态环境保护意识；融入社会建设中，倡导绿色生活和消费方式。生态文明建设与其他各项建设的全方位、系统性协调推进使“五位一体”的整体布局更加协调，构建人与自然和谐发展的现代化格局。此外，中国积极参与世界的和平与发展进程，在全球环境治理中传递中国生态文明的理念。

西方国家的生态环境保护是在军国主义、帝国主义、资本主义和新自由主义的条件下开展的，由于长期坚持人类中心主义，注重人的作用对自然环境的影响，在治理由于工业化造成的严重环境污染的过程中投资了较大规模的资金，形成了市场机制、先进的生态技术、完善的法律体系。但是也正是太过于专制，缺乏对广大人民利益的考虑，西方生态环境治理中爆发了大规模的生态社会运动，被动地自下而上推动政府不得不对各种治理环境污染的政策措施进行调整。此外，西方国家还把大规模能源消耗高、污染严重的产业向发展中国家和不发达国家转移，甚至把一些废弃物、淘汰的电子产品等直接向外输出，以对外贸易和对外投资的方式把污染转嫁给其他国家，以牺牲别国环境利益为代价维护本国的利益。

## 第三节　中西方生态思想差异对全球环境治理的影响

在应对生态破坏、资源短缺、气候变化、生物多样性锐减等全球性环境问题上，离不开全球国家和地区共同参与，全球环境治理显得至关重要。“任何一个国家都没有足够的力量独自对付整个生态系统受到的威胁。对环境安全的威胁只能由共同的管理及多变的方式和机制来对付。”① 全球环境治理是全球治理的重要组成部分，在应对全球多极化进程中，“全球性的环境事务应由全球各个国家和地区共同管理，参与管理的主体包括主权国家、政府与非政府国际组织、公司企业等通过谈判、协调、妥协等方式进行合作，制定一整套管理程序和组织，通过制度约束构建良好的国际环境秩序，进而保护全球资源与生态环境的发展进程。”② 由于各个国家的经济发展水平不同，生态环境治理能力不同，特别是生态思想的差异，决定了全球生态环境治理过程充满了矛盾和博弈，最终要达成一致意见需要反复谈判和必要妥协。全球环境治理的参与和行动过程实质就是全球环境竞争的过程，全球环境竞争力的强弱表现为国家或地区对全球环境治理话语权的争夺、对全球环境治理方案的贡献、全球环境治理谈判中的底气和全球治理行动中的能力。因此，中西方生态思想的差异对全球环境治理的影响归根结底是对全球环境竞争力的影响。

在全球环境治理中形成的治理结构、设定的治理目标以及为实现目标所采取的行动、合作模式和领域等构成了全球环境治理体系。从系统论的角度来看，全球环境治理体系包括治理理念、治理结构和治理过程三个部分，其中治理理念是总体指导思想，决定着治理目标和治理方式，治理结构是治理过程中的制度和组

① 世界环境与发展委员会：《我们共同的未来》，吉林人民出版社 1997 年版，第 15 页。

② 叶琪：《全球环境治理体系：发展演变、困境及未来走向》，载于《生态经济》2016 年第 9 期。

织安排，决定着治理过程中各主体的地位，治理过程就是将治理理念落实和运用到环境治理实践中。全球环境治理体系是一个系统性、整体性的存在，包括政府、社会、市场三大节点，其中，政府部门是规则和制度的制定者和执行者，社会是政府权力结构失灵的补充以及向政府组织传递利益诉求，市场是以固有的规律规范着各种制度运行的载体和空间。这三个节点通过价值、制度、行动将彼此串联在一起，形成了一个相互沟通交流、循环反复的系统。由于在全球环境治理中对量化减排的质疑、责任划分的分歧、求生存与求生态的矛盾等，全球环境治理体系内部充满了竞争，对环境治理观念、经济社会发展方式和国际秩序等都提出了新的挑战。由于中西方生态思想的差异，决定了其在全球环境治理和竞争中的立场、态度、目标等方面存在着分歧。

## 一、中西方在全球环境治理中的角色变化

### （一）西方国家长期把持全球环境治理的话语权

工业化造成的环境危机迫使西方发达国家较早开展生态环境治理，凭借经济实力和先进技术，在经过近百年时间的污染治理，西方国家形成了一套行之有效的生态环境保护机制，并积累了丰富的环境保护经验，在生态环境保护行动上的先行使其在谋求经济霸权地位的同时，也开始谋求生态环境治理的霸权。长期以来，全球环境治理主要以西方发达国家为主导，发展中国家以及不发达国家处于从属和参与地位。在全球环境治理体系的发展过程中，充斥着西方国家的自利和强权。

20 世纪 50 ~ 70 年代初，西方国家的环境污染问题日益加重，西方国家相继成立了专门的环境保护机构以解决污染问题，如补贴工厂费用以改进设施、颁布环境保护的法律法规、征收排污费等，这些被称为“尾部治理”的措施[①]并不能从根本上解决环境污染问题。1962 年，《寂静的春天》一书在美国出版，引起了全世界公众对环境污染问题的关注，1970 年 3 月 9 ~ 12 日，国际社会科学评议会在日本召开了公害问题国际座谈会并发表了《东京宣言》，提出“环境权”要求，同年，美国爆发了由环境保护工作者和社会名流为主要参与者的“地球日”这一首次大规模群众性环境保护运动。[②] 1972 年，在西方发达国家的呼吁和社会

① 关伯仁主编：《环境科学基础教程》，中国环境科学出版社 1997 年版，第 13 页。
② 杨朝飞：《环境保护与环境文化》，中国政法大学出版社 1994 年版，第 390 页。

舆论压力下，人类历史上第一次人类环境会议在瑞典首都斯德哥尔摩召开，这可以被看作是全球环境治理的开端，1973年，联合国环境规划署成立，并发挥了全球环境保护的协调机构作用。1992年，联合国环境与发展大会在巴西里约热内卢召开，这次会议提出可持续发展战略，这是首次把环境与经济问题一并提出，由发展中国家倡导的"共同但有区别的责任"的原则在此次会议中被列为国际环境合作的基本原则，但发达国家却表现消极，不愿意承担历史责任，发达国家与发展中国家在实施这一责任的过程中利益分歧越来越大。到2010年，发达国家的官方发展援助不足其曾在联合国大会中承诺的实现国内生产总值的0.7%这一长期目标总额的一半。2012年在巴西召开的"里约+20"峰会，有广大的发展中国家、非政府组织和企业参与，对西方政府的主导地位形成了强大的挑战，全球环境治理也逐渐呈现主体多元化、治理结构多极化、议题多样化、参与层面广泛化的特征。在"里约+20"峰会的呼吁下，联合国大会于2013年3月通过决议，把由原来58个成员国参与的联合国环境署理事会升级为普遍会员制的联合国环境大会，并于2014年6月23日召开了首届大会。2015年底的巴黎气候大会通过的《巴黎协定》决定，将全球平均气温升幅与前工业化时期相比控制在2℃以内，并争取把温度升幅限定在1.5℃之内，同时明确了发达国家对发展中国家的协助，把"2020年后每年提供1000亿美元帮助发展中国家应对气候变化"作为底线，这是各个国家间利益博弈和相互妥协的结果，表明国际社会对气候变化的风险管控和政治意愿得到强化。2017年底，在《巴黎协定》签署两周年之际，由法国、联合国和世界银行在巴黎共同主办了"一个星球"气候行动融资峰会，主要探讨为气候融资寻找具体的解决途径，有60多位国家元首和政府首脑参加，美国因为此前宣布退出《巴黎协定》未被邀请。

由于欧美国家最先倡导开展全球环境治理，凭借着其经济发展的优势和较早开展环境治理的经验，在全球环境治理中居于主导地位，在议题设定、规则制定、公约签订等方面都牢牢把控主动权和话语权。发展中国家和不发达国家处于从属地位，被动纳入全球环境治理体系中，形成了由西方少数国家把控的不平衡的全球环境治理格局，并在制定规则措施时偏向发达国家，借口环境保护打压发展中国家。

随着越来越多的发展中国家和不发达国家的参与，不断冲击长期以来西方国家环境治理的垄断地位，一方面，全球环境治理高昂的成本需要巨额的人力、物力投入，发达国家希望发展中国家特别是新兴国家共同分担；另一方面，环境污染和破坏往往是跨国和跨境的，需要相关国家共同行动才能从根本上解决问题，发达国家作出一定的让步可以安抚并激发发展中国家的积极性。此外，新兴发展中国家有参与全球治理的意愿和能力，而且随着其在环境治理中的经验积累和实践探索主动争取更广泛深入的合作。发达国家全球环境治理的话语权一定程度上被稀释，但是却丝毫没有改变其主导全球环境治理体系的野心，虽然有的时候不得不作出妥协和承诺，但是一旦占据优势或找到借口后，又会显现出其想独霸治理权的野心。

### （二）中国在全球环境治理中从“跟跑者”变成“领跑者”

中国在全球环境治理中经历了从被动参与到主动融入的过程，早期国际上有关环境保护和气候变化的会议，中国都是派代表出席，作为一个参与者的角色在会议过程中“默默无闻”，适当表达自己的立场，然后根据会议达成的协议履行自己的责任，同时在国内环境保护中借鉴国际环境保护先进的经验和技术。但是随着中国经济的快速发展，国际地位不断提升，特别是近十几年来中国在生态环境保护上一系列的理论创新和体制机制的改革探索，中国逐渐进入了全球环境治理的第一梯队，从“跟跑者”变成了“领跑者”。中国积极倡导包容和以人为本，充分展现了负责任大国的形象，把中国生态文明思想和构建人类命运共同体的理念在国际上宣扬和传递。如中国一贯坚持“共同但有区别的责任”原则，确保各国获得公平的发展权利。中国积极开展大国气候外交，在 2015 年巴黎气候变化大会前，中国和美国、法国、印度、巴西等相关大国广泛沟通并发表联合声明，充分展现了中国通过加强国家间的合作应对气候变化的主张，为《巴黎协定》的达成作出了积极的贡献。2017 年 6 月，美国总统特朗普宣布将退出《巴黎协定》，引爆全球舆论，也对《巴黎协定》的可信度和执行力形成巨大挑战，而此时的中国却坚定立场，表示将继续落实协定所做的承诺，坚定不移地推进 2030 年的目标。就在美国既想担任全球新能源革命的“领跑者”，又不肯为不发达国家参与减排承担国际义务，暴露其自私本性时，中国坚定的立场、态度和行动为全球环境治理注入了一剂“强心剂”。中国还于 2015 年 9 月宣布设立规模为 200 亿元人民币的中国气候变化南南合作基金，增强其他发展中国家应对气候变化的能力，据统计，2011 年以来，中国已投入 7 亿多元人民币用于开展气候变化南南合作。截至 2017 年 9 月，已与 27 个国家签署物资赠送谅解备忘录，并大量赠送了 LED 节能灯、LED 路灯、节能空调、太阳能户用光伏发电系统；已为有关发展中国家培训了 1000 余名应对气候变化领域的官员和技术人员，范围覆盖五大洲的 120 多个国家。[①] 在 2016 年 G20 杭州峰会上，中国发出了加强绿色金融

① 《中国六年斥资逾 7 亿元开展气候变化南南合作》，中国新闻网，http：//www. xinhuanet. com/politics/2017 –09/06/c_1121617684. htm。

国际合作的倡议，让发达国家的技术惠及发展中国家，这是中国在推动 G20 向长效治理机制转型所做的积极努力。中国将生态文明建设的重要理念和实践成果融入“一带一路”建设之中，从“大写意”的摸索发展，到“工笔画”的高质量发展，为“一带一路”涂上绿色的保护色，在 2019 年 4 月举办的第二届“一带一路”国际合作高峰论坛绿色之路分论坛上，由中国倡导并积极推动的“一带一路”绿色发展国际联盟正式成立，打造了“一带一路”绿色发展合作的政策对话和沟通平台、环境知识和信息平台、绿色技术交流与转让平台。中国还把绿色发展合作计划纳入中非“十大合作计划”“八大行动”……中国为其他发展中国家实现绿色发展提供智慧和行动支撑。

可见，中国在国际环境保护的舞台上越来越活跃，通过先进理念的引导和实际行动的示范，充分展示了负责任大国应有的风范。中国在国内构建了生态文明建设的总体布局，在生态环境保护和环境污染治理中作出了许多创新性的开拓，形成了中国特色的生态环境保护行动。截至 2018 年底，我国已批准加入 30 多项与生态环境有关的多边公约或议定书，率先发布《中国落实 2030 年可持续发展议程国别方案》，向联合国交存《巴黎协定》批准文书，中国已经成为全球生态文明建设的重要参与者、贡献者和引领者。[①] 我国在全球生态环境保护中贡献智慧和方案，提供资金和技术上的支持，不仅起到了沟通发达国家和发展中国家的桥梁作用，还为发展中国家和不发达国家积极争取利益，为建立国际社会务实合作、包容共鉴的全球环境治理模式作出了巨大的努力。中国在全球环境治理中的努力和贡献有目共睹，2019 年 3 月 9 日，在肯尼亚首都内罗毕开幕的第二届全球环境问题科学、政策和商业论坛上发布了《北京二十年大气污染治理历程与展望》评估报告，联合国环境规划署代理执行主任乔伊丝·姆苏亚给予了充分的肯定，她在报告序言中称赞说，“形势变化的速度往往会超出人们的预期，世界上还没有其他任何一个城市或地区做到了这一点。”印度在其《经济时报》网站上详细介绍了中国环境治理成果，并提问：能否效仿中国解决环境问题？报道高度称赞中国的环境保护高效率。“美国 1970 年颁布《清洁空气法》之后，花了中国三倍的时间，才达到与中国相同的治理效果。”[②] 中国在全球环境治理中的影响和作用不断加大。

① 李干杰：《以习近平生态文明思想为指导坚决打好污染防治攻坚战》，载于《行政管理改革》2018 年第 11 期。

② 《在这件事上国际社会为中国点赞：只有中国人能做到》，中国网，https：//news. china. com/domestic/945/20190313/35415955_2. html。

## 二、中西方全球环境治理中的分歧

由于中西方国家生态思想的差异，决定了两者参与全球环境治理的利益归宿点是不同的，即使在应对气候变化和环境保护等方面签署了协议，许下了承诺，但是在缺乏强制性约束的条件下，履行的过程中往往具有随意性，特别是遇到利益分歧时，道德约束在西方国家面前显得软弱无力。随着中国在全球环境治理中发挥着越来越重要的作用，必然打破全球环境治理长期由发达资本主义国家主导的格局，也会打破原有的竞争格局和利益分配格局。于是，伴随着中西方的环境竞争，两者在全球环境治理中的分歧越来越大，主要表现为以下几个方面：

一是有关责任划分的分歧。虽然发达国家与发展中国家在相互妥协后，基本上要按照“共同但有区别的责任”来参与全球环境治理，但是发达国家总是想方设法地试图推诿或逃避由于自身工业化带来的环境污染的历史责任，甚至向发展中国家转嫁污染，它们认为当前的全球环境问题主要是发展中国家的工业化造成的，认为发展中国家才应该承担主要责任。如西方国家以发达国家的标准为尺度要求中国承担诸如减排、联合国会费等义务，而且还毫无根据地指责中国是发达国家，美国《外交政策》杂志副主编费什发文称，中国之所以称自己是发展中国家，是因为希望逃避在气候变化等国际事务上应承担的责任。西方人类中心论宣扬的经济“零增长”，就是要阻止落后国家的工业化。因此，发达国家不愿意为改善全球环境提供资金和技术的援助，或者是作出了承诺，在履行过程中也存在很大不确定性，如美国宣布退出《巴黎协定》就是典型的不履行承诺。

然而，国际货币基金组织（IMF）、经济合作与发展组织（OECD）、世界银行（WB）等世界三大国际金融组织按照各自的统计标准计算，得到的结论却一致认为中国仍处于发展中国家水平。中国也多次在多个场合反复强调自己作为世界上最大的发展中国家的国际地位不变。中国始终维护并坚决要求发达国家履行“共同但有区别的责任”原则，认为发达国家和发展中的大国有责任和义务来改善全球环境，帮助不发达国家消除贫困，这是一种道义上的责任和大国情怀，本着负责任、合作精神和建设性态度，中国在国际上积极呼吁各国遵守承诺，在履行减排承诺基础上，坚持公平正义，敦促发达国家对发展中国家应对环境变化的资金和技术支持。

二是有关环境治理话语权的分歧。中国等新兴发展中国家的崛起极大动摇了西方发达国家全球治理的地位，稀释了西方国家的全球环境治理话语权，西方国家强权主义和自利本性决定了他们不愿与发展中国家一起分享全球经济利益。西方生态思想中充斥的对自我能力和技术的自信，相信通过科学进步和技术改进可以妥善解决生态环境问题，这一思想决定了西方国家不会情愿以牺牲经济利益换取生态利益，更不会在全球生态环境问题解决中向其他国家妥协。他们同意与发展中国家开展合作也只是为了长远的更大利益而暂时妥协，但绝不会让渡出掌控权。在发展中国家参与环境治理的程度越来越深时，发达国家会将其视为威胁，并对中国等发展中国家进行打压，提出一些不利于发展中国家的环境条款，或者加大发展中国家环境治理的责任，等等。如在美国特朗普入主白宫和英国正式启动脱欧程序后，国际上出现了“反气候变化”运动，特朗普以国家利益为由，单方面宣布退出《巴黎协定》并拒绝履行协约内容，同时欧洲企图在美国退出之际代替美国在全球气候治理中的领导地位，法国总统马克龙 2017 年在波恩会议上就直言：“欧洲将替代美国，法国将直面挑战。”

与此同时，中国作为最大的发展中国家，正积极主动融入全球环境治理体系，凭借着在经济增长中的强劲表现以及在大国外交中的智慧，积极争取全球环境治理的话语权，从全球环境治理的边缘走向中心舞台。中国积极向外推介生态文明建设的理念，展示负责任大国的国际形象，作为一个有道义和责任的国家，中国争取国际环境治理话语权的目的并不是为了自我私利，而是为了更好地帮助不发达国家，代表广大发展中国家和不发达国家发声，在和欧美国家博弈的同时争取更多有利于发展中国家和不发达国家的条件。当然，美国的消极态度在一定程度上会减缓全球环境治理进程，许多议题悬而未决，对话语权的争夺更加激烈。

三是有关目标实现的分歧。中西方生态思想的差异决定了在共同目标的实现过程中，中西方关注的焦点和采取的手段是不同的。由于生态利益难以量化，而且具有无形性，西方国家更多关注直接经济利益以及由生态利益转化而来的经济利益。因此，他们信奉通过自由的市场调节来实现自身利益的最大化，反对过多的国家干预，例如，他们会比较关注如何引导私人资本投入生态环境领域，从全球环境治理中得到怎样的回报、回报的时间有多长、投入的成本有多高。但是环境是公共物品，私人收益一般小于社会收益，难以克服“搭便车”的行为。因此，在全球环境治理中，西方国家更多考虑自己的私利，会在各项谈判和协议的签署中反复权衡自己的得失。近年来，金融危机过后的全球经济发展前景仍不明朗，西方国家由于疲于应对经济增长乏力、就业压力等而无暇顾及全球环境治理，如美国声称第一要务是解决就业，特朗普上台后就宣布撤销和暂停奥巴马政府制定的减排措施，放松美国化石能源开采限制。此外，在全球经济低迷，多国财政吃紧的情况下，要达成发达国家对发展中国家治理的资金资助、损失补偿和技术转让等难以实现。①

中国在参与全球环境治理中拥有大局观和长远的战略思维，将维护全球生态环境安全视为己任，并且一诺千金。中国在全球环境治理中更加着眼于全球生态环境改善后带来的长远利益，着眼于对不发达国家的援助和支持赢得国际社会的信任和支持，着眼于与更多国家开展合作共同应对发展中的难题。如在绿色“一带一路”建设中，中国企业在沿线开展能源和电力基础设施投资建设，根据世界能源研究所和波士顿大学的联合统计，2014～2017年，国家开发银行和中国进出口银行两大国家政策性银行的海外能源项目融资中，有43%投入油气和化石燃料、18%投入煤；2015～2017年，中国企业在进行海外电力绿地项目和并购交易中，投入传统能源项目金额累计达335亿美元，以火电为主；光伏与风电项目则累计投入125亿美元。中国的投资有力地帮助了发展中国家克服能源“瓶颈”。②可见，中西方在全球生态环境保护目标及实现这一目标的路径上是不同的，西方国家更加注重既得的经济利益，而中国更加注重长远的利益以及在全球环境中的公平正义。

四是有关全球合作的分歧。国家利益和全球利益既是一致的，又会有矛盾，当国家利益和全球利益不一致时，西方国家往往以维护“全球利益”为借口对发展中国家发难。西方国家对发展中国家总是摆出傲慢的态度，甚至充满着敌意，即使是合作，也更多是出于自身利益的考虑，犹如卢梭所论说的“猎鹿困境”。美国总统特朗普上台后，奉行了单边主义的做法，先后退出了跨太平洋伙伴关系协定（TPP）、《巴黎协定》、伊朗核问题全面协议、联合国人权理事会等，破坏了多边合作，凸显了美国对其全球经济治理的领导责任的推卸和对全球治理赤字的逃避，美国放弃当前全球经济治理制度，回归国家中心主义和极端经济民族主义，不仅不利于本国利益的长远发展，也无助于全球经济治理体系改革的推进，使全球经济治理陷入困境。③ 在具体操作上，美国将关税大棒挥向欧盟、墨西哥、印度、加拿大、中国、土耳其等国家和地区，导致国际贸易争端不断升级，国际经济秩序和多边合作的全球经济治理遭遇了严重的挑战。除了美国的单边主义外，全球也涌动着“逆全球化”的浪潮，英国公投脱欧、卡塔尔宣布退出石油输出国组织等事件、西方国家排斥外来民族、民粹主义思潮兴起，反全球化、逆全

---

① 李文俊：《当前全球气候治理所面临的困难与前景展望》，载于《国际观察》2017年第4期。

② 《中国在全球环境治理的角色很重要》，中国发展简报网，http：//www.chinadevelopmentbrief.org.cn/news－22893.html。

③ 陈伟光、刘彬：《全球经济治理的困境与出路：基于构建人类命运共同体的分析视阈》，载于《天津社会科学》2019年第2期。

球化、去全球化的阴影笼罩着西方社会，成为西方国家政治主流。[①] 作为全球经济治理重要组成部分的全球环境治理，也面临着西方部分国家霸凌主义对内部的分裂。

中国积极倡导全球环境治理中的国家合作，既包括发达国家与发展中国家的合作，也包括发展中国家之间的合作，中国以包容性思维极力倡导生态环境面前各国共同的利益基础和目标。2018 年 7 月 25 日，国家主席习近平在金砖国家工商论坛发表的讲话中，深入阐述了我国在全球经济治理中坚持的四个基点：一是坚持合作共赢，建设开放经济；二是坚持创新引领，把握发展机遇；三是坚持包容普惠，造福各国人民；四是坚持多边主义，完善全球治理。这概括了我国参与全球经济治理以及全球环境治理奉行的立场和原则，也是中国对全球环境治理合作的一贯态度。中国倡导在国际合作中统筹兼顾，形成自上而下的环境保护机制和体系，各类非政府的环境保护组织也应纳入全球环境治理体系中，加强协调，同时国际社会也应形成强制执行的国际法律规则，确保全球环境合作所达成的公约和协议具有法律效力，使各个国家口头或书面承诺能切实转化为实际行动。

## 三、全球环境治理的现实困境

中西方生态思想的差异以及在全球环境治理中表现出的矛盾和分歧注定了全球环境治理进程并非一帆风顺。每一项合作成果的取得都要经过反复艰难的谈判，每一项承诺的执行都要彼此监督和努力维持。全球环境治理需要有中国这样的国家发挥沟通协调作用，也需要西方发达国家提供资金和先进的技术支持，然而由于生态价值观的差异，以及在全球环境治理行动中的各种矛盾分歧，全球环境治理体系内部难以形成整体合力，陷入了困境。

### （一）全球环境持续恶化，弱化了广大民众对全球环境治理体系的信心

尽管国际组织为保护环境不断呼吁、协商和采取必要行动，但是并没有有效地遏制生态环境的恶化，也没有从根本上解决生态危机和可持续发展危机。例如，2017 年，《生物科学》杂志刊登了一篇《世界科学家对人类的警告：第二次通知》的观点文章，该文认为过去的 25 年里全球的环境问题没有得到解决，反

① 栾文莲：《对当前西方国家反全球化与逆全球化的分析判断》，载于《马克思主义研究》2018 年第 4 期。

而有恶化的趋势，全球人均可用淡水量减少了26%；哺乳动物、爬行动物、两栖动物、鸟类和鱼类的数量减少了29%；全球人口增长了35%；林地损失近3亿英亩；海洋死亡区的数量增加了75%。全球碳排放量和气温明显增加，动物多样性减少。这篇文章引起广泛的关注，获得了来自184个国家的15000多名科学家的联名支持。2019年6月9日，欧洲议员、法国数学家伊夫·古什在接受法国媒体采访时提出了一个假设："人类在2050年将不复存在"，他的依据是当前严峻的环境形势影响地球的生命，包括全球变暖现象、饮用水的质量与分量，还有由冻土融化而产生的磷、氮循环和甲烷排放，等等，最后为了争夺资源可能会爆发战争，也有可能使疾病等灾难肆虐。古什的预言虽然过于悲观和有危言耸听之嫌，但却反映了他对人类生存环境未来发展的担忧，他还号召要寄希望于合作以避免悲剧发生。可见，多年来的全球环境治理并没有达到预期的效果，多个国际会议和国家间的合作谈判大多只是停留在纸面上，没有落实到具体行动中，广大人民期待多年的环境改善没有实现，全球环境治理拉锯战式的谈判也在磨灭着广大民众的耐心。如何重新赢得广大民众的信任，构筑全球环境治理体系的信心支撑是这一体系的重要的保障。

### （二）全球环境治理机制落后，难以为全球可持续发展方式转变提供动力

全球环境治理的关键在于构建灵活高效的全球环境治理机制，目前，全球环境治理的重要机构是联合国环境规划署，该机构也是把各个国家和地区召集在一起的重要组织部门，然而在全球环境治理上却表现为机制落后，运转不畅。联合国环境署部门分散，工作程序和机制僵化，缺乏资金支持和长远的战略思维，环境治理力量显得分散化和碎片化，在全球环境治理中的领导力和号召力越来越弱，甚至被西方一些国家的理念左右，失去了独立性。随着发展中国家的兴起，全球环境治理主导权的争夺使其核心力量出现了泛化，对于全球环境治理话语权争夺的关注度超过了环境治理本身，全球环境机制呈现碎片化趋势，亟须在各方力量相互制衡中寻求新的平衡，重新形成核心领导力量，回归全球治理本源责任和义务。全球环境治理缺乏监督和约束机制，一些在谈判中已经形成的共识在具体执行过程中却没有强制力和约束力，发达国家履行的资金和技术等援助承诺并没有兑现。此外，全球可持续发展理论与实践的差距、制度建设的滞后、资金和技术支撑不足等，全球环境治理机制泛散，难以为全球可持续发展方式转变提供充足的动力。因此，需要从全球环境治理结构、运行机制与方式、经济技术援助等方面进行改革，形成更具权威性的全球治理框架，持续推进治理体制机制创

新，为全球可持续发展提供持续动力。

### （三）全球环境治理体系内部矛盾重重，难以形成一致对外的治理合力

基于利益的分歧，价值观的差异和对主导权、话语权的争夺，全球环境治理体系内部的矛盾使其难以形成外在治理合力。主要表现为发达国家与发展中国家关于生态危机的成因以及环境问题责任划分上的分歧，虽然发达国家在全球环境治理方面拥有技术、资金、管理等方面的优势，但在具体行动上却趋于保守消极，他们不承认自己的历史责任，推延履行甚至规避自己的援助承诺；发展中国家面临着经济发展和保护环境的双重任务，许多发展中国家难以做到牺牲经济利益换取生态利益，如何协调好两者的关系考验着发展中国家的环境治理能力，发达国家对不发达国家的环境治理援助往往附加苛刻的条件，或者隐含着其他的利益条件。发达国家之间为了争夺主导权也存在着分歧，往往从有利于本国利益的角度出发来设计治理模式和机制，如在全球气候治理方面，关于碳减排是否可以量化，发达国家之间存在着不同的意见，欧盟的积极推动、美国的消极应对、加拿大和日本等国家的观望态度等，各个国家在暗自博弈中采取最有利于自己的行动。发展中国家在全球环境治理议题的讨论及行动计划上也存在不同意见，中国、印度以及部分拉美国家关注经济发展与环境保护之间矛盾的协调，要求发达国家承担历史责任，而一些贫困国家、小岛国联盟等更加关注温饱和脱贫问题，对发达国家和发展中大国都提出加大减排力度的要求。处于不同发展程度，以及处于同一发展水平的不同国家之间在全球环境治理中存在着不同的政策主张，全球环境治理体系难以形成统一的整体，削弱了环境治理的力量。

### （四）全球环境治理的要素支撑不足，影响了全球环境治理效力的持续性

全球环境治理是需要有大量资金、技术、人才等要素支撑的系统性工程，需要一系列的改革和服务配套，如在资金方面，根据国际经验，当治理环境污染的投资占 GDP 的比例达 1% ~1. 5% 时，可以控制环境恶化的趋势；当达 2% ~3% 时，环境质量可有所改善。同时环境治理又是一项长期的工程，需要几十年甚至上百年的持续不断的投入，投入高、回报周期长，再加上可持续发展的统计体系不完善，数据难以收集，无法进行定期的监测评估，成本的回收过程存在不确定性。此外，广大发展中国家和不发达国家经济发展普遍落后，资源有限，有些国家和地区连最基本的温饱问题都无法解决，生存得不到有效保障，有限的资源首

先被集中用于解决生存问题和经济发展。全球环境治理最基本的就是保障人的生存和发展，在全球范围内对环境保护资源要素进行合理和优化配置，但由于各国行政体制的分割，环境保护要素投入很大程度是非营利性的，全球性的市场机制作用失灵，目前缺乏一个能有效促进资源优化配置的机制。就联合国环境规划署等全球环境治理机构而言，作为非营利性机构，其资金来源有限，融资方式单一，环境保护的技术创新能力不足，更是缺乏相应的懂技术、会管理的人才。在总体要素投入不足的情况下，全球环境治理难以做到要素的合理配置，全球环境治理效力更是难以持续发挥出来。

### （五）全球环境治理的主体单一，抑制了全球环境治理的创新活力

最初以西方发达国家为主导的全球环境治理主要以新自由主义思想为指导，但是新兴国家的兴起对发达国家的治理地位造成了冲击，特别是中国生态文明思想的宣传和实践，引起国际上一部分人对全球环境治理中的新自由主义思想进行反思。中国等新兴发展中国家的加入以及环境保护运动开展对传统以西方国家为主导的全球环境治理模式产生极大的压力，迫使西方国家不得不进行一定的调整，从主要以自我利益为主的治理模式逐渐转向兼顾全球民众共同利益，但这并没有从根本上改变发达国家治理的主体地位，也不代表发达国家对主导权的放弃。从全球环境治理的参与机构来看，基本都是以政府部门为主，虽然也有非政府组织和企业的参与，但发挥的作用有限，只有参与权和建议权，没有决定权。如在“里约+20”峰会上，改革可持续发展的制度框架是焦点问题，但是磋商者都聚集于诸如联合国规划署、可持续发展委员会和经济社会理事会等政府间组织上，参会的非政府组织和企业在关键性的制度设计上缺少发言权。这种单一的全球环境治理方式抑制了民间参与治理的创新动力和活力，也没有充分发挥出广大民众的积极性和创造性，全球环境治理的主体范围应该扩大到非政府组织、跨国公司等多个方面，既承认政府间的合作，又强调非政府组织、跨国企业等多主体间的合作，只有这样才能解决当前全球环境治理的权力失衡，摆脱某些强权国家的主导，真正实现全球参与。

## 四、中西方加强全球环境治理合作的应对之策

生态环境是全人类共同的财富，加强生态环境保护也是全人类共同的责任。中西方生态思想虽有差异和分歧，在全球环境治理中也充满了竞争，但是差异并不能成为排斥的借口，竞争也不能拒绝合作的可能。东西方国家应该求同存异、

聚同化异，构建合作共赢的全球环境治理体系。在全球环境治理中应该以开放为导向，坚持理念、政策、机制开放，促进不同思想、不同文化和理念的交流融合、相互借鉴、相互包容。中西方国家应加强沟通和协调，以合作为动力，共商规则，共建机制，共迎挑战，寻求利益共享，实现共赢目标。在未来的全球环境治理中，要在促进全球经济的可持续发展与包容性增长中，通过结构性改革、新工业革命、数字经济等，实现世界经济发展与生态环境改善共同推进。

### （一）弘扬生态文明，凝聚全球环境治理的精神力量

全球环境治理需要有统一的行动，而统一的行动要有统一的思想和理念。东西方生态思想虽然各有差异，但是都围绕着人与自然的关系、生态环境可承载的范围、物质资源的可持续利用等方面，具有形成共同理念指导的基础和可能性。早在2013年2月，联合国环境规划署第27次理事会就通过了推广中国生态文明理念的决定草案，中国生态文明的理论与实践不仅得到了联合国的认可，而且得到了国际社会的广泛认同与支持。中国大力探索以生态优先、绿色发展为导向的高质量发展新路径，在生态文明建设中取得的一系列成果在历届的联合国大会上也获得频频称赞。生态文明建设思想不仅是中国的，正逐渐成为世界的，是处于不同发展水平和发展阶段的国家都可接纳和可执行的文明形态。促进人与自然的和谐，构建人与自然的命运共同体是任何国家和任何时代的共同价值选择。在全球环境治理中，中西方可以以生态文明理念作为全球环境治理的思想指导，促进人、自然和社会的和谐共生、良性循环、全面发展，以共同的文明纽带将不同的文化串接在一起，凝聚成全球环境治理的精神力量，指导各国环境保护行动。

### （二）相互取长补短，构建全球环境治理的完善体系

在多年的环境保护实践中，各个国家和地区都积累了环境治理的经验，也存在着短板，中西方生态思想也各有科学和不足之处。全球化是世界经济发展的基本的趋势，世界经济已经走到了你中有我、我中有你的局面，任何一个国家的行动都要考虑其他国家和地区的行为。全球环境变化更是把各个国家紧密联系在一起，任何一个国家都不可能从中完全脱钩，明智的选择就是取长补短，强化合作。应对气候变化，解决重大传染病预防控制、促进资源能源的可持续利用等都是当前全球面临的世界性难题，需要各国加强合作。在全球环境治理中，中西方国家应该以更加开放的姿态，相互取长补短，相互借鉴，促进生态文化的融合，从全球生态环境改善的高度进行顶层设计和治理体系的重构。例如，中国可以借鉴西方完善的市场机制，在生态文明建设中发挥市场的作用，构建生态环境资源

产权交易体系；借鉴西方国家在生态环境保护中的先进经验和技术，开发新能源，提高资源能源使用效率；西方国家可以借鉴中国的生态文明理念以及生态文明建设的体制创新，在人与自然关系中多一些“仁义”和尊重，强化公平和包容性思维，与更多的国家开展生态环境保护合作。在包容性发展理念的引领下，中西方共同树立全球环境治理的价值共识，在同质责任下讨论区别责任，综合考虑各国经济发展与环境治理的依存程度、能源结构和治理能力、工业化水平和所处阶段等，构建更加合理的指标评价体系，更好地量化各国责任划分。积极推动全球环境治理结构改革，在相互帮助和支持中逐渐缩小经济、技术发展的区域差距，使落后地区获得共享美好生态环境的公平，形成更加完整、系统的全球环境治理体系。

### （三）强化行动约束，确保全球环境治理责任有效落实

国家主席习近平在2019年出席中法全球治理论坛闭幕式的致辞中提出，面对百年未有之大变局，面对严峻的全球性挑战，面对人类发展在十字路口何去何从的抉择，各国应该积极做行动派、不做观望者，共同破解全球治理面临的治理赤字、信任赤字、和平赤字和发展赤字。这精准地概括出当前全球治理的症结所在。全球环境治理也同样面临着“四大赤字”，破解赤字的关键就是各国应该积极行动，承担责任。如何自觉落实全球重大环境问题的协议关系到全球环境治理体系的稳定性和实效性，西方国家自由市场经济中的“自利性”以及追求自身利益最大化存在着巨大的违约风险，仅靠道德约束难以保证各项承诺的履行，短期内还必须施以制度化的约束。经济全球化虽然带动中西方文明的不断交融，但是，国际政治环境和安全环境并没有改变，国家仍是重要的主体，国家利益仍然摆在各国首位。如何实现全球生态利益与国家利益的共赢，需要建立全球环境治理机构，统一协调各国、各地区和各国际组织的行动。强化联合国环境署的作用，扩大其成员国队伍、提升其项目规划能力、搭建信息交流平台、促进不同国家之间加强环境合作，使其成为权威性的全球环境维护者、环境协议履行的监督者、环境问题纠纷的协调者以及环境贸易和环境安全的仲裁者。还有必要设立监督机构来监督各项协议的落实，从联合国层面上赋予一定权力，确保国际环境公约和协议从制定到实现的所有环节都纳入监督之中，确保执行。同时要对违反约定和没有实现目标的国家或地区采取相应的惩罚措施。

### （四）携手紧密合作，为全球可持续发展开辟空间

在全球环境治理问题上，中西方国家应放下政治和经济方面的隔阂，以包容

性和公平正义为引领，共同解决环境难题，打造问题共担的“责任共同体”、互利共赢的“利益共同体”和共同繁荣发展的“命运共同体”。如可以加强技术创新合作，突破制约环境保护和产业结构升级的关键环节，为经济增长开辟新的空间；可以加强资源要素合作，共同开发新能源等。在责任划分的分歧上，可借鉴《蒙特利尔议定书》对主体定量划分的成功经验，制定出动态客观的划分标准并应用于所有国家。为了促进发达国家与发展中国家谈判原则的一致性，可在同质责任的前提下考虑异质责任，即“道义责任”或“法律责任”是同质的，须平等承担，然后再考虑具体的责任划分，并且要对责任进行具体量化，构建公平的评价体系。发达国家还要加强对落后国家的资金和技术援助，中国等新兴发展中国家要坚决维护发展中国家的环境利益，强化发展中国家联合的“南南合作”，加强区域合作，共同化解环境难题，为全球可持续发展开辟更大的空间。

总之，中西方生态思想的差异会对各国参与全球环境治理的行为产生重要的影响，也影响着全球环境竞争的行为。思想和理念是文明的重要组成部分，“各种文明本没有冲突，只是要有欣赏所有文明之美的眼睛。我们既要让本国文明充满勃勃生机，又要为他国文明发展创造条件，让世界文明百花园群芳竞艳。”①因此，在全球环境治理中，各国的生态理念是可以相互借鉴、相互融合的，应该相互汲取彼此的优点和长处，强化各国生态环境治理合作，在推动世界生态文明发展的同时促进全球生态环境的不断完善。

① “习近平在亚洲文明对话大会开幕式上的讲话”，新华网，2019 年 5 月 15 日。

# 生态文明与环境竞争力的关系机理

环境污染的普遍性和环境危机蔓延的全球性严重影响了全球经济发展的可持续性，几乎所有国家和地区都把生态环境保护纳入本国或本地区发展战略中，能否突破资源能源不足和生态环境承载“瓶颈”的束缚关系着一个国家或地区发展的未来。无论是科技创新领域中的绿色科技创新，还是在实体经济领域推动制造业的绿色转型，抑或是在消费领域中绿色消费兴起，绿色、低碳、循环等与环境保护密切相关的实践已经广泛渗入政治、经济、文化和社会发展进程中，成为推动全球新旧动能转化和培育经济新增长点的重要突破口。在全球竞争中，传统的大规模投入和消耗的粗放式竞争已经无法适应时代发展的需求，以新能源、新技术、新产业为导向的新的全球竞争不仅推动了全球经济竞争焦点的转移，也推动了环境竞争的兴起与发展。环境竞争是全球竞争的组成部分，不同于经济竞争的直面交锋，环境竞争是一种潜在的、长期的竞争，既依附于经济竞争，成为经济竞争的组成部分，又相对独立，有特有的系统构成要素和动力机制。良好的生态环境、丰富的生态资源、先进的生态技术、协调的生态关系等都是一个国家和地区的环境竞争优势，并且这些优势可以转化为生产力，从环境竞争中逐渐积累和凝聚而成的环境竞争力成为环境竞争的重要基础和依托。环境竞争力是一个国家和地区参与环境竞争的内在动力和外在争夺力，与一般的竞争力一样，它是长期竞争的结果，也是进一步参与竞争的基础，它可以从静态上衡量总体竞争实力，也可以从动态上反映竞争的变化规律。深入理解环境竞争力的内涵和构成要素有助于进一步分析环境竞争力的内在作用机理，从理论上构建起分析环境竞争力的系统理论框架。在参与激烈的全球环境竞争力中，中国可以更好地把生态文明理念嵌入环境竞争力的各个环节，形成特有的环境竞争优势，真正推动环境竞争力转化为生产力，形成中国特色的生态文明建设之路。

# 第一节　环境竞争力的内涵释义

## 一、环境与竞争力的关系

环境是指围绕着某一事物（主体）并会对该事物（主体）产生某些影响的所有的外界事物（客体），即某个主体周围的情况和条件。该事物（主体）的变化会改变周围的情况和条件，同时周围的情况和条件的变化会对该事物（主体）产生一定的影响。环境既是一个建立在特定主体或中心之上的相对化概念，也是一个强调特定主体或中心与外界联系的相关性概念。不同学科的研究对象不同，给出的环境定义也不同。生物学中的“环境”指的是为生物生存提供条件的外界因素，是“生物的栖息地，以及直接或间接影响生物生存和发展的各种因素”；环境科学中的“环境”突出环境变化规律及人的影响，指“围绕人类周围与人类生存密切相关的自然因素和社会因素相互作用所形成的人类生存环境”；[①]《辞海》把“环境”定义为“环绕所辖的区域，围绕着人类的外部世界”。[②]《中华人民共和国环境保护法》中的环境主要指自然环境，是指“影响人类生存和发展的各种天然的和经过人工改造的自然因素的总体，包括大气、水、海洋、土地、矿藏、森林、草原、湿地、野生生物、自然遗迹、人文遗迹、自然保护区、风景名胜区、城市和农村等”。环境的概念是相对的，又是相关的；是具体的，又是抽象的；是静止的，又是变化的；是平面的，又是空间的。从环境的不同定义可以看出，环境反映了人类活动的特定范围和空间，为人类活动提供资源要素，同时也受人类活动的影响，人是环境变化中最积极能动的主体因素。不过，随着环境对人们生产生活的影响越来越大，环境与人类的经济社会活动逐渐融为一体，不仅是自然的环境，也是社会的环境，包括以空气、水、土地、植物、动物等为主要内容的物质因素，也包括以观念、制度、行为准则等非物质性的内容，是自然因素和社会因素的综合体。

竞争力是一个名词，是竞争过程中表现出的能力，也是竞争的结果。最初竞争力主要运用于管理学方面，表示企业在争夺市场份额时所采取的各种策略及其

---

① 《辞海》，上海辞书出版社 1996 年版，第 1358 页。

② 《辞海》，上海辞书出版社 1996 年版，第 1357 页。

取得的成效，后来竞争力的概念被推广开来，只要主体相互较量时就会产生竞争，在相互竞争中就会表现出相应的能力。概括而言，竞争力指的是两个或两个以上的竞争主体在竞争过程中所表现出来的相对优势、比较差距、吸引力和收益力的一种综合能力。[①] 竞争力概念包含着过程和结果两个层面，从过程来看，竞争力是竞争主体相互争夺时所依托的形式和手段、采取的策略以及试图超越对方的战略安排等；从结果来看，竞争力是竞争主体多个方面综合凝聚而成的合力，最终获得某种利益或某种利益的能力，或是对竞争对手的要素吸引力等。可以说，竞争力就是竞争主体的优势所在，竞争力的大小决定着竞争优势的大小，进一步决定了在竞争过程中的竞争地位、话语权、竞争收益等。

环境竞争力是环境和竞争力两个名词组合在一起的新名词，从字面上可以理解为环境的竞争力，即某一主体具有比其他主体更优的生态环境、更充分的资源能源、更有利的生产生活条件、更和谐的人与自然关系等，进而使该国或地区有更加稳定的社会环境，更有利的人的价值实现能力，侧重从结果来定义。也可以理解为环境竞争的力，即国家或地区在围绕着生态环境建设、环境管理、资源能源开发利益、生态科技创新等方面开展竞争过程中所表现出来的能力和实力，侧重从过程来理解。从当前对环境竞争力的相关研究可以看出，关于环境和竞争力的关系，主要可以概括为以下四种观点：

**1. 环境决定论**

这种观点认为环境对一个国家或地区的持续发展至关重要，环境的优劣是区域竞争力强弱的决定性因素。可以说，环境与竞争力等同，环境好，竞争力则强；反之，环境差，竞争力则弱。良好的环境本身就具有强大的吸引力，能形成“洼地效应”，吸引项目、资金、技术、人才等各种生产要素聚集，推动形成经济增长极。优美的生态环境也是最普惠的公共产品和民生福祉，能为广大人民群众公平地享有，是广大人民群众幸福感和获得感的体验，是人民群众根本利益的重要衡量标准。环境虽然涉及政治、经济、文化、社会等多个方面，但从本质上来看，环境是发展方式、经济结构和消费模式的问题，是竞争力的核心和关键。环境决定竞争力的观点强调了环境的重要性，但也过于绝对化，夸大了环境的地位，忽视了其他因素对竞争力的作用和影响，甚至把环境和竞争力的概念混为一谈。

① 黄茂兴：《竞争力理论的百年流变及其在当代的拓展研究》，中国社会科学出版社 2017 年版，第 10 页。

**2. 环境要素论**

这种观点认为环境是一个国家和地区综合竞争力的要素构成之一，与政治、经济、文化等其他要素一起构成了竞争力的综合评价体系。如波特的国家竞争优势理论构建了竞争力的钻石模型，包含四大直接要素和两大非直接要素，其中天然资源、气候这些与环境有关的因素被纳入初级生产要素之中；瑞士洛桑管理学院（IMD）在国家竞争力指标体系构成中将健康与环境作为20个二级指标之一；世界经济论坛（WEF）中反映国家（地区）竞争力的指数有4个，环境管制体制指数是其中之一；《中国省域经济综合竞争力发展报告》蓝皮书中，9个二级指标中就有可持续发展竞争力、发展环境竞争力两个与环境相关的二级指标，分别表示自然生态环境和社会发展环境。环境是竞争力的组成要素的观点认为环境和竞争力是部分与整体的关系，环境是构成综合竞争力系统的子系统，但另外也看到环境的影响与其他要素的影响地位平等，没有凸显环境因素与其他因素的区别，也没有凸显环境影响的特殊所在，忽视了评估环境对竞争力影响的潜力和能力。

**3. 环境影响论**

这种观点认为环境是影响竞争力的外在条件和空间，并不是构成环境竞争力的内在要素。如在国际竞争力方面，目前国际学术界主要有三种理论假设：一是基于囚徒困境的环境竞次理论，认为各国会通过采取较宽松的环境保护措施以获得国际竞争优势，代价是全球环境恶化；二是基于产业转移的污染避难所假说，认为制定较低的环境标准有利于降低成本，吸引投资和产业转移，但也会吸引污染密集型的产业和企业转入；三是基于长期变化的波特假说，认为采取严格的环境保护措施从长期来看，其积极因素会大于成本增加带来的不利因素①。对于环境对竞争力的影响究竟如何又有两种不同的观点：一种观点认为严格的环境规制会使生产成本和管理费用增加，管理难度增加，产出和利润降低，不利于技术创新，不利于竞争力的提升；另一种观点认为环境规制越严格，对企业的压力会越大，有利于激发企业创新的潜能和积极性、提高资源使用效率、推动本国产业结构升级和提升竞争力②。环境管制对微观领域企业竞争力的影响还延伸到行业和国家层次等中观和宏观层次，出现了“竞相降低标准假说”“生态倾销说”“环境成本转移说”等理论。环境影响论虽然指出了环境对竞争力的重要影响，但却把环境和竞争力看作两个独立的主体分开讨论，并把环境看作是外在影响力量，

---

① 赵细康：《环境保护与国际竞争力》，载于《中国人口·资源与环境》2001年第4期。

② 曲如晓、王月水：《环保：提升国际竞争力的重要手段》，载于《商业研究》2002年第10期。

没有凸显环境本身的竞争作用。

**4. 环境综合论**

这种观点认为环境是一个系统化的大概念，不仅包括通常所理解的自然环境，而且所有与事物发展有直接或间接关系的外部因素都可以叫作环境，如社会环境、政治环境、经济环境、文化环境、生态环境、市场环境等。环境其实就是与人类生存和发展紧密相关的各种物质因素的综合体，也可以称为是大环境或综合环境。在现有环境竞争力诸多研究中，贸易环境竞争力、企业环境竞争力、投资环境竞争力等研究较多，在他们的环境定义范畴里，既有自然环境，也有社会环境，但更加注重社会环境。如美国道氏化学公司把影响投资环境的要素按照其形成的原因和作用分为两部分：第一部分是竞争风险因素，第二部分是环境风险；[①] 联合国贸易与发展会议的投资指南、世界银行的投资环境评价法、世界银行和欧洲复兴与开发银行的合作项目——商业环境和企业绩效调查（BEEPS）等也对投资环境进行了评价。[②] 环境综合论是从大环境的角度来讨论竞争力，由于大环境涵盖的范围很广，要综合考虑社会经济发展中的多种要素，而且各种要素之间相互联系形成了复杂的体系，难以一一考虑，导致研究范围过宽，不够聚焦和深入。

无论从哪个角度来看，都不应该把环境和竞争力这两个词割裂开来，环境是竞争力的载体，拓展了竞争力的体系空间，竞争力是环境的能动要素，让环境本身更具活力和生命力。环境竞争力是一个完整统一的概念，而且成为一个独立的研究领域和范畴，环境竞争力和企业竞争力、产业竞争力、区域竞争力、国家竞争力等一样，是经济社会竞争中的一个方面，处于竞争力研究同一层次水平。

## 二、环境竞争力的内涵

### （一）环境竞争力的含义

只要有竞争的地方就会有竞争力的存在，随着20世纪80年代竞争力研究的兴起与发展，竞争力研究领域在纵向上从国际层面向国家层面、区域层面、产业层面、企业层面等延伸，形成了宏观—中观—微观的研究层次。在横向上，从国

① 付晓东、胡铁成：《区域融资与投资环境评价》，商务印书馆2004年版，第275～277页。

② 肖璐：《国际上五种重要投资环境评价法的评价指标评述》，载于《经济理论研究》2006年第7期。

家竞争力向企业竞争力、产业竞争力、贸易竞争力、财政竞争力、科技竞争力、城市竞争力等细化领域渗透，环境竞争力也成为竞争力研究和细化领域之一。作为自然因素和社会因素综合体的环境既是一个空间范畴，又是一个实体构成，一方面，环境是经济社会发展可依托的外部条件，提供载体、空间和必要的物资资料；另一方面，环境本身也是经济社会发展的重要组成部分，环境的好坏直接决定着经济社会发展的质量和效果。环境竞争力不仅是当前经济社会竞争力的重要组成部分，也蕴含着未来可持续发展竞争力的潜能和动力。

和一般的竞争力研究一样，环境竞争力研究也在横向和纵向上存在于多个层面，大到全球环境竞争力，小到企业环境竞争力；有综合性的国家环境竞争力，也有具体某个领域的投资环境竞争力、贸易环境竞争力、人才环境竞争力等；有侧重自然的环境竞争力、生态竞争力，也有侧重社会的环境竞争力。由于环境的范畴很广，根据不同的研究对象和环境的不同属性，环境竞争力的内涵也不同。本书主要着眼于从生态文明的视角来探讨自然生态环境问题，研究的是自然属性的环境，探讨的是生态环境的保护和修复能力，以及可持续发展层面上的环境竞争力。

因此，本书所指的环境竞争力是以自然环境为主体，以竞争为指向，以深化改革和创新为引擎，以市场机制与政府调控为途径，以环境资源优化配置为目标，沿着容纳—响应—反馈—调整—优化的循环机制，在生态环境基础、环境承载、环境管理、环境效益、环境协调等方面形成竞争优势，形成承载力—执行力—影响力—作用力—凝聚力的综合竞争实力，在人、自然、经济社会等主体间形成良好的协调关系，实现人与自然的和谐共融。环境竞争力具有研究主体和研究内容的独立性，特别是随着生态环境对经济社会影响越来越大，环境竞争力在一个国家或地区综合竞争力中的比重越来越大，与产业竞争力、经济竞争力、科技竞争力等竞争力具有同等重要的地位，甚至一定程度上处于更加重要和基础地位，成为许多国家和地区决策制定时首要考虑的要素。在区域竞争甚至是国际竞争中，环境之间的较量已成为常态，环境竞争力俨然已是竞争力研究领域的重要一员。

### （二）环境竞争力的结构

根据环境竞争力的定义以及环境竞争的表现，可以把环境竞争力进一步具体分解成五个方面：承载力、执行力、影响力、作用力和凝聚力，综合反映了环境的自然属性和社会属性。

**1. 承载力**

在一定时空条件下，环境对人的社会经济活动以及其他生物的自然界活动的支持能力是有限的，这个有限的范围就是环境的承载区域，反映了一个国家或地区的生态环境、资源环境对生物的生存、经济社会的可持续发展、人的生态足迹、废弃物的排放等的承受阈值，阈值越大，表明承载力越强。一个国家或地区可供人类和各种生物生存和发展的空间有限，可供开发利用的资源有限，生态环境自我净化和自我调整也有承受的界限。经济社会发展的规模和程度必须与生态环境的承载能力大小相匹配，一旦超越了承载力的阈值，生态环境的自我修复能力将失去弹性，趋于恶化，即使通过事后大规模的投入和修复也难以使环境恢复原状。环境承载力也并非一成不变，生态环境的改善和科学技术的运用会不断改变环境限制性因素并降低其限制强度，扩展环境承载边界，增强环境的承载能力和容纳能力，提升环境对人类开发利用活动的强度和规模的承受度。因此，环境承载力的大小既取决于环境自然形成的条件，也取决于后天的改造。

**2. 执行力**

在人与自然关系中，人是能动的主体，一方面，人类不恰当的活动或是人类对经济利益的过度追求是造成环境污染和破坏的主要原因；另一方面，环境是不可逆的，自我修复需要很长的时间，需要借助人的智慧，也要有相应的规则来约束人的行为。要把人类对生态环境保护的道义责任转化为自觉行动，需要政府制定强有力的政策措施来加强环境管理，又要确保各项政策措施落实到位，形成广泛的管理和监督体系，加强对人的行为约束和激励，降低人对生态环境的负面影响。执行力反映一个国家或地区各级政府部门对生态环境、资源环境进行管理以实现环境优化的执行能力，形成以提高环境质量为核心，以各级政府的行政、经济、法律、教育、科技等管理手段为主，以公众参与、社会监督为辅的政府、企业、公众共治的环境治理体系。通过环境监测、环境检查、环境评估等方式，激励措施和惩罚措施并存，确保环境保护各项政策落实到位，形成覆盖广泛的环境监测监管体系，既赢得广大群众的信任，同时又激发广大群众参与的积极性和能动性，提升环境保护效率。因此，环境执行力主要表现为为了克服环境公共物品的市场失灵问题，需要外在的强有力的组织力量确保各种环境行为在合理的范围内。

**3. 影响力**

环境是经济社会发展依托的外部条件，为经济社会发展提供必要的资源要素、物质条件和空间，也承受经济发展的废弃物。影响力包括两个方面，一是环境自身对经济社会发展的影响能力，表现为一个国家或地区的生态环境、资源环境影响本地区及相邻地区的能力，或者是人类环境活动特别是一些改变环境空间和区域布局的活动对经济社会发展的影响能力；二是环境政策的执行对人们生产和生活方式、环境保护与改善、生态系统的运行等产生的直接和间接的影响。环境的影响具有两面性，一方面是环境的改善促进人群健康、社会经济发展、改善环境等积极的促进作用；另一方面是环境的恶化给人类带来疾病和痛苦、增加经济社会发展成本、无法提供经济发展的要素支撑，等等，影响程度越深表示环境与经济社会发展的关联程度越深。具有竞争优势的影响力会充分发挥有利影响，减少和消除不利影响，形成正向的积极效应。环境影响力是不断发展变化的，随着环境管理手段、管理方式的改进，环境正向影响作用会不断被激发，周边区域的变化也会反作用于环境，改善环境的发展变化进程。因此，环境影响力主要表现为生态环境的变化对本区域及相邻区域的经济社会发展的影响，体现环境在自然—经济—社会系统中的地位和作用。

**4. 作用力**

环境与经济社会发展的关系不仅体现为自然资源条件和环境规制会影响人们的生产生活，影响区域经济和产业布局，而且环境作为经济及社会发展的重要因素还会直接作用于经济社会发展过程。作用力反映了一个国家或区域现有环境、改善后的环境或持续恶化后的环境对区域可持续发展的作用能力。现有环境的作用能力取决于自然条件，如资源能源禀赋、地理区位、气候、生物多样性等，这是天然形成的条件，也是一个国家或地区天然具备的竞争优势；改善后的环境或恶化后的环境主要体现在环境治理的投入产出效应。环境竞争力主要表现为改善后的环境带来的作用力，如扩大环境承载空间，提升资源能源开发效率，改善生产和生活条件，推动技术创新等。由于环境治理和修复是一个长期的过程，环境产出的作用力往往需要一段较长的时间才能显现。因此，环境作用力主要反映了环境变化对经济社会发展的作用程度以及带来的经济社会效益，是对环境影响效果的具体体现。

**5. 凝聚力**

在自然—社会—经济复合生态系统中，人类社会、经济活动和自然条件的功能各不相同，彼此分工、相互联系，形成了生态功能统一体。在这个复合生态系统中，生态系统的食物链、经济系统的投入产出链和社会系统的需求消费链等各种要素相互交织，共同形成了生态系统的链状结构和网状结构。这一系统中，环境、经济、社会等相互之间的关系纵横交错。凝聚力反映了在人与自然关系中，妥善协调人与自然关系的能力，在复合生态系统中将各个主体和要素聚集在一起，合理分工、协调互补。自然界为人类正常的生产和生活提供基本的物质和精神条件，消化并吸收人类活动产生的各种污染物；而人类活动，尤其是有组织的一些大型生产活动，也会从地表形态、物质循环、热量收支、生态平衡等方面影响环境。凝聚力还表现为处理经济发展与环境保护关系的能力，通过产业结构调整、生态科技创新、发展新兴产业、鼓励绿色消费等综合手段使经济、社会、自然三个子系统之间稳定性和聚合性不断增强，既相互独立，又彼此依赖，共生关系愈加融洽。因此，环境凝聚力反映了复合生态系统内部的协调程度，自然、社会、经济相互之间越协调，凝聚力则越大。

环境竞争力表现出的承载力、执行力、影响力、作用力和凝聚力五力具有并存性和继起性的特征，在一定时期内，环境竞争力可以在不同方面同时发挥出五力作用，体现环境竞争力全链条分布与渗透；同时，五力又有一定的层次性，其中，自然环境本身条件的承载力是基础和源头，人类的参与和改造催生的政府作用行为逐渐衍生出执行力，分别代表自然力和人力的承载力与执行力在相互作用、相互融合的过程中会形成对本身和外界的影响力，并在经济社会发展过程产生环境效应，形成作用力，最终实现社会—经济—自然复合生态系统的协调发展，促进人与自然的和谐，聚合为凝聚力，拓展环境发展的空间，增强承载力。环境竞争力在“五力”的传导和转换中实现螺旋式上升，形成一条不断循环、逐步提升的动态演进链，如图 6－1 所示。

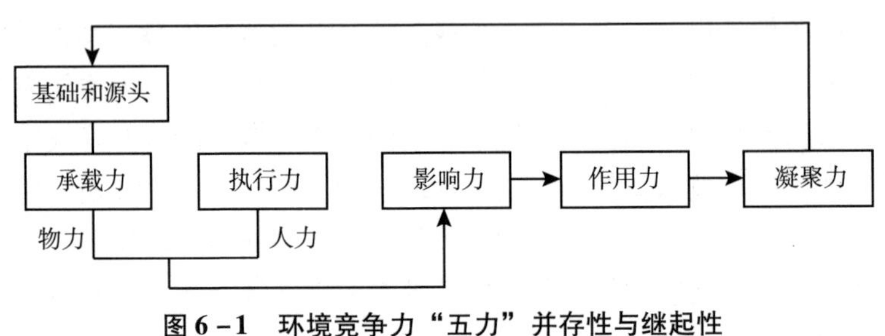


**图 6－1　环境竞争力“五力”并存性与继起性**

### （三）环境竞争力的要素构成

根据环境竞争力的相关研究，以及环境竞争力在不同对象和不同时期表现出的“五力”形态可以看出，环境竞争力是受多种因素影响和制约的综合竞争力，特别是在对环境资源争夺、环境治理话语权争夺等过程中，这种综合竞争力就会由内而外地释放出来。“五力”也会表现为五个方面的竞争力，更加动态地把竞争过程呈现出来：影响力表现为环境基础竞争力、承载力表现为环境承载竞争力、执行力表现为环境管理竞争力、作用力表现为环境效益竞争力、凝聚力表现为环境协调竞争力。这五个方面竞争力是环境竞争力的五个主要方面，代表了环境竞争力的五大要素构成。

**1. 环境基础竞争力**

环境基础竞争力是指自然环境天然形成的竞争优势，如自然生态、农村生态、生物多样性、生物安全等，以及水、空气、土地等自然资源的存储量和开发程度。由于资源是有限的，构成环境基础竞争力的各种自然资源要素在总量上难以增加，但是可以通过技术创新、资源配置优化等在开发利用和结构上不断完善。随着人类对环境的改造和保护程度不断加深，环境基础也不断变化，如公园、绿地、自然保护区等的数量及面积等不断增加。环境基础竞争力是环境保护以及提升环境生产力可依赖的最基本的物质条件，也是环境竞争力的根基所在。

**2. 环境承载竞争力**

环境承载竞争力指的是对加注在环境之上的生产和消费活动、废弃物排放的承受能力，以及对经济社会发展的支撑能力。承受能力越强，环境变化的弹性空间越大；支撑能力越大，经济社会发展的程度也可以越深。环境承载竞争力的强弱在一定程度上决定了一个国家和地区生产发展和产业结构调整的程度。环境承载竞争力会随着环境改善和技术进步而不断增强，但也会受到阈值的约束，一旦超出环境承载的最大容量，环境承载竞争力可能会急速降低。

**3. 环境管理竞争力**

一个国家或地区政府部门对环境保护政策的制定、环境保护方式的创新、环境政策的执行、环境行为的监督等执行能力，以及在对外参与全球环境治理中的参与能力，综合表现为环境管理竞争力。环境保护与经济发展之间的冲突以及环境作为公共物品的特殊属性，决定了环境破坏和污染等问题难以通过市场机制和私人部门参与来解决，必须由政府进行顶层设计，从宏观上进行总体布局和把握。因此，环境保护和改善的程度、环境基础和承载竞争力提升的速度等与环境管理能力有很大的关系，环境管理竞争力的强弱决定着环境治理效率和良好环境秩序的构建。

**4. 环境效益竞争力**

环境的保护和改善是强大的人力、物力和财力投入后形成的产出，是环境作用力表现的结果，综合表现为环境效益以及环境改善带来的经济效益和社会效益。环境效益是对环境修复和改善程度的重要衡量指标，环境效益越大表示环境治理的成效越大，投入产出的效率也越高。因此，环境效益竞争力是人与环境之间相互作用形成的有益于人类生产和生活的成果。环境效益竞争力作为一种结果表现的竞争力与环境治理过程中的技术水平、管理水平、投入力度、居民环保意识等紧密相关，直接关系到环境治理的成本。

**5. 环境协调竞争力**

人口、经济、社会、环境协调发展是环境竞争力优劣的重要判断标准，也是可持续发展目标实现的重要途径。在自然—社会—经济复合生态系统中，环境协调竞争力包括人口与环境协调竞争力、经济与环境协调竞争力，表现为各主体和各要素合理分工、相互协调、相互促进。环境协调竞争力随着生产技术的改进、生产结构的调整、生活方式的转变等不断为各要素作用的发挥提供更有利的条件。环境协调竞争力在处理环境与外部系统的相互物质和能量交换关系中，促进影响环境竞争力的外部要素的协调，这也是环境竞争力形成的重要保障和影响手段。

环境竞争力是一个动态变化的复杂过程，如果把环境竞争力看作是综合竞争力，那么环境基础竞争力、环境承载竞争力、环境管理竞争力、环境效益竞争力、环境协调竞争力是构成环境综合竞争力的五大部分。这五个组成部分既相互影响，又相互独立，共同支撑起环境竞争力的平稳性。必须同时推进和提升五个方面的竞争力才能形成环境竞争力的整体合力，任何一个要素的弱化都会使环境竞争力的发展失去平衡或者陷入困境止步不前，其他部分的竞争力再强也弥补不了某一较弱竞争力的短板，并且还会使竞争力发展水平止步不前。因此，环境竞争力的五个要素是相互制约、相互促进的。

环境基础竞争力以自然环境的空间及其附着物的容纳方式反映环境的承载能力和作用能力，是环境管理竞争力、环境承载竞争力以及环境效益竞争力的基础和保障，提供必要的条件和空间。环境基础竞争力可以看作是环境竞争力的物质前提，也是环境竞争力最基本的内容。环境基础竞争力会对人类的环境活动以及资源的开发作出响应，环境保护和修复活动以及合理的资源开发会提升环境基础竞争力并对外释放，促进其他方面竞争力的提升。运用各种政策、制度以及机制对生态环境和资源环境进行保护和治理，环境改善的过程和效果会在环境管理竞争力、环境承载竞争力等方面得到响应。自然环境的自我修复以及各种政策运用的成效集中体现为环境效益竞争力，环境效益竞争力又会向环境基础竞争力、环境管理竞争力和环境承载竞争力进行反馈，动态推动环境竞争力各要素调整和环境资源优化。环境质量提升最终目的是为人们提供更加安全美好的环境，在人与自然的和谐相融中实现人类与环境的可持续发展，这是环境协调竞争力的核心要义，也是环境优化最根本的衡量标准，如图 6 - 2 所示。因此，环境基础竞争力、环境管理竞争力、环境承载竞争力、环境效益竞争力、环境协调竞争力并非相互对立的，而是彼此分工，又相互合作，提升动力各有侧重，又相互传导，以容纳—响应—反馈—调整—优化为主线将五个要素紧密串联在一起，形成了不断循环、螺旋上升的环境竞争力动力链。

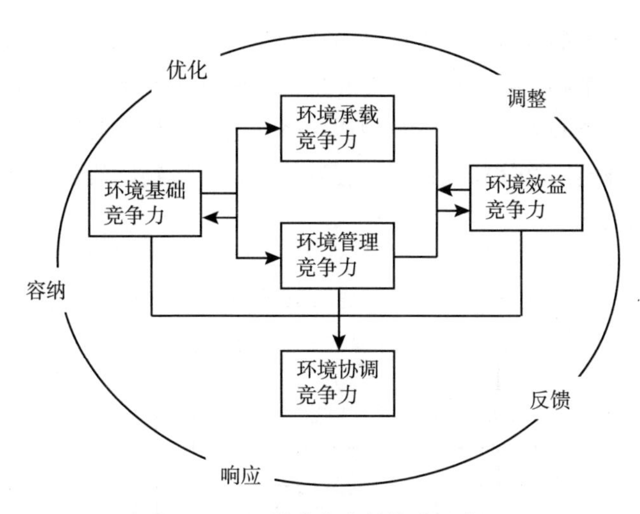


**图 6－2　环境竞争力的构成要素**

# 第二节　生态文明与环境竞争力的互动机制

竞争力是竞争的结果，同时又是新一轮竞争的基础，存在着一个内在自我循环的系统，同时竞争力又会受外界的影响和干预，改变其作用的强度、方向和路径，竞争力的运行和变化机制是内外因素共同作用的结果。在竞争力的作用机制探讨中，古典经济学家强调生产过程中生产要素的投入；经济历史学家重视合理的经济社会制度设计；发展经济学家注重适应工业化进程需求的产业政策制定；增长经济学家关注劳动力资源教育水平和劳动技能的提升。在评价竞争力的理论依据中，世界经济论坛和瑞士洛桑国际管理开发学院认为，国际竞争力是由企业内部效率和外部环境（国内环境、国际环境和部门环境）作用形成的竞争力；波特认为国际竞争力是建立在创新基础上不断提升的提供商品和服务的能力。可见，不同学者从不同学科研究任务以及不同角度对竞争力的作用机制进行分析和探讨，总体上，竞争力的形成包括了内在要素的系统作用和外在要素的影响和补充两个方面，并且内在要素与外在要素相互沟通、相互协调。

## 一、环境竞争力变化的内在机制

从环境竞争力的内涵可以看出，环境竞争力的生成、演变和作用过程主要有三个层面，其中基础层和作用层是外在层面，是环境竞争力生成的外在条件和作用的外在领域，核心层是环境竞争力的主体，这三个层面共同构成了环境竞争力的大系统，内外层面之间相互作用、相互渗透，促进物质流、信息流的传递，如图 6-3 所示。

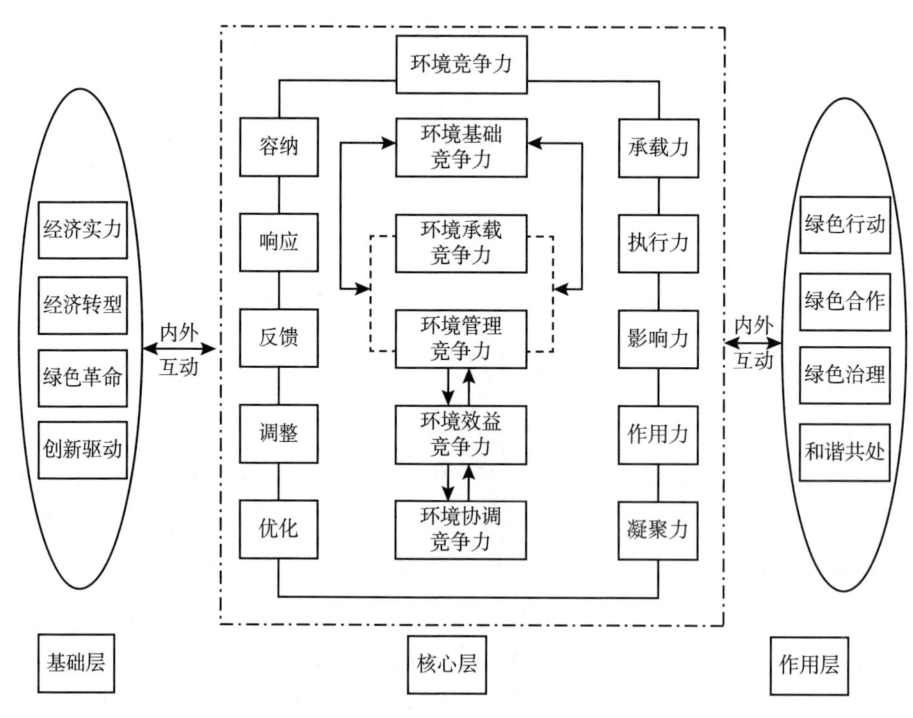


**图 6-3 环境竞争力的机制作用**

**1. 基础层**

基础层是一个国家和地区环境竞争力提升所依托的基础和条件，或是其提升的立足点，一般而言，对美好生态环境的需求是经济社会发展到一定阶段、温饱问题基本解决后，人们追求更高生活质量和更安全的生活环境而产生的需求，要满足这些更高阶段的需求就要有相应的物质基础作保证。经济基础和实力是环境持续改善的物质基础，较好的经济基础不仅可以为生态环境保护提供物质投入，而且可以在调整环境保护与经济发展的关系中承受经济发展方式转变带来的短期经济增长波动。不断适应人与自然和谐的经济转型推动产业结构调整，以及现代生产生活方式、绿色生产和消费、建立节约型社会等促进经济社会可持续发展，成为环境竞争力快速提升的可靠基础。技术创新、制度创新、绿色革命等形成涵盖从源头（工业生产、居民生活）到末端（污染治理、生态修复）的绿色技术体系，结构改革和创新驱动催生的新产品、新产业、新能源，不断激发绿色转型新动能，为环境竞争力提升注入了强劲动力。此外，来自基础层的政府、市场、企业等各主体是环境竞争力动力生成和注入的能动因素。环境是公共物品，又是公共资源，覆盖面广，正确处理好政府与市场的关系，发挥企业在生态科技创新中的能动作用，会为提升环境竞争力不断注入更强劲的活力。

**2. 核心层**

环境竞争力在整个作用机制中处于核心地位，是环境竞争力直接生成和作用的层面，在竞争的过程中，所有的基础和条件都要通过这一核心层来转化为环境竞争力，所以环境竞争力本身就是环境竞争过程中的主体。环境基础竞争力、环境承载竞争力、环境管理竞争力、环境效益竞争力、环境协调竞争力是环境综合竞争力的五大子系统，它们以增强环境开发利用效率、降低环境破坏程度、维持全球生态平衡、实现经济社会可持续发展为目的，通过经济、行政等多种手段，系统影响着环境综合竞争力。这五个方面的要素并非相互独立的个体，而是以容纳—响应—反馈—调整—优化为主线的相互作用的统一整体。处于核心层的环境竞争力发挥着沟通基础层和作用层的中介作用，对经济实力、技术创新等进行“过滤”和“绿化”后作用于经济社会发展的其他方面。环境竞争力提升产生的绿色技术创新、产业结构调整、集约型方式、绿色循环生产方式等诉求会引导经济社会发展更多考虑环境保护因素，对可能引起的环境后果进行反复的论证和预判，使各个项目运行在环境可承载和可控的范围内，在环境竞争力内部体系的循环中把绿色思想和动力向经济社会发展的各个领域渗透。

**3. 作用层**

环境竞争力的动态调整和变化所产生的效应会从自身循环系统中不断溢出，向外传递，反馈于经济社会发展，为经济社会发展与创新提供新的绿色发展思路。各个国家和地区为了提升环境竞争力以开辟经济持续增长的新途径，都会针对环境竞争力中的劣势环节采取有针对性的措施，如正确评估环境资源价值，制定制度促使外部影响内化，实施政策规范人们行为等。环境的系统化思想也会驱使从全球视角来审视环境问题，推动国家之间就应对气候变化、资源枯竭、生物多样性减少等共同环境问题的解决相互竞争，又相互妥协。在生态科技创新方面联合开展关键技术攻关，在环境政策制定上确保一致性和协调性，在全球关键性环境问题治理上能放下分歧、求同存异、加强协商，在国际环境公约和协定上能自觉遵守等。全球环境治理合作把各个国家和地区环境竞争力有效地融合和对接起来，形成全球环境竞争力网络，各个国家和地区是网络中的节点，将各国和地区的环境利益、环境行动有效地串联在一起。当然，在这个网络中，经济发展较好、环境竞争力较强的国家和地区会成为环境竞争力的优势区域，汲取全球的优势资源，并向周边地区扩散。国家之间环境竞争力的差异还会使各国或地区在有关环境问题的全球共识的谈判和讨论中相互牵制、相互约束。因此，环境竞争力的对外作用成效有积极的一面，也有消极的一面，一些大国甚至会凭借环境竞争力优势压制其他国家。

## 二、生态文明与环境竞争力的互动机制

2008 年金融危机以及由此引发的经济危机使全球经济陷入衰退，如何率先步入新一轮经济增长通道是 10 多年来各个国家和地区不懈的努力探索。一直以来，围绕生态环境保护和可持续发展而开展的技术革命和产业革命呼声很高，很多国家和地区都把环境领域的重大技术突破视为本国和本地区经济新一轮增长的“救命稻草”。然而长期以来，已经实现了工业化的发达国家把重心放在服务业上，而发展中国家则着力推进工业化进程，环境领域的产业和技术变革并未被置于重要地位。在环境领域中率先实现技术突破的国家和地区将有可能会在产业结构调整以及经济增长中走在全球前列，因此，围绕环境开展竞争成为近年来国际竞争的重要方面。然而，不同国家提升环境竞争力的目标可能会有所差异，有些国家会比较注重经济利益，通过提升环境竞争力开发新产品和开辟新产业部门，占领新的市场，获得更高的利润。有些国家会比较注重生态利益，提升环境竞争力是为了改善环境，为广大人民群众提供更加安全的生产、生活条件。因此，不同国家的立场不同，环境竞争的目标不同，对环境竞争力的理解也不同。

我国参与环境竞争并不是以自由主义的市场机制为指导，而是以生态文明建设理念为指导，一方面，生态文明建设理念为我国环境竞争力提升提供理论基础和指导，明确了我国参与环境竞争是以人类文明发展为基石，以绿色发展为路径，最终目标是实现人与人、人与自然、人与社会的和谐共生，在实现人类永续发展进程中缔造文明；另一方面，生态文明建设的开放性和包容性也决定了我国参与环境竞争是我国作为负责任大国维护全球环境安全的积极行动，在参与竞争中倒逼生态环境改善，着眼于人类的长远利益，提升人类福祉。人类福祉是一个

复杂的概念，“由多种要素构成，具有多重成分，包括维持高质量生活所需要的基本物质条件、自由与选择、健康、良好的社会关系以及安全保障等。福祉的组成要素，与周围的环境密切相关，可以反映出当地的地理、文化与生态状况。”①生态文明视阈下的人类福祉就是环境的保护和改善可以满足人类的各种物质、健康、安全等需要，这不仅是出于道义和责任的人性关怀，更是文明发展到更高阶段后对人类自我完善、自我发展的回归，提升环境竞争力就是把生态文明理念转化为人类福祉的纽带。

## （一）生态文明为环境竞争力提升构建了系统性框架

生态文明是我国生态环境保护重大的理论创新，把生态环境建设提升到人类文明发展的高度是高瞻远瞩地对生态环境保护进行总体布局，是从中华民族永续发展进程中探寻中国生态环境保护之路，是中国千百年来对人与自然关系探讨中形成的哲学观、文化观、环境观与当前发展观相结合，形成具有中国特色的环境治理优势，在社会主义现代化强国进程中勾画出一个绿水青山、人与自然和谐发展的“美丽中国”。生态文明建设思想的注入使环境竞争力更具内涵与活力，不仅为环境竞争力提升提供思想和理论上的指导，而且在生态文明建设的布局中构建了系统框架，推进生态文明领域国家治理体系和治理能力现代化，努力走向社会主义生态文明新时代。

**1. 强调意识主导：以全民共识共推环境竞争力提升**

生态文明从思想理念、制度设计等方面转化为提升环境竞争力的行动，这一从思想落实到行动的过程需要广大民众支持，也要调动广大民众的积极性，但这种行动不是行政式命令的被动行为，而是广大民众主动自觉地参与，充分体现了生态文明中的人本观点，实现人类福祉。生态文明建设看似一个宽泛和抽象的概念，但却可以通过制度设计、政策制定等渗透至经济社会发展的方方面面，转化为生产力。生态文明建设与大多数的政策或规范不同，没有直接规定人们能做什么或不能做什么，而是自然而然地融入经济社会发展进程中，融入人们的日常生活中，使人们切实感受到生态环境问题就是身边的问题，是与个人的生存发展息息相关的。生态文明理念上的渗透教育人们、感化人们，转化为人们的自觉行动，通过广泛的宣传引领，塑造人们的价值取向，把个人的生态环境保护行为上升到事关民族文明进步的高度。因此，生态文明建设思想通过思想意识上的主导

---

① 千年生态系统评估项目组：《生态系统与人类福祉：评估框架》，中国环境科学出版社2006年版，第11页。

赢得了最广大人民群众的支持，通过理论体系的构建，培育生态文化和生态道德，使生态文明成为社会主流的价值观。通过广泛的教育和舆论宣传，引导人们把自然和生态融入生命的延续中，在体验和感悟中，把生态文明融入日常的行动中，进而转化为行动上形成保护环境、生态建设、低碳生活、文明健康等生活方式和消费模式。思想意识上的强大力量构筑了环境竞争力提升最坚实的支持体系，并且代代相传，使生态环境保护行为成为一种习惯，凝聚了中华民族文明的合力。

**2. 强调系统推进：以顶层设计保障环境竞争力提升**

我国生态系统脆弱、环境污染严重，而环境问题又是一个系统性问题，系统性的问题需要运用系统性的方式来解决，要在思想认识、理念框架、政策体系和机制构建等方面推动中国发展方式的全面转型。因此，提升环境竞争力不能仅靠“摸着石头过河”，要更加注重顶层设计。生态文明不同于以往单纯的“环保主义”，也不是自下而上的民间呼吁，而是着眼于人与自然关系的动态发展，把自然系统、经济系统、生态系统有机地统一协调，着眼于“五位一体”的总体布局，把生态文明建设融入经济、政治、文化、社会建设的各方面和全过程。当然，这种系统性的推进凭借着单个人的力量或是政府的力量是无法完成的，必须从总体上系统把握，上下联动，统筹推进。针对这一系统工程，我国生态文明建设一开始就注重系统的顶层设计和具体部署，并且上升到党和国家发展战略的高度。2015 年 9 月，我国制定了《生态文明体制改革总体方案》，阐明了我国生态文明体制改革的指导思想、理念、原则、目标、实施保障等重要内容，提出要建立八大制度，勾勒出我国生态文明制度体系的框架，为生态文明体制建起了“四梁八柱”，标志着我国生态文明领域改革已形成了顶层设计。在 2018 年全国生态环境保护大会上，习近平总书记提出了要加快构建生态文明体系，具体包括构建生态文化体系、生态经济体系、目标责任体系、生态安全体系，全面体现了生态文明建设的总体布局。这种顶层设计有利于针对突出问题进行集中治理，有利于对环境资源进行优化配置，提高环境保护的效率，集中力量推进环境竞争力的提升。系统性的推进也有助于平衡平稳地推进环境竞争力的整体提升，妥善协调好各方面的关系。生态文明建设还强调了制度保障，实行最严格的环境保护制度，以强大的制度体系确保环境治理的实施力度。这种顶层设计形成自上而下的力量是政府决心的表现，也是以强大的社会主义制度为保障，体现了社会主义制度的优越性和中国环境竞争力的特殊优势。

**3. 强调全程控制：以深化改革助推环境竞争力提升**

生态文明建设是从源头到末梢的全链条的环境建设与治理，强调从源头上探寻生态环境问题产生的根本原因，从根源上控制引起生态环境变化的主要因素，同时强调对环境变化过程的各个环节监控，确保环境竞争力在传导过程中不断强化，形成多点驱动、多点支撑，最后在向末梢传导中聚成合力。生态文明强调了人与自然环境关系的调整并不是问题导向式的末端处理，也不是产业链的某个环节的调整，而是从生产到消费的全过程的控制，迫切要求改变传统粗放式的生产方式和浪费的生活方式。中共十八大以来，我国稳步推进全面深化改革，着力于破除僵化的体制机制，增强改革系统性、整体性、协同性，极大释放了创新的潜能和动力。针对生态文明建设，党中央、国务院先后通过了《关于加快推进生态文明建设的意见》和《生态文明体制改革总体方案》，确立了我国生态文明建设的总体目标和生态文明体制改革总体方案。中共十九大报告进一步提出，加快生态文明体制改革，建设美丽中国。生态文明体制改革部署中的推进绿色发展、建立绿色低碳循环发展的经济体系，解决大气、水、土壤等突出的环境污染问题，加大生态系统保护、构建安全生态屏障体系，改革生态监管体制，等等，涉及生态环境保护从生产到生活、从资源到产品、从个体到系统、从当前到未来的全方位，体现了生态文明建设的全面性，通过改革来打通各路径，最大限度地释放环境竞争的动力和活力。就环境问题本身，推动环境供给侧结构性改革，实施低碳循环和减量化的生产方式纠正生态资源的扭曲配置，削减过度供给和过剩产能，积极推进新能源、新环保、新服务等绿色产业体系的创新，通过产业结构调整和产品结构调整提高产品的质量，满足人们新的消费需求。在消费环节上，引导人们购买、使用绿色环保产品，节约能源资源使用，推动可持续性消费，形成勤俭节约的社会风尚。生态文明体制改革的全面展开全程保障环境竞争力提升。

**4. 强调技术支撑：以技术创新驱动环境竞争力提升**

生态环境问题是一个不断变化的问题，也是一个复杂的问题，除了依靠物质要素投入外，还需要依靠科学技术进步的支撑。当前，环境污染的蔓延以及可能产生的变异使环境治理面对的挑战更加艰巨，环境变化数据的获取和测算、生态环境恶劣和危险地区的情况掌握都需要科学技术进步提供更加先进的探测手段和分析手段。生态文明建设强调的生态科技创新迎合了生态环境治理体系和治理能力现代化的需求，深入研究环境变化的规律及其重大问题，针对环境中的难题实现关键技术的突破，通过共性技术的推广和环保产业的快速发展提高生态文明建设的效率，也为我国生态环境治理提供更加先进的手段和方法。生态文明建设着眼于长远，强调瞄准国际前沿技术，以先进技术提升我国环境竞争的核心优势。技术创新特别是信息技术、互联网技术等高新技术在生态文明建设中的注入，不仅节约成本、提高效率，而且会使人和自然之间建立起一种现代化的关系，既不失自然本身的特征，又强调生产力进步对生态环境的正向回馈，是生态效益、经济效益、社会效益的高度统一。生态文明建设突出我国通过加快科技体制改革，建立面向人才、研发、产品、市场的全方位绿色创新支撑体系。强化企业在技术创新中的主体作用，积极开发新能源、开发利用技术、绿色装备制造技术等。近年来，我国产业结构升级从低技术产业结构向高技术产业结构推进，面向生态文明建设大力推广和使用了节能减排技术，我国很多企业在电动汽车、太阳能发电、无公害食品等环保产品上的技术突破和产业化推进，显示了技术创新引领生态文明建设在产业体系构建和产品改进上发挥出实质性的效应。可以说，生态文明建设的全过程需要生态科技创新源源不断提高驱动力，这也是环境竞争力提升的持久动力所在。

**5. 强调开放合作：以维护全球生态安全保障环境竞争力提升**

生态文明是开放型的文明，不仅是我国环境保护实践过程中的经验总结升华和思想创新，而且也正在成为应对全球环境问题的理念指导。我国从简单地参与国际环境会议到不断思考和增强主动性，从积极促成《联合国气候变化框架公约》到促成巴黎气候变化大会签署《巴黎协定》，再到 G20 杭州峰会达成积极推动《巴黎协定》尽快生效的基本共识，中共十九大报告进一步提出了“积极参与全球环境治理，落实减排承诺”“为全球生态安全作出贡献”等庄严承诺，绿色“一带一路”建设推动构建人类命运共同体。中国坚决把生态利益摆在经济利益之前，把处理经济发展与环境保护关系的经验无偿地对外推广，指导和帮助不发达国家开展生态环境保护，体现了作为发展中大国的责任担当，也是中国对生态环境问题全球性特征的深刻认识，彰显中国作为负责任的大国以开放的姿态携手世界其他国家共同应对全球环境问题的诚意。只有把生态环境问题放到全球化的背景下进行考量，才能够唤醒全世界的环保意识，构筑起生态环保的国际新格局。这是我国推动新一轮对外开放的包容性思维，这种理念虽然无关制度、无关经济发展的差异，但它充分尊重每个国家和地区的主体地位，倡导任何国家和地区都可以在此问题上进行平等的对话和守望相助。为维护全球生态安全，我国积极参与国际绿色经济发展规则和全球可持续发展目标制定，积极参与国际绿色科技交流。我国还积极向世界各国推介我国生态文明建设的规划与实践经验，宣扬绿色发展理念，以期通过中国思想和中国方案的传递，形成全球共同行动的合力。中国生态文明建设的影响力在国际上不断扩大，不仅提高了中国的声誉，赢得了世界的认可，也是中国环境竞争力的软实力所在。

### （二）环境竞争力提升深化了生态文明建设

生态文明建设是在人类发展高级阶段提出的人与自然关系的重构，出发点是人，即提高人的生态环境保护意识，充分发挥人的主观能动性解决环境问题，实现人—自然—社会系统的协调；落脚点也是人，即提升人的生活质量和生活水平，保障人的生存权和发展权，最终实现人的价值。因此，环境竞争力提升又会回馈于人，提升人类福祉，推动生态文明建设的深化。人类福祉是生态文明建设的重要组成部分，也是目标质量。习近平总书记多次提出，“建设生态文明，关系人民福祉，关乎民族未来”“良好的生态环境是最公平的公共产品，是最普惠的民生福祉”。我们党和国家也把人们对美好生活的向往视为奋斗目标，把“美丽”纳入社会主义现代化强国建设的目标中，顺应了人民群众对良好生态环境的新期待，让广大人民群众享有更多的绿色福利、生态福祉。

环境竞争力提升会形成对生态文明建设的反馈作用，不仅把生态文明建设提到一个更高的层次和水平，而且拓展了生态文明建设的视野和空间，如环境基础的不断巩固、环境承载力的不断增强、环境管理能力和水平的提高、环境科技创新能力的增强、环境合作的开展等都为生态文明建设提供有利的手段和条件，推动生态文明建设形成更加丰富的物质成果和精神成果，从根本上增进了人类福祉。环境竞争力在促进生态文明建设转化为人类福祉的过程中发挥了重要的纽带和沟通作用，如图 6－4 所示。

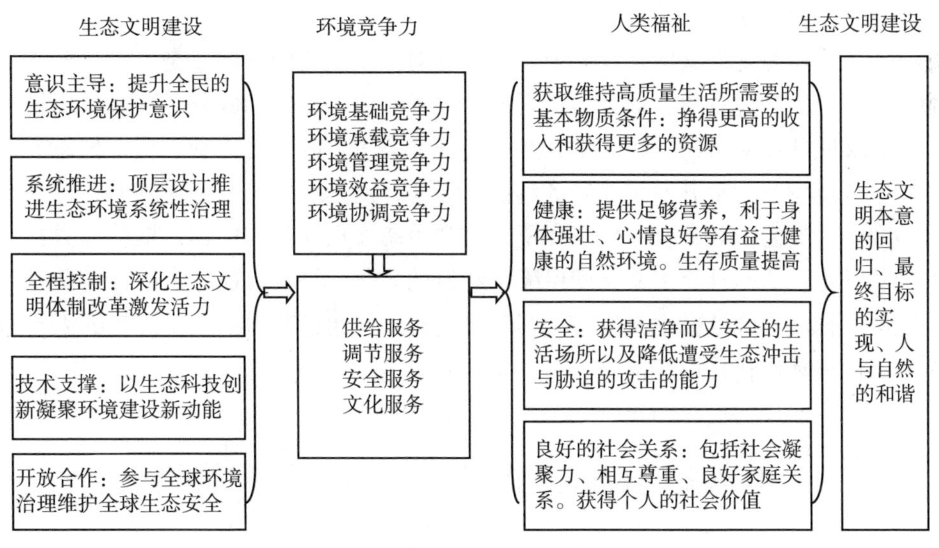


**图 6－4　生态文明—环境竞争力—人类福祉的作用进程**

具体而言，环境竞争力提升可以为人类提供供给服务、调节服务、文化服务和支持服务来增加人类的福祉。第一，环境竞争力的提升可以提高生态生产力水平，建立新的产业部门，生产更多质优、环保、经济的生态产品，为人类提供维持高质量生活所需要的基本物质条件。同时，还可以开发新能源和清洁能源以应对自然资源不断枯竭的威胁，满足人口不断增长而增加的物质产品需求，这是环境竞争力的供给服务的综合体现。第二，环境竞争力的提升会提供调节服务，如环境协调竞争力会进一步促进人口与环境、经济与环境之间的协调，既能满足人们最基本的物质生活质量的改善，又能促进身心健康。对大气、水、土地等污染的防治可以为人类的生存和健康提供最基本的自然空间和干净的食物与饮用水，在调节生产中引导资源的优化配置、促进产业结构升级以适应生态环境变化规律。第三，环境竞争力的提升会构建起更加安全的生态体系、生态廊道和生物多样性保护网络。荒漠化、石漠化、水土流失综合治理以及退耕还林、严格保护耕地等会极大提高生态系统的质量和稳定性。明确环境承载的边界，严格限制在环境可承载的范围内开展活动。环境竞争力的安全服务可以为人类的生存和发展提供更加洁净和安全的生活场所，同时也能一定程度上防止自然灾害的发生，增强抵御自然灾害的能力。第四，环境竞争力提升会提供文化服务，生态文化是一种高品质的文化，是在高质量发展阶段人们高品质的追求，如会强化整个社会的生态伦理，把古代“天人合一”思想与当代生态文明建设相结合，凸显环境竞争力提升的文化内涵。此外，环境竞争力强调在竞争中加强合作，在维护生态安全中承担责任，这也是相互的尊重和包容。

人类福祉是生态文明建设的内容，也是对生态文明的回归，是人与自然和谐的至高境界。环境竞争力提升为实现人类福祉提供了条件和服务，其实质也推动了生态文明建设层次的提升。生态文明与环境竞争力的互动机制表明，生态文明视阈下环境竞争力提升不是以经济利益为导向，而是以生态利益为导向，以人与自然和谐为导向，兼顾全球生态环境改善和生态安全屏障的构建，推动人类社会发展的进步。这是社会主义制度保障下和谐的竞争，是具有最广泛社会群众基础的竞争，推动我国社会主义生态文明建设进程，构建具有中国独特优势的人与自然和谐发展现代化建设新格局。

## 第三节　生态文明视阈下提升中国环境竞争力的价值旨归

对环境问题的研究起初是一个生态学、环境学、地理学等学科的研究范畴，主要研究环境资源的分布、利用和变化规律，后来逐渐引入经济学研究领域，从最终关注人口与自然资源的协调到注重资源的优化配置、环境政策的制定实施、可持续发展的路径探讨，对环境问题的研究从定性的思维引入定量的研究方法，也从静态的内涵属性讨论延伸到动态的发展变化评价。提升环境竞争力既凸显了环境资源的有限性和生态环境治理的紧迫性，也关系到国家和地区的可持续发展，还关系着一个国家或地区在参与国际事务中表现出的地位和影响力。从动态的竞争角度把一个国家和地区的环境承载能力、影响能力、作用力等与其他国家和地区进行比较，凸显环境是可比较的主体对象，通过竞争把环境这一抽象的空间概念更加具体化和形象化。通过不同国家或地区在不同发展阶段上环境竞争力的评价和比较，可以从横向的动态比较中发现某个国家或地区环境的优势劣势所在，从纵向的竞争力动态变化中评价环境政策实施的效果，衡量环境保护的效率。从理论上看，环境竞争力研究本身是对环境理论的拓展和深化，促进了生态学、管理学、经济学等学科的融合，提升中国环境竞争力可以把生态文明建设的内在价值具体化和动态化，凸显中国的理论创新和制度创新可以转化为推动经济社会发展的巨大动力。从实践上看，环境竞争力提升是中国特色社会主义生态文明建设取得的伟大成效，是中国长期的环境保护和治理实践取得的成果和经验总结；是中国参与全球环境竞争的重要筹码，增强中国在全球环境治理中的自信和底气，彰显了生态文明建设理念的先进性和正确性。

建设生态文明是中华民族永续发展的千年大计和根本大计，提升中国环境竞争力要有战略高度和定力，又要有长远的战略眼光。生态文明建设可以为中国参与全球环境竞争中凝聚制度优势、组织优势、结构优势，把提升环境竞争力与中国特色社会主义现代化建设相结合，凸显对内和对外的双重意义。

## 一、对内：有利于夯基础、优结构、激创新

### （一）夯基础：增强社会—经济—环境复合系统的稳定性

改革开放以来，我国经济快速发展，已经成为世界第二大经济体，同时带动了教育、医疗、卫生等社会各项事业进步，文明程度不断提升，但是工业化也带来了资源低效利用、环境污染破坏等生态问题。经济社会的进步与环境的退化形成了鲜明的对比，也激发了两者之间的内在矛盾，严重破坏了社会—经济—环境复合系统的稳定性，在三方支撑的系统中，环境显然是一个短板。提升环境竞争力是对“保护生态环境就是保护生产力、改善生态环境就是发展生产力”的具体实践，不仅可以对环境污染和破坏进行治理与修复，而且在环境与经济社会的物质能量交换中，把生态环境优化的动力转化为推动经济社会发展的动力。当前，

中国经济正处于向高质量发展转变中，向社会主义现代化强国目标迈进需要保障生态环境安全，并从生态环境中不断挖掘中国经济增长的潜力。从复合系统的角度来提升环境竞争力不仅可以补齐环境短板，而且环境的修复和保护的速度要比经济社会的速度更快，生态环境保护要走在经济社会发展的前列，这样才能确保在动态的发展过程中、在更高的发展层面上重新实现社会—经济—环境复合系统的稳定，为中国的可持续发展奠定更加坚实的基础。

### （二）优结构：在转向经济高质量发展中优化结构

我国经济发展进入了新时代的基本特征就是我国经济已由高速增长阶段转向高质量发展阶段。高质量发展意味着我国经济增长要实现新旧动能转换，要激发社会发展活力，从要素驱动为主向以创新驱动为主转变，要着眼于解决人民日益增长的美好生活需要和不平衡不充分的发展之间的矛盾。其中，美好的生态环境是高质量发展的重要方面，提升环境竞争力可以助力经济高质量发展，为我国经济发展注入新动能。着力推动质量变革、效率变革和动力变革，把污染防治作为决胜全面建成小康社会三大攻坚战之一，这对我国环境保护提出了更高的要求，同时也为生态环境建设提供了更大的空间。然而，我国传统的粗放式发展方式以及庞大落后工业体系的改造在短期内仍然会呈现巨大的惯性，僵化的经济结构的调整也需要推动深层次的改革，环境竞争力的提升正好可以成为我国经济结构优化的支点，以生态环境的改善来撬动固化的产业结构和经济结构。环境竞争力的提升有利于提升我国在发展质量和效益上的层次，在参与国际竞争的更加开放的系统中把握我国环境方面的优势和劣势，并把劣势作为环境保护的重点和难点，对照推动高质量发展的指标体系、政策体系、标准体系来优化经济结构和布局。环境竞争力的高质量提升也会形成杠杆效应，撬动产业结构向技术密集型、知识密集型产业为主转变；产品结构向高技术、高附加价值产品转变；效益上向低成本、高经济效益、高生态效益转变，最终形成我国高质量的经济结构。

### （三）激创新：以绿色科技创新推动创新驱动发展战略的实施

环境竞争力提升是一项涉及面广、综合性强的复杂工程，要从生产、流通、分配、消费的全过程进行系统化把握，这需要建立起系统化的生态文明体制，在各个环节中不断思考环境保护体制机制的创新。创新不仅是经济社会发展的动力，也是提升环境竞争力的动力。生态环境污染和破坏的治理是专业性的问题，环境治理、环境修复、环境保护中会涉及环境科学、地理科学、化学、生物等许多学科的专业知识，需要这些学科的发展提供专业的手段。测度环境污染源、污染程度等对人类和其他生物可能产生的影响，对气候变化的影响也是专业的问题，需要有专门的仪器设备和科学的度量手段。提升环境竞争力的硬件和软件设施需求形成了生态科技创新的诉求。在全球掀起的科技创新浪潮中，创新必然向生态环境领域渗透，成为全球环境竞争的重要影响因素。中国环境竞争力提升的内在需求会倒逼开展生态科技创新，围绕生态产业发展和生态产品开发加强关键核心技术攻关，促进绿色技术研发和推广应用，提高绿色标准和能效标准。企业是技术创新的主体，我国环境管理竞争力的提升以及环境体制机制上的创新会对企业形成更高的要求，倒逼企业自觉地开展技术创新，采用节约资源、保护环境的技术以适应更加严格的环保要求。此外，我国环境竞争力的提升会外在地表现为污染防治的成效、更多生态产品的供给、更优美生活环境的营造等，这是最大的民生福祉，激发广大人民群众参与环境保护的积极性和能动性，形成全社会更加广泛的创新力量。

## 二、对外：增实力、赢地位、促和谐

### （一）增实力：提升中国国家竞争力的重要途径

环境竞争力是一个国家和地区综合竞争力的重要组成部分，特别随着国际生态环境保护意识越来越强，以及环境治理在全球治理中的地位越来越高，环境要素在国家综合竞争力评价体系中所占的比重也越来越大。如世界经济论坛的全球竞争力评价指标体系中，长期以来由制度、基础设施、宏观经济环境、商品市场效率等 12 个类别的指标组成，2011 年，该机构调整了竞争力的评价方式，增加了可持续发展指标，并作为竞争力排名重要的衡量标准。在国内经济综合竞争力评价中，无论是全国经济综合竞争力研究中心开展的中国省域经济综合竞争力评价，还是中国社会科学院财经战略研究院开展的城市竞争力评价，都把资源、环境等可持续发展因素作为评价体系的重要组成部分。环境竞争力已经不单单是环境领域的问题，而是与政治、经济、文化、国家主权等非环境领域因素紧密相关，既是一个经济问题，也是一个社会问题，构成了一个国家或地区综合竞争力的重要部分，同时也影响着其他因素的变化。根据国际最新计算 GDP 的方法，生态环境是计算经济成本的重要指标，绿色 GDP 核算方法的完善和推广更是强调生态环境在经济发展中的重要地位。可见，在生态文明建设理念的指导下，提升中国环境竞争力会极大增强中国综合竞争实力，中国在污染治理和生态环境改善中取得的巨大成效见证了中国环境竞争力的提升过程，体现了中国强大的综合国力。

### （二）赢地位：在国际竞争中赢得更多的话语权和主动权

我国是一个发展中国家，又处于工业化中后期阶段，如何妥善处理好经济发展与环境保护的关系对我国国家治理体系和治理能力现代化形成巨大考验。中国作为全球第二大经济体和温室气体排放大国，在全球环境治理中的态度也是全世界关注的焦点。近年来，全球气候变化、国际金融体系改革、核安全和防扩散、贸易保护主义、粮食安全和人口老龄化等与可持续发展相关的全球性议题显著增加，在人类面临的这些难题上，中国并没有选择逃避或者推卸责任，而是积极参与并作出了巨大的努力，如积极开展气候外交，运用包容性思想建设合作共赢、公平合理的全球气候治理体系；为如期达成《巴黎协定》，中国先后同英国、美国、印度、巴西、欧盟、法国等国家联合发表气候变化合作声明，在气候变化合作、推进多边进程中取得了实质性进展，并签署了一系列协议。面对国际贸易保护主义、单边主义、逆全球化等兴起，中国反复强调推动全球化的立场和主张，并通过开展多场主场外交活动表达鲜明的态度和诚意。中国也在国际会议和大型活动中充分阐释了中国生态文明建设的深刻内涵，通过切实的环境保护行动，中国生态文明建设成为全球环境治理的榜样。环境竞争力的不断增强赋予中国参与国际竞争的勇气和底气，中国在全球环境竞争中赢得了更大的全球治理的话语权和主动权，有力地维护了自身的利益。联合国开发计划署署长施泰纳称赞中国的行动拥抱了历史发展的新时期，推动联合国可持续发展目标的实现，“这标志着我们正面向一个全新时代。中国与世界，一起探索未来。”①

### （三）促和谐：在包容性发展中实现互利共赢

一直以来，中国都倡导推动包容和谐的可持续发展，着力于消除贫困、保护环境，确保所有人公平地享有和平与繁荣。长期以来，中国在朝鲜半岛核问题、中东问题、叙利亚危机、联合国维和等诸多问题上始终勇于担当、维护正义，致力于同各国共谋和平、共护和平、共享和平，是世界和平与正义事业的中坚力量。

根据联合国《2015 年千年发展目标报告》显示，中国对全球减贫的贡献率超过 70%，成为世界减贫贡献最大的国家，这不仅是中国积极承担国际社会的

---

① 《写在习近平主席在联合国日内瓦总部发表重要演讲两周年之际》，中国新闻网，http：//www. chinanews. com/gn/2019/01 – 19/8733798. shtml。

道义责任，而且也是中国积极推动全球可持续发展的重大贡献。国家主席习近平在联合国日内瓦总部发表演讲时指出："我们要倡导绿色、低碳、循环、可持续的生产生活方式，平衡推进 2030 年可持续发展议程，不断开拓生产发展、生活富裕、生态良好的文明发展道路。"坚持绿色低碳，建设一个清洁美丽的世界成为构建人类命运共同体的重要方面。中国环境竞争力的提升让中国能更好地发挥推动全球治理的纽带示范作用，并且有能力帮助其他国家，如在不断扩大的南南合作中，中国已经为支持全球减贫、应对气候变化、改善教育和健康等方面作出了很大贡献，通过气候变化南南合作基金，在发展中国家开展低碳示范区、减缓和适应项目，为一些发展中国家应对气候变化提供资金、技术等；主张推进绿色"一带一路"建设，促进沿线国家的包容性增长和绿色增长；呼吁建立包括应对气候变化、卫生、能源安全以及重塑多边机制等全球多边治理机构。中国在全球环境治理中不仅加强同发达国家的合作，也加强同发展中国家的合作，努力发挥沟通发达国家和发展中国家的纽带作用，推动在全球可持续发展中实现包容性和互利共赢。

在新的历史时期和发展阶段上，任何一个国家和地区要在激烈的市场竞争中占据优势，首要就是能妥善解决好生态环境问题。环境问题是一个多层次、多维度、多因素的复杂问题，是融合了自然问题、经济问题、社会问题、技术问题甚至文化问题等多种问题的"复杂体"，其内部各复杂因素相互交叉、相互影响，生态环境问题从本质上看是发展道路问题、经济模式问题、经济结构问题、消费方式问题。随着中国特色社会主义进入新时代，我国社会主要矛盾已经转化为人民日益增长的美好生活需要和不平衡不充分的发展之间的矛盾，美好代表人民的需要是高质量的、有保障的，最基本的就是生存的自然环境空间的美好，保障最基本的生存权和生命权，经济转向高质量发展阶段也意味着生态文明建设可以为广大人民提供高质量的生态产品和服务，经济社会发展有了更加清洁美丽的空间。中共十九大明确了"建成富强民主文明和谐美丽的社会主义现代化强国"的奋斗目标，"美丽"对发展质量和效益提出了更高的要求，"坚持人与自然和谐共生"被纳入新时代坚持和发展中国特色社会主义的基本方略，"建设生态文明是中华民族永续发展的千年大计"的论断把生态文明提高到了人类历史进程中重要的阶段性任务，并且这一阶段是漫长的，不断向前延伸的。理论创新构建了中国社会主义生态文明建设的大框架，也为提升中国环境竞争力搭建了更加宽广的基础，不断凝聚成中国特色社会主义生态文明建设的新优势。

# 第七章

# 生态文明视阈下中国环境竞争力的评价

从第六章生态文明与环境竞争力的作用机理可以看出，环境竞争力是由多个与环境有关的因素构成的综合竞争力，在参与全球环境竞争中，环境竞争力又会受到经济社会发展许多偶然性因素的影响。生态文明建设理论与实践的不断发展创新为中国参与全球环境竞争、提升环境竞争力水平提供了可靠的前提和基础，同时中国环境竞争力提升又要立足全球视野，在与其他国家相互较量中取长补短、汲取经验，明确与其他国家的差距，走出一条具有中国特色和中国优势的环境竞争力提升之路，同时也把中国生态文明理念对外传递。因此，有必要开展对环境竞争力的评价研究，运用环境竞争力的评价方法对当前全球环境竞争力的总体布局和态势进行总体上的把握，明确提升中国环境竞争力的立足点。迄今为止，有不少的学者对环境问题开展评价研究，但是大多数是针对环境绩效、生态行为等方面的评价，从静态上对生态环境表现进行评判，而从动态上对环境竞争方面的开展评价研究的较少。由于环境竞争力很大程度上是由生态环境自身自然条件、经济社会发展水平、环境管理水平等决定的，一般而言，经济社会发展水平较高的国家和地区，其环境的改善和保护程度较好，反之，经济社会发展落后的国家和地区，其环境也较差。因此，本书将主要以发达国家和新兴市场国家作为评价对象开展环境竞争力评价，通过构建一套科学客观的、考虑环境竞争力各影响因素的指标体系，并运用数理评价模型和方法进行评价估计，得出较为客观的评价结果，作为提升中国环境竞争力的重要依据。

# 第一节　环境竞争力评价指标体系的构建

## 一、环境竞争力评价指标体系构建的原则

环境本身是一个复杂的系统，环境竞争力的内涵又十分丰富，可以具体分解为承载力、执行力、影响力、作用力和凝聚力，涵盖了环境基础、环境承载、环境管理、环境效益和环境协调等各个方面，是构建环境竞争力评价指标体系的理论依据和前提，同时生态文明建设理念也要求在环境竞争中更加注重人与自然环境、经济社会发展与环境保护之间的协调。因此，环境竞争力评价指标的选择要有代表性和系统性，剔除不相关或相关性较小的指标，同时又要有目的性和指向性，能直接反映和指向环境竞争力强弱的指标。环境竞争力评价指标体系的构建必须遵循以下几个原则：

一是系统性原则。环境是由多个要素构成的复杂统一体，环境竞争力同时也受多个因素的共同影响，因此环境竞争力评价指标体系是由多个指标构成，这些指标的选择不是任意和无序的，而是分属于环境基础、环境承载、环境管理、环境效益和环境协调等各个方面，这五个方面如同环境竞争力系统中的五个子系统。因此，指标体系在系统内部表现出层次性，即各个具体指标处于基础层面，凝聚成环境基础竞争力、环境承载竞争力、环境管理竞争力、环境效益竞争力和环境协调竞争力，这五个方面的竞争力又凝结成总体环境竞争力。其中上层指标是下层指标的综合，下层指标是上层指标的分解，彼此相互联系，体现环境竞争力鲜明的系统性特征。

二是可比性原则。环境竞争力的评价结果要能在评价对象之间进行比较，从而得出不同主体之间的差距，因此，选择的指标必须能进行量化，具有可比性，同时还要明确各指标的含义、统计口径和范围，使不同主体的同一指标能划成同一单位或同一标准，具有国际上通用的名称和衡量标准。既能进行不同国家和地区之间的横向比较，又能根据时间的动态变化进行时序比较，从时空变化中对环境竞争力进行全面评价衡量，确保评价结果的科学客观，真正反映出环境竞争力的动态变化特征和差距。

三是科学性原则。评价指标的选择不是任意的，而是要立足于环境竞争力的理论基础，在科学理论的指导下设定合理的指标，同时指标又要经得起推敲和论

证。因此，评价指标一方面能诠释环境竞争力内涵、内在的结构特征以及生态文明建设的要求；另一方面又是在统计领域被认可和普遍适用的指标，具有实际意义。此外，指标评价结果具有客观性，指标数据有权威可靠的来源，能揭示环境竞争力动态变化的规律，对提升环境竞争力具有科学的指导意义。

四是独立性原则。为了避免指标的重叠交叉影响评价结果，同时也为了使评价指标体系更加简洁，指标之间要相互独立，特别是同一个层次的指标之间不能存在因果关系，每一个指标都各自表示一个独立方面的意义，相互之间不重叠，也不存在包含关系和交叉关系，否则就会出现某项内容被重复计算，放大了这方面的效应，影响评价结果的客观性和准确性。

五是一致性原则。环境竞争力的评价目标是要对不同国家和地区的环境竞争力水平进行测度并比较，因此，指标的设置必须同时指向这一目标，即指标说明的问题与总体评价的目标是一致的，所有下一层级的目标总和正好等于上一层级的目标，所有指标设定要和总体评价目标一致。

## 二、环境竞争力评价指标体系构建的基本思路

本书根据生态文明建设的基本理念以及环境竞争力的内涵和特征，遵循构建指标体系的五大原则，着眼于环境竞争力的大系统，采取自上而下、层层分解的方法，把指标体系分为系统层、要素层和指标层三个层次，分别对应一级、二级和三级指标，构建了一套适合于对全球不同国家和地区进行评价和比较的指标体系，具体的构建思路为：

第一，以生态文明建设理念为引领，基于生态学、环境经济学、环境科学等方面的理论，立足于环境竞争力的内涵和特征，特别是环境基础、环境承载、环境管理、环境效益和环境协调五大方面的要素，从系统性和层次性的角度出发，考虑指标数据的可获得性，选出有代表性、有针对性、可测算、可比较的评价指标，把全球环境竞争力评价指标体系划分为三个层次，形成目标一致、层次分明的体系结构。

第二，运用熵值法进一步优化评价指标体系，对指标体系中的不同指标赋予不同的权重。熵值法是把不同指标所承载的信息用数值来表示，是赋指标权重时比较常用的方法，通过熵值进一步确定指标的权重，一般认为，熵值越大，表示指标所承载的信息越多，对总体影响的程度越大，则权重也越大，反之，则越小。

第三，根据上一步确立的指标体系，确立分析的数学模型，明确量化方法和

数量计算方法，以及具体的量化过程，并把这一过程编入计算机运行程序。

第四，根据前面确立的指标体系和数学模型，选取部分地区的数据进行模拟计算，检验计算结果是否符合指标体系的五大原则，如果检验结果符合五大原则规定，同时在理论和实际操作上也能解释得通，则说明指标体系的建立是合适的，如果检验的结果不合格，则需要进一步调整指标体系，通过反复模拟验证，最终形成合理的指标体系。

## 三、环境竞争力评价指标的选定

根据前面的理论基础，环境竞争力评价指标体系可以划分为三个层次：系统层、要素层和指标层，其中系统层指标 1 个，即环境竞争力，是最高层级的指标，表示环境系统的综合竞争力，也是各个分级指标的最终目标指向；要素层指标有 5 个，分别为环境基础竞争力、环境承载竞争力、环境管理竞争力、环境效益竞争力和环境协调竞争力，这五个方面的要素既是构成环境竞争力的五个分支，也是五大支撑，构成了环境竞争力的具体架构。5 个要素层指标又分别下设若干个指标，反映 5 个要素层指标的特征如表 7 - 1 所示，共有 42 个指标。

**表 7 - 1　　环境竞争力评价指标体系**

| 系统层指标（一级指标 1 个） | 要素层指标（二级指标 5 个） | 权重 | 指标层指标（三级指标） | 熵权 | 权重 | 指标性质 |
|---|---|---|---|---|---|---|
| 环境竞争力 | 环境基础竞争力 | 0.21364 | 人均国土面积 | 0.01178 | 0.05512 | 正向 |
| | | | 耕地面积占国土面积比重 | 0.03042 | 0.14240 | 正向 |
| | | | 人均耕地面积 | 0.03535 | 0.16545 | 正向 |
| | | | 地均可再生内陆淡水资源量 | 0.02092 | 0.09794 | 正向 |
| | | | 森林覆盖率 | 0.02268 | 0.10615 | 正向 |
| | | | 人均森林面积 | 0.01155 | 0.05408 | 正向 |
| | | | 人均石油存储量 | 0.04070 | 0.19051 | 正向 |
| | | | 人均煤炭存储量 | 0.02671 | 0.12502 | 正向 |
| | | | 人均能源总产量 | 0.01353 | 0.06333 | 正向 |

续表

| 系统层指标（一级指标1个） | 要素层指标（二级指标5个） | 权重 | 指标层指标（三级指标） | 熵权 | 权重 | 指标性质 |
|---|---|---|---|---|---|---|
| 环境竞争力 | 环境承载竞争力 | 0.15727 | 受威胁的鱼类种类 | 0.01327 | 0.08438 | 反向 |
| | | | 受威胁的哺乳动物种类 | 0.01222 | 0.07770 | 反向 |
| | | | 受威胁的鸟类 | 0.01237 | 0.07866 | 反向 |
| | | | 受威胁的植物物种种类 | 0.01411 | 0.08969 | 反向 |
| | | | 陆地和海洋保护区占国土面积的比重 | 0.05331 | 0.33899 | 正向 |
| | | | 可吸入颗粒物（PM10） | 0.01782 | 0.11331 | 反向 |
| | | | 细颗粒物（PM2.5） | 0.01861 | 0.11831 | 反向 |
| | | | 室内空气污染指数 | 0.01556 | 0.09895 | 反向 |
| | 环境管理竞争力 | 0.20925 | 一氧化氮排放量增长率 | 0.02252 | 0.10760 | 反向 |
| | | | 二氧化碳排放量增长率 | 0.02421 | 0.11571 | 反向 |
| | | | 甲烷排放量增长率 | 0.01169 | 0.05586 | 反向 |
| | | | 地均二氧化碳排放量 | 0.04333 | 0.20707 | 反向 |
| | | | 单位能源消耗的二氧化碳排放量 | 0.03205 | 0.15317 | 反向 |
| | | | 可替代能源和核能占能源消耗总量比重 | 0.03033 | 0.14493 | 正向 |
| | | | 农业用地占国土面积比重 | 0.01989 | 0.09505 | 正向 |
| | | | 化石燃料能耗占能源消耗总量比重 | 0.02524 | 0.12061 | 反向 |
| | 环境效益竞争力 | 0.16331 | 获得改善水源的农村人口占总人口比重 | 0.01343 | 0.08223 | 正向 |
| | | | 获得改善水源的城市人口占总人口比重 | 0.01331 | 0.08149 | 正向 |
| | | | 农村卫生设施改善人口占总人口比重 | 0.01342 | 0.08217 | 正向 |
| | | | 城市卫生设施改善人口占总人口比重 | 0.01344 | 0.08229 | 正向 |

续表

| 系统层指标（一级指标1个） | 要素层指标（二级指标5个） | 权重 | 指标层指标（三级指标） | 熵权 | 权重 | 指标性质 |
| --- | --- | --- | --- | --- | --- | --- |
| 环境竞争力 | 环境效益竞争力 | 0.16331 | 单位耕地农业淡水抽取量 | 0.01173 | 0.07182 | 反向 |
| | | | 单位耕地化肥使用量 | 0.01165 | 0.07133 | 反向 |
| | | | 单位工业增加值二氧化硫排放量 | 0.04302 | 0.26341 | 反向 |
| | | | 单位工业增加值电耗 | 0.03147 | 0.19272 | 反向 |
| | | | 单位工业增加值淡水抽取量 | 0.01185 | 0.07255 | 反向 |
| | 环境协调竞争力 | 0.25663 | 人均可再生内陆淡水资源 | 0.03448 | 0.13436 | 正向 |
| | | | 人均二氧化硫排放量 | 0.03414 | 0.13303 | 反向 |
| | | | 人均二氧化碳排放量 | 0.03537 | 0.13781 | 反向 |
| | | | 人均能源消耗量 | 0.00195 | 0.00760 | 反向 |
| | | | 土地资源利用效率 | 0.04954 | 0.19304 | 正向 |
| | | | 单位 GDP 二氧化硫排放量 | 0.03286 | 0.12804 | 反向 |
| | | | 单位 GDP 二氧化碳排放量 | 0.03548 | 0.13826 | 反向 |
| | | | 单位 GDP 能源消耗 | 0.03282 | 0.12788 | 反向 |

**1. 环境基础竞争力指标**

环境基础竞争力下设9个三级指标，环境基础竞争力主要指的是一个国家或地区环境保护和改善所依附的基本条件，一般是自然资源，这是一个国家或地区先天性的天然优势，如土地资源、水资源、森林资源、矿产资源等一般是先天形成的，这些资源存储量的多寡直接影响经济社会发展依赖的物质条件，是生态环境和资源环境的优势所在。又因为资源的多寡是相对于人口而言的，因此指标多用人均量来表示，反映环境基础对人口的支撑作用，也表明人口的多寡对环境基础的影响。

**2. 环境承载竞争力指标**

环境承载竞争力下设8个三级指标，环境承载竞争力表示环境的容纳能力，一旦超过了容纳阈值，生态环境中的各种生物和非生物的可持续性就会受到威胁，选择受威胁的鱼类种类、哺乳动物种类、鸟类、植物物种种类等指标反映各生物在生态环境中的生存状态，环境承载力越强，则受威胁的生物品种就越少。陆地和海洋保护区面积的比重反映了动植物生存的空间，反映大气质量的可吸入颗粒物、细颗粒物、室内空气污染指数则是人类生存载体的重要衡量指标。

**3. 环境管理竞争力指标**

环境管理竞争力下设8个三级指标，环境管理竞争力表示政府部门对环境治理的能力和水平，一般治理的政策实施过程很难通过量化的数据来体现，但是可以通过治理的结果来反映环境管理的成效，一氧化氮排放量增长率、二氧化碳排放量增长率、甲烷排放量增长率、地均二氧化碳排放量、单位能源消耗的二氧化碳排放量等，这些反映污染物排放的指标值越小，表示环境管理取得的成效越大，环境管理能力越强。可替代能源和核能占能源消耗总量比重、农业用地占国土面积的比重、化石燃料能耗占能量消耗总量的比重等指标也反映了对资源能源合理利用的管理。

**4. 环境效益竞争力指标**

环境效益竞争力下设9个三级指标，环境效益竞争力是环境保护和治理所取得的成效，是环境保护效率的体现，一般而言，环境治理的力度大、效率高，环境改善也越明显，环境效益竞争力越强。单位耕地农业淡水抽取量、单位耕地化肥使用量、单位工业增加值二氧化硫排放量、单位工业增加值电耗、单位工业增加值淡水抽取量等指标反映了资源能源的投入产出效益，以及产出的增长带来的资源能源节约。获得改善水源的农村和城市人口占总人口比重、城市和农村卫生设施改善人口占总人口比重反映了生态环境改善带来了人口生存和发展条件的改善，水和卫生设施是最基本的生活保障。

**5. 环境协调竞争力指标**

环境协调竞争力下设8个三级指标，环境协调竞争力主要反映了在人—环境—经济系统中各要素相互融合、和谐相处，具体可以分为人与环境的协调和经济与环境的协调。人均可再生内陆淡水资源量、人均二氧化硫排放量、人均二氧化碳排放量、人均能源消耗量等指标反映人与环境的协调，土地资源利用效率、单位GDP二氧化硫排放量、单位GDP二氧化碳排放量、单位GDP能源消耗代表经济与环境的协调。环境协调竞争力关系着经济社会的可持续发展和实现人—环境—经济系统内部的良性循环。

环境竞争力评价指标体系由系统层、要素层、指标层三个层次构成，这三层指标分别对应为1个一级指标，5个二级指标，42个三级指标，其中系统层指标和要素层指标属于上层指标，是由指标层指标合成的间接指标。指标层指标是基础性指标，可直接通过数据进行测度，在评价过程中尽可能运用现行统计体系中公开发布的数据，主要从联合国、世界银行等国际机构数据库中进行采集，从而确保各个指标在国际上的一致性和可比性。

## 第二节　环境竞争力评价的数学模型与方法

构建起环境竞争力的评价指标体系后，要进一步构建环境竞争力评价的数学模型，即评价指标体系中的数据应该运用怎样的方法进行合成和处理，把各指标看似繁杂的数据最后拟合成代表总体环境竞争力水平的数据，一旦建立了数学模型并选择了合适的评价方法，只需要把搜集的数据输入既定的模型就可以得到相应的评价结果，过程简单方便。建立数学模型主要分四个步骤来完成。一是选择评价对象；二是对评价指标进行无量纲化处理；三是运用熵值法对评价指标赋予相应的权重；四是建立数学模型。

### 一、评价对象的选择

在确定数学模型和方法之前，必须先明确评价对象，这样才能有针对性地搜集评价对象的指标数据，并进一步运用模型和方法。环境竞争力是一种综合竞争力，和环境发展水平较差的国家相比没有意义，比不出自己的真正优势所在，只有和环境发展水平较好的国家相比，才能看到自己的优势和不足。当前，全球环境发展水平较高的国家主要是发达国家，发达国家历经了后工业化时代的环境治理，生态环境水平普遍达到了较优的层次。同时还要与我国经济发展水平相当的国家进行比较，得出在同等经济发展水平下环境竞争力的差异，比较经济发展与环境保护的协调程度，得出我国环境竞争力不足的症结所在。因此，本书主要选择经济合作与发展组织（OECD）、20 国集团（G20）和金砖国家作为评价对象。经济合作与发展组织（OECD）是由 36 个市场经济国家组成的政府间国际经济组织，集中了世界上最发达的国家，这些国家不仅在经济、科技等方面走在世界的前列，而且生态环境保护也取得了极大的成效，由耶鲁大学与哥伦比亚大学的科学家发布的 2018 年全球环境保护绩效指数（EPI）排名中，排名前五位的瑞士、法国、丹麦、马耳他和瑞典，其中有 4 个是 OECD 国家，其他的 OECD 国家也均排在前列。20 国集团（G20）是由发达国家和新兴经济体组成的国际经济合作论坛，是全球治理的重要平台，同时也对环境治理事务等开展谈判和磋商，特别是新兴经济体的崛起，不仅注重改善自身生态环境，同时也积极参与全球环境治理，争取全球环境治理话语权。金砖国家是由中国、俄罗斯、印度、巴西、南非五个发展前景较好的新兴市场国家组成，在经济发展进程中面临着环境保护的压力，是发展中国家的重要代表。因此，OECD、G20、金砖国家聚集了全球环境竞争最激烈的国家和地区，是发达国家和新兴发展中国家的代表。本书也主要以这些国家和地区为评价对象，对这些国家的环境竞争力开展评价和比较，同时，中国环境竞争力在与这些国家进行比较时能更有效的从中找出差距，确定中国环境竞争力的薄弱环节，找出提升中国环境竞争力的着力点。由于 OECD 国家和 G20 国家、金砖国家有重叠，最后共选定 43 个国家：阿根廷、澳大利亚、奥地利、比利时、巴西、加拿大、瑞士、智利、中国、捷克、德国、丹麦、西班牙、爱沙尼亚、芬兰、法国、英国、希腊、匈牙利、印度尼西亚、印度、爱尔兰、冰岛、以色列、意大利、日本、韩国、卢森堡、拉脱维亚、墨西哥、荷兰、挪威、新西兰、波兰、葡萄牙、斯洛伐克、斯洛文尼亚、瑞典、美国、俄罗斯、沙特阿拉伯、土耳其、南非。

## 二、评价指标无量纲化处理

由于评价指标体系中指标层指标（三级指标）的计量单位和量纲不同，不能直接进行比较，而且数值之间的差异也很大，有些是总量指标，数值很大，有些是均量指标和比值指标，数值较小，甚至以百分数表示，这些指标不能直接进行比较，也不能直接汇总，必须进行无量纲化处理，将其变换为指数数值或分值后，才能进行综合计算和比较。常用的无量纲化的方法主要有总和标准化、标准差标准化、极大值标准化、级差标准化四种。本书主要采用最常使用的功效系数法来对要素层指标进行无量纲化处理。由于指标又分为正向指标和反向指标，运用无量纲化处理的公式和方法不同，正向指标值的大小与评价目标的方向相同，即指标值越大，越有利于提升环境竞争力，反向指标正好相反，反向指标值越大，反而越会降低环境竞争力，对不同作用方向指标的无量纲化处理的公式如下：

当指标为正向指标（对上级指标产生正向影响）时，第 i 个指标的无量纲化值 $V_i$ 为：

$$v_{ij} = \frac{x_{ij} - \min(x_j)}{\max(x_j) - \min(x_j)} \times 100 \tag{7.1}$$

当指标为反向指标（对上级指标产生负向影响）时，第 i 个指标的无量纲化值 $V_i$ 为：

$$v_{ij} = \frac{\max(x_j) - x_{ij}}{\max(x_j) - \min(x_j)} \times 100 \tag{7.2}$$

其中，$V_{ij}$代表第 i 个指标无量纲化处理后的值，称为第 i 个指标的无量纲化值；$x_{ij}$为该指标的原始值，$max(x_j)$ 和 $min(x_j)$ 分别代表参加比较的同类指标中的最大原始值和最小原始值。无量纲化处理后，每个指标的数值都在 0～100 之间，指标值越趋近于 100，表示这一指标的竞争优势相对越明显，对环境竞争力的影响越大。

## 三、评价指标的权重确定

评价指标的权重确定也有多种方法，比较常用的有层次分析法、熵值法等，层次分析法相对会比较简单一些，而且对系统进行分层后可以把多目标、多准则又难以全部量化处理的问题化为多层次单目标问题，计算过程简单，计算的结果也直观明了，可以比较容易总结出其中的规律。但是层次分析法的指标权重主要通过主观的方式给出，个人的主观偏见较大，结果会产生较大的误差。因此，本书主要采用熵值法进行分析。熵值法是利用信息的无序度来衡量信息的效用值，熵原本是一个信息论的概念，用来对不确定性大小的衡量，一般而言，如果评价指标承载的信息量越大，且结果就越稳定，确定性越小，熵也就越小；反之，熵越大表示信息量越小，不确定性也越大。因此，可根据各项指标的变异程度，利用信息熵这个工具，计算出各个指标的权重，为多指标综合评价提供依据。所以，熵值法是一种客观赋权法，根据观测指标的信息量的大小来确定指标的权重，由于不同年份的基础数据不同，熵值的计算结果也不相同，因此不同年份指标体系中的各指标的权重也不相同，每一年份的权重都需要重新计算一次，相对于层次分析法而言比较麻烦，但是如果运用计算机事先将数学模型设定好，只要输入数据就可以自动得到结果，可以大大简化操作过程。运用熵值法求权重的具体步骤如下：

**1. 设立原始指标数据矩阵**

假定被评价对象集合为 $M=(M_1, M_2, \cdots, M_m)$，评价指标集合为 $D=(D_1, D_2, \cdots, D_n)$，评价对象 $M_i$ 对指标 $D_j$ 的样本值记作 $x_{ij}$，其中 $i=1, 2, \cdots, m$；$j=1, 2, \cdots, n$，则形成原始数据矩阵为：

$$I=\begin{pmatrix} & D_1 & D_2 & \cdots & D_n \\ M_1 & x_{11} & x_{12} & \cdots & x_{1n} \\ M_2 & x_{21} & x_{22} & \cdots & x_{2n} \\ \vdots & \vdots & \vdots & & \vdots \\ M_m & x_{m1} & x_{m2} & \cdots & x_{mn} \end{pmatrix}$$

其中，在本书的评价对象为43个国家（m=43），D代表指标层指标的个数即三层基础指标（n=43）。

**2. 对原始数据矩阵进行标准化处理**

根据前面的评价指标无量纲化处理的步骤和方法对搜集而得的数据进行标准化处理。

**3. 计算特征比重和熵值**

对某个指标 $D_j$，$V_{ij}$的值离散程度越大，其信息无序程度越高，表明该指标向最终评价目标——环境竞争力提供的信息量就越大，其熵值就越小。设第j个指标下的第i个评价对象的特征比重为 $p_{ij}$，为标准化后的值除以所有评价对象这一指标值的总和，记为：

$$p_{ij} = \frac{V_{ij}}{\sum_{i=1}^{m} V_{ij}} \quad (0 \leqslant p_{ij} \leqslant 1) \tag{7.3}$$

根据计算而得的特征比重 $p_{ij}$的值，可进一步计算得到第j个指标的熵值 $e_j$：

$$e_j = -\frac{1}{\ln(m)} \sum_{i=1}^{m} p_{ij} \ln(p_{ij}) \quad (p_{ij} = 0 \text{ 时，定义 } \ln(p_{ij}) = 0) \tag{7.4}$$

**4. 计算差异系数和熵权**

接下来进一步计算差异系数，熵值越大，则差异系数越小，实际反映就是指标的差异性越小，能提供的信息量就越小。差异系数等于1减去熵值，因此，第j项指标的差异系数 $d_j$ 为：

$$d_j = 1 - e_j \tag{7.5}$$

根据差异系数进一步计算熵权，熵权和熵值不一样，熵权表示的是权重，熵权和熵值之间是呈反方向变化的关系，记为：

$$w_j = \frac{d_j}{n - \sum e_j} \quad (j = 1, 2, \cdots, n) \tag{7.6}$$

鉴于分母为定值，因此，差异系数越大，该指标提供的信息量就越大，熵权也就越大。

**5. 计算上级指标累积熵权**

上级指标的熵权是根据下级指标的熵权累计而得，在得到三级指标的熵权后，将各二级指标所对应的三级指标熵权 $w_j$ 相加，加总后的熵权值就是其对应的二级指标的累计熵权值。

在计算出指标层三级指标熵权的基础上，可进一步计算三级指标的权重，从而化成同一二级指标下的三级指标权重加总等于1，具体计算方法为将某个二级指标下的所有三级指标的熵权值加总得到累积熵权值，然后把每个三级指标的熵权除以对应的累积熵权值综合便可以计算出权重。因系统层（一级指标）即环境竞争力的总权重为1，因此各二级指标的权重就等于其累积熵权。以2017年的数据为例，可以计算出环境竞争力评价指标体系的熵权和权重值（见表7－1）。

## 四、环境竞争力数学模型的建立

各指标的权重确定后，接下来就是构建环境竞争力的数学模型，主要是利用模型计算出作为评价对象的各个国家环境竞争力的综合得分和各二级指标得分，所得的分值越高，表示该国的环境竞争力就越强。各二级指标的得分可以看出在总体环境竞争力内部，哪些是环境竞争力的优势，哪些是短板，也可用于进一步对各国环境竞争力进行细化比较。具体的全球环境竞争力模型为：

$$Y_i^1 = \sum_{j=1}^{m} \sum_{k=1}^{n} x_{ijk} w_{ijk} \tag{7.7}$$

$$Y_{ij}^2 = \sum_{k=1}^{n} x_{ijk} w_{ijk} \tag{7.8}$$

式（7.7）和式（7.8）中，$Y_i^1$ 为环境竞争力的综合评价分值，为第 i 个二级指标的评价分值，$Y_{ij}^2$为第 j 个要素指标的评价分值，$x_{ijk}$为第 i 个二级指标第 j 个三级指标无量纲化后的数据值，$w_{ijk}$为该基础指标的权重，把各三级指标的数值与相应的权重相乘后即得到了这一指标的分数，把二级指标下属的所有三级指标的分数加总便得到这个二级指标的总分数。同理，把所有二级指标的分数乘以二级指标相对应的权重加总后即可得到最终环境竞争力的总分数。m 为二级指标的个数，n 为各二级指标所对应的三级指标的个数。

环境竞争力模型建立后，对各个国家进行环境竞争力评价时，在同一年份中，只需要输入该国家的指标层指标的无量纲数据值就可以得到该国的环境竞争力评价分值，以及在计算机系统的自动计算下得出各个要素层的评价得分和总的系统层评价得分。在不同年份，需要重新运用熵值法计算权重，然后用同样的方法输入数据得到环境竞争力评价得分。最终根据所得的分数从横向上和纵向上对各国的环境竞争力进行综合评价，根据综合得分对所有国家进行排序、比较和分析。

## 五、环境竞争力的评价方法

在进行各个国家的环境竞争力评价时，由于涉及的国家数量较多，同时在国际数据搜集中发现有些国家以往年份的数据缺失较多，过多对缺失数据人为处理会影响评价结果的客观性，根据数据的可得性和计算上的可操作性，本书对评价的对象、区域和时段进行了限制。首先在评价时段上，由于国际数据公布一般滞后两年，根据可搜集的国际发布的统计数据，目前大多数据最新年份是2017年，同时又要体现出环境竞争力的动态变化，因此，本书对环境竞争力评价的年度定为2010年和2017年，既能对各个国家当前环境竞争力的状况进行比较，同时又能反映出从2010～2017年的排位动态变化情况。其次，环境竞争力的评价对象包括OECD、G20和金砖国家，总共43个国家，涵盖了发展较快、环境竞争实力较强的多个发达国家和新兴经济体国家，并可进一步对这些国家进行分区域和分类别研究。

根据已确定的指标体系，运用统计分析方法先对一些比较重要的指标进行分析，然后再对环境竞争力的各级指标进行评价和比较分析。为方便对评价结果进行分析，设定了排位区段的划分标准，更好地判断评价对象国家在环境竞争力中所处的位段，按照排位划分成1～10位、11～20位、21～30位、31～43位四个区段。

由于综合环境竞争力得分是由五个二级指标得分加总而得，每个国家不仅总体环境竞争力水平有差异，并且各个二级指标的得分也有差异，为了体现这种差异性，可以测算各二级指标在环境竞争力中的贡献度，得出每个国家和地区环境竞争力的优势和劣势所在。

$$T_i = (Y_i^2 \times w_i)/Y_i^1 \tag{7.9}$$

$T_i$ 表示第i个二级指标对综合得分的贡献度，$w_i$ 表示第i个二级指标的权重，计算出来的结果显示每个二级指标对一级指标的贡献度是不同的，不同国家之间的差异较大，可以就各个国家的二级指标进行对比，以反映各二级指标在评价对象中的位次。

## 第三节　环境竞争力的评价

根据已构建的指标体系查找数据，为了确保数据权威性和可比性，数据主要来源于联合国、世界银行等国际机构网站公布的统计数据，在完成数据搜集的基础上，可以根据确定的数学模型和方法开展环境竞争力评价。

## 一、环境竞争力部分评价指标比较

气候变化和能源消耗是全球环境中较为突出的两大问题，通过对评价国家2017年气候变化以及资源能源消耗相关指标比较可以大致看出各国环境情况的差异。表7－2是43个评价国家二氧化碳排放总量和温室气体排放总量的情况。二氧化碳排放是造成温室效应的重要因素，也是各个国家和地区在碳减排承诺中要着力控制的指标，从总体上看，欧洲国家的二氧化碳排放总量较少，且排放量逐年降低，而部分发达国家和新兴发展中国家二氧化碳排放总量总体处于较高水平，且仍处于增长的趋势。其中，2005～2017年，中国一直是世界上二氧化碳排放总量最大的国家，2017年的排放总量达10877.22吨，大约是排在第二位的美国的5107.39吨排放量的2倍。从增长率来看，印度二氧化碳排放量增长最快，2005～2017年增长了102.75%，然后是沙特阿拉伯，增长了88.18%，中国也增长了73.67%，发达国家以及欧洲国家几乎都处于下降趋势。新兴发展中国家不仅碳排放的总量较多，且处于增长趋势，对全球气候变化形成了巨大压力。从温室气体排放总量来看，中国仍居榜首，2017年的排放总量是12454.71吨，占全球排放总量的27.51%，美国第二，排放总量占全球的14.75%，中美两国的排放总量就超过了全球排放总量的40%，理应在应对全球气候变化中承担积极责任，并为全球碳减排作出积极贡献。欧洲国家二氧化碳排放量总体较小，2017年多数国家排放量都在100吨以下，欧洲国家在控制温室气体排放中积累了丰富的经验。根据国际能源署（IEA）发布的报告数据，2018年全球能源相关二氧化碳排放达331亿吨，比2017年增长1.7%，报告进一步指出，受益于能源高效技术及低碳推广，全球碳排放2014～2016年间曾保持平稳，但2017～2018年出现反弹，主要原因是经济竞争的需求导致全球能源消费的大幅度增长，而新兴能源的增长速度不及能源需求增加的速度，导致煤炭使用增加，从而使碳排放自2017年反弹升高后再次攀升。①

---

① 国际能源署：《2018年全球碳排放创新高　需采取行动》，人民网，http：//world.people.com.cn/n1/2019/0327/c1002－30998484.html。

表 7-2　　2017 年评价国家影响气候变化部分指标比较

| 国家 | 二氧化碳排放总量 | | | 国家 | 温室气体排放量 | |
|---|---|---|---|---|---|---|
| | 2005 年（吨） | 2017 年（吨） | 占全球比重（%） | | 2017 年（吨） | 增长率（%） |
| 中国 | 6263.06 | 10877.22 | 73.67 | 中国 | 12454.71 | 27.51 |
| 美国 | 5971.57 | 5107.39 | -14.47 | 美国 | 6673.45 | 14.75 |
| 印度 | 1210.75 | 2454.77 | 102.75 | 印度 | 2379.17 | 6.43 |
| 俄罗斯 | 1733.95 | 1764.87 | 1.78 | 俄罗斯 | 2199.12 | 4.86 |
| 日本 | 1276.86 | 1320.78 | 3.44 | 日本 | 1353.35 | 2.99 |
| 德国 | 837.28 | 796.53 | -4.87 | 巴西 | 1017.87 | 2.25 |
| 韩国 | 514.95 | 673.32 | 30.76 | 德国 | 894.06 | 1.98 |
| 沙特阿拉伯 | 339.44 | 638.76 | 88.18 | 印度尼西亚 | 744.34 | 1.64 |
| 加拿大 | 581.27 | 617.30 | 6.20 | 加拿大 | 738.38 | 1.63 |
| 印度尼西亚 | 359.99 | 511.33 | 42.04 | 墨西哥 | 733.01 | 1.62 |
| 墨西哥 | 448.17 | 507.18 | 13.17 | 韩国 | 673.54 | 1.49 |
| 巴西 | 380.77 | 492.79 | 29.42 | 澳大利亚 | 580.10 | 1.28 |
| 南非 | 433.17 | 467.65 | 7.96 | 沙特阿拉伯 | 546.82 | 1.21 |
| 土耳其 | 246.17 | 429.56 | 74.50 | 英国 | 546.26 | 1.20 |
| 澳大利亚 | 391.59 | 402.25 | 2.72 | 南非 | 510.24 | 1.13 |
| 英国 | 561.54 | 379.15 | -32.48 | 法国 | 440.85 | 0.97 |
| 意大利 | 498.21 | 361.18 | -27.50 | 意大利 | 420.82 | 0.93 |
| 法国 | 408.16 | 338.19 | -17.14 | 土耳其 | 408.46 | 0.90 |
| 波兰 | 316.26 | 319.03 | 0.88 | 波兰 | 361.19 | 0.80 |
| 西班牙 | 368.95 | 282.36 | -23.47 | 阿根廷 | 334.24 | 0.74 |
| 阿根廷 | 165.43 | 209.97 | 26.92 | 西班牙 | 306.61 | 0.68 |
| 荷兰 | 181.43 | 174.77 | -3.67 | 荷兰 | 186.78 | 0.41 |
| 捷克 | 127.16 | 109.76 | -13.68 | 捷克 | 120.99 | 0.27 |
| 比利时 | 118.71 | 104.22 | -12.20 | 比利时 | 113.41 | 0.25 |
| 智利 | 59.75 | 90.33 | 51.18 | 智利 | 103.56 | 0.23 |
| 奥地利 | 80.99 | 72.25 | -10.80 | 以色列 | 89.59 | 0.20 |
| 希腊 | 104.84 | 72.15 | -31.18 | 希腊 | 86.97 | 0.19 |

续表

| 国家 | 二氧化碳排放总量 | | | 国家 | 温室气体排放量 | |
|---|---|---|---|---|---|---|
| | 2005 年（吨） | 2017 年（吨） | 占全球比重（%） | | 2017 年（吨） | 增长率（%） |
| 以色列 | 62.15 | 66.92 | 7.67 | 奥地利 | 78.47 | 0.17 |
| 葡萄牙 | 68.08 | 56.77 | -16.61 | 新西兰 | 75.09 | 0.17 |
| 斯洛伐克共和国 | 43.00 | 55.02 | 27.95 | 芬兰 | 63.53 | 0.14 |
| 瑞典 | 55.88 | 50.87 | -8.95 | 葡萄牙 | 62.03 | 0.14 |
| 匈牙利 | 59.76 | 50.86 | -14.90 | 爱尔兰 | 59.21 | 0.13 |
| 挪威 | 44.19 | 46.94 | 6.23 | 匈牙利 | 56.92 | 0.13 |
| 芬兰 | 58.36 | 46.85 | -19.73 | 丹麦 | 52.89 | 0.12 |
| 瑞士 | 47.16 | 39.74 | -15.74 | 瑞士 | 51.57 | 0.11 |
| 爱尔兰 | 47.28 | 38.91 | -17.69 | 瑞典 | 50.85 | 0.11 |
| 斯洛文尼亚 | 42.19 | 37.86 | -10.28 | 挪威 | 46.59 | 0.10 |
| 新西兰 | 36.75 | 36.80 | 0.13 | 斯洛伐克共和国 | 40.32 | 0.09 |
| 丹麦 | 51.49 | 33.57 | -34.79 | 爱沙尼亚 | 23.35 | 0.05 |
| 爱沙尼亚 | 19.64 | 17.89 | -8.92 | 斯洛文尼亚 | 18.02 | 0.04 |
| 卢森堡 | 12.16 | 9.54 | -21.52 | 拉脱维亚 | 12.64 | 0.03 |
| 拉脱维亚 | 8.24 | 8.05 | -2.34 | 卢森堡 | 11.29 | 0.02 |
| 冰岛 | 3.17 | 4.10 | 29.24 | 冰岛 | 2.93 | 0.01 |

资料来源：世界银行数据库。

资源能源是经济社会发展重要的物质基础，资源能源消耗对生态环境的影响主要有两个方面，一是很多的资源能源是不可再生的，粗放式的生产方式会造成资源能源的浪费，导致经济社会发展的不可持续；二是资源能源特别是化石能源的大量使用和低效使用会排放大量的温室气体，造成环境污染以及引发全球气候变暖。表7-3是2005~2017年部分评价国家能源使用情况，从能源消耗总量上看，中国和美国排在全球能源消耗的前两位，新兴发展中国家的能源消耗量总体大于发达国家的能源消耗量。从能源消耗的增长趋势看，2005~2017年，印度、沙特阿拉伯、土耳其三个国家的能源消耗增长率均超过80%，中国能源消耗总量增长了74.23%，发达国家的能源消耗量普遍呈下降趋势，美国虽然是能源消耗大国，但能源消耗在此期间减少了5.08%，英国下降得最多，下降了21.2%。根据国际能源署（IEA）发布的报告，2018年全球碳排放增加主要是中国和美国，其中，中国2018年能源消费增长1.07亿吨（其中天然气增加3600亿吨、石油增加2000亿吨、煤炭增加1900亿吨）标准油当量，比2017年增长3.5%，占全球能源消费增量的1/3。美国2018年能源消费增长8000万吨标准油当量（其中天然气增加6700亿吨），比2017年增长3.7%，约占全球能源消费增量的1/4。①

**表7-3　2005～2017年部分评价国家能源使用情况比较**

| 国家 | 能源消耗总量（百万吨石油当量） | | | 单位GDP能耗（购买力平价美元/千克石油当量） | | | 可再生能源在电力生产中的份额（%） | |
|---|---|---|---|---|---|---|---|---|
| | 2005年 | 2017年 | 变动率（%） | 2005年 | 2017年 | 变动率（%） | 2005年 | 2017年 |
| 中国 | 1782.03 | 3104.87 | 74.23 | 0.224 | 0.138 | -38.71 | 16.18 | 25.97 |
| 美国 | 2319.37 | 2201.44 | -5.08 | 0.148 | 0.118 | -20.65 | 9.12 | 17.66 |
| 印度 | 516.16 | 933.93 | 80.94 | 0.133 | 0.102 | -23.57 | 16.62 | 16.29 |
| 俄罗斯 | 651.21 | 744.11 | 14.26 | 0.239 | 0.211 | -11.65 | 18.37 | 17.51 |
| 日本 | 519.04 | 428.99 | -17.35 | 0.106 | 0.081 | -23.61 | 9.20 | 17.79 |
| 德国 | 337.11 | 314.32 | -6.76 | 0.099 | 0.077 | -22.02 | 11.13 | 33.98 |
| 韩国 | 213.88 | 295.78 | 38.29 | 0.173 | 0.159 | -7.94 | 1.43 | 3.36 |
| 巴西 | 215.56 | 290.72 | 34.87 | 0.088 | 0.093 | 5.68 | 87.12 | 79.71 |
| 加拿大 | 272.42 | 287.35 | 5.48 | 0.203 | 0.173 | -14.38 | 60.04 | 64.71 |
| 法国 | 270.74 | 243.12 | -10.20 | 0.108 | 0.086 | -19.87 | 10.62 | 17.56 |
| 印度尼西亚 | 179.22 | 239.98 | 33.90 | 0.109 | 0.076 | -29.90 | 13.61 | 12.32 |
| 沙特阿拉伯 | 122.55 | 224.11 | 82.87 | 0.106 | 0.129 | 22.08 | 0.00 | 0.00 |
| 墨西哥 | 178.29 | 186.00 | 4.32 | 0.104 | 0.082 | -21.18 | 15.20 | 16.56 |
| 英国 | 222.77 | 175.54 | -21.20 | 0.092 | 0.062 | -32.29 | 4.99 | 30.16 |
| 意大利 | 186.45 | 153.37 | -17.74 | 0.079 | 0.066 | -15.80 | 18.21 | 35.74 |
| 土耳其 | 84.20 | 151.59 | 80.02 | 0.074 | 0.074 | 0.74 | 24.54 | 29.46 |
| 南非 | 128.23 | 139.97 | 9.16 | 0.229 | 0.190 | -16.74 | 1.83 | 4.17 |

① 《2018年全球碳排放何以反弹：中国和美国化石能源消费增长均超过可再生能源》，中国碳排放交易网，http://www.tanpaifang.com/qingjienengyuan/2019/0416/63585.html。

续表

| 国家 | 能源消耗总量（百万吨石油当量） | | | 单位 GDP 能耗（购买力平价美元/千克石油当量） | | | 可再生能源在电力生产中的份额（%） | |
|---|---|---|---|---|---|---|---|---|
| | 2005 年 | 2017 年 | 变动率（%） | 2005 年 | 2017 年 | 变动率（%） | 2005 年 | 2017 年 |
| 澳大利亚 | 113.48 | 128.85 | 13.55 | 0.135 | 0.111 | -17.85 | 8.92 | 14.95 |
| 波兰 | 92.31 | 103.86 | 12.51 | 0.133 | 0.095 | -27.95 | 3.46 | 15.48 |
| 阿根廷 | 66.92 | 85.57 | 27.86 | 0.103 | 0.097 | -6.45 | 33.69 | 28.23 |
| 荷兰 | 81.36 | 75.69 | -6.97 | 0.107 | 0.086 | -20.09 | 7.45 | 14.84 |
| 比利时 | 58.19 | 55.59 | -4.47 | 0.127 | 0.105 | -17.51 | 3.93 | 18.65 |
| 瑞典 | 51.52 | 49.12 | -4.67 | 0.132 | 0.099 | -25.16 | 51.32 | 57.53 |
| 捷克 | 45.22 | 43.57 | -3.67 | 0.155 | 0.115 | -25.47 | 4.58 | 12.45 |
| 智利 | 28.36 | 38.03 | 34.08 | 0.099 | 0.088 | -10.68 | 53.88 | 44.50 |
| 挪威 | 27.09 | 27.88 | 2.91 | 0.096 | 0.085 | -11.60 | 99.47 | 97.87 |
| 葡萄牙 | 26.46 | 22.68 | -14.26 | 0.085 | 0.071 | -16.20 | 18.57 | 39.75 |
| 新西兰 | 17.12 | 21.17 | 23.65 | 0.118 | 0.113 | -4.30 | 64.24 | 81.39 |

资料来源：世界银行网站数据库。

单位 GDP 能耗反映能源使用效率，值越大表示能源使用效率越低，反之，则越高。2017 年，单位 GDP 能耗最高的是俄罗斯，为 0.211 千克石油当量，第二是南非，中国的单位 GDP 能耗是 0.138 千克石油当量，排在前列。2005～2017 年，除了巴西和土耳其的单位 GDP 能耗增加，其余评价国家的单位 GDP 能耗都出现不同程度的下降，多个国家的下降幅度为两位数，其中，中国的下降幅度最大，下降了 38.71%，表明中国在全球节能减排上正作出积极努力的贡献。

随着科学技术的进步，新能源的开发和使用正改变着人类的能源消费结构，可再生能源在能源消费中的比重不断增加，电力行业是目前能源使用中最大的单一碳排放源，因此，这一行业对新能源和清洁能源的利用会对未来气候变化产生重要影响。2005 年，挪威利用可再生能源发电的比重已高达 99.47%，2017 年略降低为 97.87%，新西兰的比重从 2005 年的 64.24% 提高至 2017 年的 81.39%，巴西、加拿大、瑞典等国的比重都超过了 50%。反观之，沙特阿拉伯对可再生能源的利用几乎还是微乎其微，韩国、南非的利用比重也在 10% 以下，中国

2017 年的可再生能源在电力生产中的份额是 25. 97%，比 2005 年提高了 9. 79%。各国在开发和利用新能源进程中不断优化能源利用结构，如法国为了降低对核能利用的依赖，计划到 2035 年将核反应堆发电量从当前的 75% 降低为 50% 左右，同时促进可再生能源发展；日本的“能源基本计划”计划到 2030 年之前将可再生能源、核能、煤炭、液化天然气的发电比重提高至 20% ~30%；波兰公布的 2040 年能源政策草案中就有增加核电和可再生能源在能源结构中的比例的计划，以降低对煤炭的依赖；韩国政府将制定利用更多天然气和可再生能源的能源路线图，以期到 2030 年将可再生能源占比提升至 20%。[①]

细颗粒物 PM2. 5 是衡量空气质量的重要指标，这些细微颗粒物主要是工业生产中化石燃料的利用中废气的排放、垃圾燃烧、汽油、柴油汽车使用中尾气的排放等形成的细小颗粒状的气体，主要由硫和氮的氧化物转化而成，这些细微颗粒能较长时间悬浮于空气中，浓度越高表示空气污染越严重，而且是形成雾霾的主要来源。世界卫生组织制定的 PM2. 5 年均值指导标准是 10 微克/立方米，低于这一标准的国家空气质量是安全健康的，同时还进一步根据 PM2. 5 年均值把空气质量划分为三个阶段：第一阶段：35 微克/立方米；第二阶段：25 微克/立方米；第三阶段：15 微克/立方米。从表 7 -4 可以看出，2017 年达到世界卫生组织规定的空气质量安全标准的国家主要有加拿大、冰岛、爱沙尼亚、挪威、美国、葡萄牙、爱尔兰、澳大利亚、西班牙等国家，主要分布在北美、西欧和澳洲；处于第三阶段接近空气安全质量的国家主要分布在西欧，以及南美的巴西和阿根廷，亚洲的日本。目前，世界上仍有一部分国家的 PM2. 5 年均值远超过世界卫生组织划分的第一阶段，其中印度 2017 年的 PM2. 5 年均值为 90. 873 微克/立方米，排在第一位，第二位是沙特阿拉伯为 87. 945 微克/立方米，中国为 52. 665 微克/立方米，土耳其为 44. 312 微克/立方米，这些国家正处于工业化进程中，大规模的工业生产必然需要大量投入和产生大量排放，改善空气质量任重而道远。2017 年与 2005 年相比，印度、沙特阿拉伯、土耳其等国家的空气质量并没有改善，反而恶化了，而其他国家的空气质量均有不同程度的改善，其中中国的 PM2. 5 值下降幅度最大，下降了 13. 51 微克/立方米。

---

① 国际技术经济研究所：《2018 年世界前沿科技发展态势及 2019 年趋势展望——能源篇》，搜狐网，http：//www. sohu. com/a/293620927_120024449。

表7－4　　2005年和2017年评价国家平均细颗粒物（PM2.5）值

单位：微克/立方米

| 国家 | 2005年 | 2017年 | 国家 | 2005年 | 2017年 |
|---|---|---|---|---|---|
| 印度 | 90.326 | 90.873 | 奥地利 | 15.592 | 12.478 |
| 沙特阿拉伯 | 76.422 | 87.945 | 荷兰 | 14.578 | 12.034 |
| 中国 | 66.175 | 52.665 | 德国 | 14.535 | 12.029 |
| 土耳其 | 41.202 | 44.312 | 法国 | 14.705 | 11.815 |
| 南非 | 26.323 | 25.102 | 日本 | 14.349 | 11.705 |
| 韩国 | 30.407 | 25.039 | 英国 | 12.538 | 10.473 |
| 以色列 | 22.983 | 21.381 | 卢森堡 | 12.356 | 10.365 |
| 智利 | 25.527 | 21.036 | 瑞士 | 12.862 | 10.303 |
| 墨西哥 | 26.863 | 20.921 | 丹麦 | 12.078 | 10.030 |
| 波兰 | 26.151 | 20.878 | 西班牙 | 11.569 | 9.698 |
| 斯洛伐克 | 21.943 | 17.563 | 澳大利亚 | 10.597 | 8.550 |
| 意大利 | 19.601 | 16.751 | 爱尔兰 | 9.922 | 8.209 |
| 印度尼西亚 | 18.927 | 16.503 | 葡萄牙 | 10.450 | 8.161 |
| 希腊 | 19.308 | 16.218 | 美国 | 9.610 | 7.409 |
| 俄罗斯 | 18.995 | 16.160 | 挪威 | 8.359 | 6.957 |
| 捷克 | 19.947 | 16.071 | 爱沙尼亚 | 8.457 | 6.732 |
| 斯洛文尼亚 | 19.423 | 16.024 | 冰岛 | 7.843 | 6.481 |
| 匈牙利 | 19.467 | 15.926 | 加拿大 | 8.495 | 6.428 |
| 拉脱维亚 | 16.856 | 13.426 | 瑞典 | 7.166 | 6.185 |
| 阿根廷 | 16.403 | 13.312 | 新西兰 | 7.037 | 5.956 |
| 比利时 | 15.436 | 12.887 | 芬兰 | 7.142 | 5.861 |
| 巴西 | 15.596 | 12.707 | — | — | — |

资料来源：世界银行网站数据库。

美国耶鲁大学环境法律与政策中心、哥伦比亚大学国际地理科学信息网络中心和世界经济论坛从2006年开始联合开展对国家和地区环境绩效评估，每两年发布一次评估报告，主要针对环境健康和生态系统活力两大目标建立指标体系，涉及空气质量、水与卫生、重金属、生物多样性与栖息地、森林、渔业、气候和能源、空气污染、水资源、农业等政策领域来综合评估国家或地区生态环境的表现和改善情况，这是目前在全球范围内对生态环境评价较权威、影响较广泛的评估，评估结果一定程度上反映了经济增长与环境健康、工业化和城市化与生态系统活力的关系。2018 年发布的《2018 年全球环境绩效指数报告》对全球 180 个国家和地区的环境绩效进行评价，结果显示，从全球环境保护总体来看，生态环境质量有所改善，但是离目标还有较大差距，环境保护的形势依然十分严峻。从区域来看，欧洲国家和地区绩效表现最好，占据前 20 名的 17 位，亚洲地区内部各国表现差异较大，排名靠后的国家主要是经济资源有限、环境管理薄弱或不足的发展中国家。表 7 –5 选取了本书评价的 43 个国家的环境绩效得分及排名，其中瑞士排在第一位，其得分是排在最后一位印度的近 3 倍，同时印度也排在全球 180 个评价国家的第 177 位，生态环境形势不容乐观。中国的环境绩效得分是 50. 74 分，排在倒数第 4 位以及全球 180 个评价国家的第 120 位。报告还进一步对影响全球环境绩效的原因进行分析，如印度、中国、巴基斯坦等国家的空气质量问题较为严峻，印度尼西亚等国在过去几年对森林的过度砍伐导致环保政策失败，等等。生态环境绩效的改善和提升主要取决于两个方面，一是收入和投资，完善环境基础设施建设；二是制定良好的政策，并对工业化和城市化进行谨慎管理。生态环境绩效指数报告主要侧重从结果来评价现状，反映了政策和管理对环境影响的效果，体现各个国家和地区现实的环境竞争力，但是其指标体系中并没有体现出环境竞争力的基础和可持续发展潜力。

**表 7 –5　2018 年评价国家全球环境绩效得分及在全球排名**

| 国家 | 得分 | 排名 | 国家 | 得分 | 排名 | 国家 | 得分 | 排名 |
|---|---|---|---|---|---|---|---|---|
| 瑞士 | 87. 42 | 1 | 新西兰 | 75. 96 | 17 | 波兰 | 64. 11 | 50 |
| 法国 | 83. 95 | 2 | 荷兰 | 75. 46 | 18 | 俄罗斯 | 63. 79 | 52 |
| 丹麦 | 81. 6 | 3 | 以色列 | 75. 01 | 19 | 韩国 | 62. 3 | 60 |
| 瑞典 | 80. 51 | 5 | 日本 | 74. 69 | 20 | 巴西 | 60. 7 | 69 |
| 英国 | 79. 89 | 6 | 澳大利亚 | 74. 12 | 21 | 墨西哥 | 59. 69 | 72 |
| 卢森堡 | 79. 12 | 7 | 希腊 | 73. 6 | 22 | 阿根廷 | 59. 3 | 74 |
| 奥地利 | 78. 97 | 8 | 加拿大 | 72. 18 | 25 | 智利 | 57. 49 | 84 |
| 爱尔兰 | 78. 77 | 9 | 葡萄牙 | 71. 97 | 26 | 印度尼西亚 | 57. 47 | 86 |
| 芬兰 | 78. 64 | 10 | 美国 | 71. 19 | 27 | 土耳其 | 52. 96 | 108 |
| 冰岛 | 78. 57 | 11 | 斯洛伐克 | 70. 6 | 28 | 中国 | 50. 74 | 120 |
| 西班牙 | 78. 39 | 12 | 捷克 | 67. 68 | 33 | 沙特阿拉伯 | 46. 92 | 133 |

续表

| 国家 | 得分 | 排名 | 国家 | 得分 | 排名 | 国家 | 得分 | 排名 |
|---|---|---|---|---|---|---|---|---|
| 德国 | 78.37 | 13 | 斯洛文尼亚 | 67.57 | 34 | 南非 | 44.73 | 142 |
| 挪威 | 77.49 | 14 | 拉脱维亚 | 66.12 | 37 | 印度 | 30.57 | 177 |
| 比利时 | 77.38 | 15 | 匈牙利 | 65.01 | 43 | | | |
| 意大利 | 76.96 | 16 | 爱沙尼亚 | 64.31 | 48 | | | |

资料来源：美国耶鲁大学、哥伦比亚大学和世界经济论坛联合发布的《2018 年全球环境绩效指数报告》。

总体而言，从温室气体排放、资源能源消耗、空气质量、环境绩效等反映环境竞争力的部分指标的比较可以看出，全球生态环境呈现出较大的区域差异性，西欧国家、北美及澳洲地区的生态环境表现最优，这些地区集中了大部分的发达国家，人均收入水平高，已经完成了工业化并且形成了保护和治理生态环境的体制机制，积累了丰富的经验和技术，生产效率和能源使用效率都很高，能妥善处理好经济发展与生态环境保护的关系。新兴发展中国家正处于工业化的进程中，经济增长尚不能摆脱对资源高消耗和污染高排放的依赖，污染物的排放尚未达到峰值，人口总量大，对物质资源的需求总量不断增加，经济发展与生态环境保护之间的矛盾依然十分突出，对环境治理和环境保护政策的实施形成了巨大挑战。广大非洲地区，经济发展水平十分落后，生态环境保护意识低，多数区域生态环境还十分恶劣。从生态文明的视角来分析环境竞争力，不仅要着眼于环境竞争力的现状，还要着眼于环境竞争力的基础和潜力，着眼于生态环境变化的可持续性，可以进一步对各国的环境竞争力开展评价。

## 二、环境竞争力的综合评价

在对影响环境竞争力部分指标初步分析的基础上，进一步根据前文构建的评价指标体系、环境竞争力数学模型和计算方法，分别对评价对象 2010 年和 2017 年环境竞争力的得分进行计算。2017 年的权重已经在表 7－1 中算出，运用同样的熵值法可以计算出 2010 年的权重。把三级指标中无量纲化后的数据与相应权重相乘加总可以得到各二级指标的得分，再把二级指标的得分与相应权重相乘加总后就可以得到最终的环境竞争力总得分。

### （一）环境竞争力总体评价结果

表 7－6 是根据公式计算出的 2010 年和 2017 年评价对象 43 个国家环境竞争

力的评价结果。从总体得分来看，2017 年的总体得分比 2010 年有所提高，2010 年 43 个国家的平均分为 46. 11 分，2017 年的平均分上升为 51. 39 分，表明全球总体环境竞争力水平在提升，全球生态环境质量、环境管理水平、环境与经济社会发展的协调性等都有了很大的改善。

**表 7 – 6　　　　2010 年和 2017 年环境竞争力评价结果**

| 排名 | 2010 年 | | 2017 年 | |
|---|---|---|---|---|
| | 国家 | 得分 | 国家 | 得分 |
| 1 | 冰岛 | 55. 16 | 瑞士 | 61. 90 |
| 2 | 瑞士 | 54. 65 | 法国 | 60. 90 |
| 3 | 加拿大 | 53. 97 | 瑞典 | 60. 87 |
| 4 | 法国 | 53. 80 | 挪威 | 58. 77 |
| 5 | 奥地利 | 53. 59 | 斯洛伐克 | 58. 65 |
| 6 | 英国 | 53. 25 | 奥地利 | 58. 62 |
| 7 | 澳大利亚 | 52. 97 | 斯洛文尼亚 | 58. 26 |
| 8 | 德国 | 52. 69 | 丹麦 | 58. 03 |
| 9 | 瑞典 | 52. 13 | 英国 | 57. 31 |
| 10 | 丹麦 | 51. 85 | 新西兰 | 57. 18 |
| 11 | 芬兰 | 50. 36 | 芬兰 | 56. 94 |
| 12 | 挪威 | 50. 35 | 德国 | 56. 66 |
| 13 | 卢森堡 | 50. 31 | 比利时 | 56. 61 |
| 14 | 西班牙 | 49. 63 | 冰岛 | 56. 42 |
| 15 | 斯洛伐克 | 49. 39 | 卢森堡 | 55. 23 |
| 16 | 匈牙利 | 49. 05 | 拉脱维亚 | 55. 14 |
| 17 | 比利时 | 48. 54 | 意大利 | 54. 78 |
| 18 | 荷兰 | 48. 35 | 匈牙利 | 54. 24 |
| 19 | 意大利 | 48. 25 | 加拿大 | 53. 83 |
| 20 | 葡萄牙 | 47. 73 | 荷兰 | 53. 77 |
| 21 | 新西兰 | 47. 73 | 西班牙 | 53. 45 |
| 22 | 日本 | 47. 63 | 爱尔兰 | 52. 95 |
| 23 | 捷克 | 47. 49 | 澳大利亚 | 52. 60 |

续表

| 排名 | 2010 年 | | 2017 年 | |
|---|---|---|---|---|
| | 国家 | 得分 | 国家 | 得分 |
| 24 | 爱尔兰 | 47.45 | 巴西 | 52.35 |
| 25 | 斯洛文尼亚 | 46.88 | 葡萄牙 | 52.06 |
| 26 | 拉脱维亚 | 45.96 | 捷克 | 51.92 |
| 27 | 希腊 | 45.92 | 日本 | 51.73 |
| 28 | 阿根廷 | 45.15 | 阿根廷 | 50.72 |
| 29 | 美国 | 44.68 | 波兰 | 49.10 |
| 30 | 沙特阿拉伯 | 44.42 | 美国 | 48.26 |
| 31 | 波兰 | 43.36 | 希腊 | 47.74 |
| 32 | 韩国 | 42.35 | 韩国 | 47.09 |
| 33 | 巴西 | 42.20 | 以色列 | 46.22 |
| 34 | 智利 | 41.46 | 沙特阿拉伯 | 45.84 |
| 35 | 以色列 | 41.23 | 智利 | 45.50 |
| 36 | 俄罗斯 | 41.19 | 土耳其 | 44.94 |
| 37 | 土耳其 | 39.91 | 墨西哥 | 44.58 |
| 38 | 墨西哥 | 38.03 | 爱沙尼亚 | 42.80 |
| 39 | 印度尼西亚 | 37.20 | 俄罗斯 | 42.77 |
| 40 | 爱沙尼亚 | 37.06 | 印度尼西亚 | 41.99 |
| 41 | 印度 | 31.61 | 中国 | 36.01 |
| 42 | 南非 | 30.34 | 印度 | 34.84 |
| 43 | 中国 | 27.66 | 南非 | 30.02 |

从总体排位来看，发达国家环境竞争力总体排在前列，发展中国家排在后列，2010 年和 2017 年排在最后三位的是中国、南非和印度，同时这三个国家也是金砖国家，虽然新兴发展中国家致力于不断提升环境竞争力水平，但是由于生态环境破坏的程度大、范围广以及产业结构的固化和转型升级的长期性等，要在短期内大幅度提升环境竞争力难以实现。

从得分差距来看，2010 年排在第一位的是冰岛，得分为 55.16 分，排在最后一位的是中国，得分是 27.66 分，最高分和最低分相差 27.5 分；2017 年瑞士由 2010 年的第二位上升到第一位，得分为 61.90 分，排在最后一位是南非，得分为

30.02 分，最高分和最低分相差 31.88 分，表明环境竞争力总体提升的情况下，各国之间的差距有所扩大，发达国家环境竞争力提升的幅度大于发展中国家提升的幅度。

从指标排位变化来看（见表 7－7），2017 年与 2010 年相比，排位上升的国家有 19 个，排位下降的国家有 21 个，排位不变的国家有 3 个，排位上升 10 位及以上的国家有 4 个，其中排位上升最多的是斯洛文尼亚，上升了 16 位，排位下降超过 10 位的国家有 3 个，其中加拿大和澳大利亚的排位下降最多，均下降了 16 位。芬兰、阿根廷和韩国的排位保持不变。总体而言，发达国家的排位波动较大，表明发达国家相互间开展环境竞争激烈，并且随着生态科技进步和环境管理水平的提升，各国环境竞争力水平仍将处于动态变化中。

**表 7－7　　2017 年与 2010 年相比各国环境竞争力排位变化**

| 排位上升的国家 | 上升位次 | 排位下降的国家 | 下降位次 | 排位不变的国家 |
|---|---|---|---|---|
| 斯洛文尼亚 | 16 | 加拿大 | 16 | 芬兰 |
| 新西兰 | 11 | 澳大利亚 | 16 | 阿根廷 |
| 斯洛伐克 | 10 | 冰岛 | 13 | 韩国 |
| 拉脱维亚 | 10 | 西班牙 | 7 | — |
| 巴西 | 9 | 葡萄牙 | 5 | — |
| 挪威 | 8 | 日本 | 5 | — |
| 瑞典 | 6 | 德国 | 4 | — |
| 比利时 | 4 | 希腊 | 4 | — |
| 法国 | 2 | 沙特阿拉伯 | 4 | — |
| 丹麦 | 2 | 英国 | 3 | — |
| 意大利 | 2 | 捷克 | 3 | — |
| 爱尔兰 | 2 | 俄罗斯 | 3 | — |
| 波兰 | 2 | 卢森堡 | 2 | — |
| 以色列 | 2 | 匈牙利 | 2 | — |
| 爱沙尼亚 | 2 | 荷兰 | 2 | — |
| 中国 | 2 | 奥地利 | 1 | — |
| 瑞士 | 1 | 美国 | 1 | — |
| 土耳其 | 1 | 智利 | 1 | — |
| 墨西哥 | 1 | 印度尼西亚 | 1 | — |

续表

| 排位上升的国家 | 上升位次 | 排位下降的国家 | 下降位次 | 排位不变的国家 |
|---|---|---|---|---|
| — | — | 印度 | 1 | — |
| — | — | 南非 | 1 | — |

就中国环境竞争力而言，2017 年，中国环境竞争力得分为 36.01 分，比 2010 年提高了 8.35 分，在排位上也提高了两位，与最高分之间的差距有所缩小，中国生态文明建设的成效已经得以显现。

## （二）环境竞争力分指标评价结果

分别对中国与其他 42 个国家的 5 个二级指标进行对比，可以进一步明确中国环境竞争力各分级指标的优劣势所在，如表 7－8、表 7－9 所示。

**表 7－8　　43 个评价国家 2010 年 5 个二级指标评价结果**

| 排位 | 环境基础竞争力 | | 环境承载竞争力 | | 环境管理竞争力 | | 环境效益竞争力 | | 环境协调竞争力 | |
|---|---|---|---|---|---|---|---|---|---|---|
| | 国家 | 得分 | 国家 | 得分 | 国家 | 得分 | 国家 | 得分 | 国家 | 得分 |
| 1 | 澳大利亚 | 43.49 | 卢森堡 | 95.90 | 冰岛 | 68.84 | 瑞典 | 98.65 | 荷兰 | 65.04 |
| 2 | 加拿大 | 41.25 | 德国 | 92.22 | 印度尼西亚 | 59.28 | 丹麦 | 98.61 | 瑞士 | 64.43 |
| 3 | 俄罗斯 | 30.36 | 斯洛伐克 | 90.16 | 法国 | 58.52 | 奥地利 | 98.21 | 卢森堡 | 60.24 |
| 4 | 奥地利 | 23.59 | 奥地利 | 89.94 | 瑞士 | 52.45 | 斯洛伐克 | 96.94 | 比利时 | 57.52 |
| 5 | 英国 | 23.46 | 芬兰 | 88.28 | 新西兰 | 50.20 | 法国 | 96.84 | 日本 | 56.64 |
| 6 | 芬兰 | 22.76 | 丹麦 | 87.86 | 西班牙 | 49.39 | 捷克 | 96.66 | 英国 | 55.47 |
| 7 | 沙特阿拉伯 | 20.93 | 瑞典 | 86.41 | 匈牙利 | 47.07 | 德国 | 96.43 | 德国 | 54.47 |
| 8 | 瑞典 | 19.63 | 捷克 | 85.71 | 葡萄牙 | 46.53 | 挪威 | 96.41 | 丹麦 | 54.27 |
| 9 | 新西兰 | 19.58 | 比利时 | 84.56 | 南非 | 44.68 | 瑞士 | 96.30 | 意大利 | 53.70 |
| 10 | 智利 | 19.50 | 法国 | 83.87 | 德国 | 43.37 | 英国 | 95.81 | 奥地利 | 51.78 |
| 11 | 巴西 | 19.32 | 波兰 | 83.84 | 希腊 | 42.96 | 加拿大 | 95.65 | 法国 | 51.62 |
| 12 | 冰岛 | 18.41 | 新西兰 | 81.58 | 斯洛文尼亚 | 42.84 | 匈牙利 | 95.64 | 冰岛 | 50.66 |

续表

| 排位 | 环境基础竞争力 | | 环境承载竞争力 | | 环境管理竞争力 | | 环境效益竞争力 | | 环境协调竞争力 | |
|---|---|---|---|---|---|---|---|---|---|---|
| | 国家 | 得分 | 国家 | 得分 | 国家 | 得分 | 国家 | 得分 | 国家 | 得分 |
| 13 | 挪威 | 18.31 | 英国 | 81.57 | 澳大利亚 | 42.67 | 西班牙 | 95.58 | 韩国 | 50.49 |
| 14 | 美国 | 17.33 | 匈牙利 | 81.52 | 印度 | 42.37 | 芬兰 | 95.42 | 挪威 | 50.41 |
| 15 | 日本 | 17.22 | 荷兰 | 81.48 | 斯洛伐克 | 41.66 | 意大利 | 94.86 | 爱尔兰 | 50.08 |
| 16 | 拉脱维亚 | 17.01 | 冰岛 | 81.42 | 瑞典 | 40.85 | 比利时 | 94.24 | 巴西 | 49.97 |
| 17 | 斯洛文尼亚 | 16.83 | 爱尔兰 | 81.16 | 墨西哥 | 40.74 | 澳大利亚 | 93.68 | 以色列 | 49.65 |
| 18 | 爱沙尼亚 | 16.36 | 沙特阿拉伯 | 80.37 | 爱尔兰 | 40.56 | 美国 | 93.19 | 瑞典 | 49.31 |
| 19 | 印度尼西亚 | 15.43 | 挪威 | 80.04 | 丹麦 | 39.58 | 荷兰 | 92.94 | 葡萄牙 | 48.76 |
| 20 | 韩国 | 15.10 | 瑞士 | 79.73 | 英国 | 39.36 | 斯洛文尼亚 | 92.68 | 新西兰 | 48.59 |
| 21 | 丹麦 | 14.82 | 加拿大 | 79.70 | 美国 | 39.16 | 葡萄牙 | 92.50 | 西班牙 | 48.01 |
| 22 | 法国 | 14.38 | 以色列 | 77.82 | 意大利 | 39.14 | 阿根廷 | 91.63 | 拉脱维亚 | 47.50 |
| 23 | 德国 | 14.20 | 希腊 | 75.08 | 挪威 | 38.62 | 日本 | 90.18 | 阿根廷 | 46.42 |
| 24 | 西班牙 | 13.84 | 意大利 | 75.00 | 加拿大 | 37.73 | 冰岛 | 89.47 | 斯洛文尼亚 | 45.19 |
| 25 | 印度 | 13.83 | 澳大利亚 | 74.83 | 捷克 | 37.65 | 希腊 | 89.13 | 匈牙利 | 44.87 |
| 26 | 捷克 | 13.65 | 西班牙 | 74.65 | 奥地利 | 37.25 | 爱尔兰 | 88.54 | 土耳其 | 44.26 |
| 27 | 瑞士 | 13.26 | 智利 | 73.14 | 沙特阿拉伯 | 37.16 | 拉脱维亚 | 88.31 | 斯洛伐克 | 44.16 |
| 28 | 斯洛伐克 | 12.84 | 葡萄牙 | 72.96 | 拉脱维亚 | 36.55 | 卢森堡 | 87.89 | 希腊 | 43.45 |
| 29 | 波兰 | 12.49 | 日本 | 71.90 | 巴西 | 36.51 | 土耳其 | 87.82 | 芬兰 | 43.26 |
| 30 | 阿根廷 | 12.48 | 韩国 | 69.90 | 阿根廷 | 36.31 | 沙特阿拉伯 | 87.64 | 印度尼西亚 | 43.26 |
| 31 | 匈牙利 | 12.48 | 阿根廷 | 69.85 | 土耳其 | 35.62 | 波兰 | 86.93 | 墨西哥 | 42.96 |

续表

| 排位 | 环境基础竞争力 | | 环境承载竞争力 | | 环境管理竞争力 | | 环境效益竞争力 | | 环境协调竞争力 | |
|---|---|---|---|---|---|---|---|---|---|---|
| | 国家 | 得分 | 国家 | 得分 | 国家 | 得分 | 国家 | 得分 | 国家 | 得分 |
| 32 | 卢森堡 | 12.20 | 拉脱维亚 | 67.89 | 芬兰 | 35.35 | 以色列 | 83.49 | 捷克 | 41.03 |
| 33 | 希腊 | 12.06 | 爱沙尼亚 | 66.80 | 智利 | 32.54 | 爱沙尼亚 | 81.52 | 加拿大 | 38.98 |
| 34 | 意大利 | 11.31 | 俄罗斯 | 65.99 | 比利时 | 32.15 | 韩国 | 81.16 | 美国 | 38.93 |
| 35 | 爱尔兰 | 10.97 | 斯洛文尼亚 | 65.38 | 卢森堡 | 30.96 | 巴西 | 76.43 | 波兰 | 38.09 |
| 36 | 葡萄牙 | 10.97 | 美国 | 63.28 | 波兰 | 30.48 | 墨西哥 | 73.40 | 智利 | 37.53 |
| 37 | 墨西哥 | 9.66 | 南非 | 56.86 | 中国 | 30.31 | 俄罗斯 | 72.59 | 印度 | 34.81 |
| 38 | 比利时 | 9.47 | 土耳其 | 48.12 | 俄罗斯 | 29.84 | 智利 | 69.82 | 澳大利亚 | 32.19 |
| 39 | 土耳其 | 9.03 | 巴西 | 45.52 | 荷兰 | 29.40 | 新西兰 | 64.95 | 沙特阿拉伯 | 28.39 |
| 40 | 南非 | 8.12 | 墨西哥 | 44.87 | 日本 | 29.29 | 中国 | 63.16 | 俄罗斯 | 27.48 |
| 41 | 中国 | 7.34 | 中国 | 32.00 | 爱沙尼亚 | 28.28 | 印度 | 55.13 | 中国 | 24.04 |
| 42 | 荷兰 | 6.76 | 印度尼西亚 | 22.59 | 以色列 | 26.33 | 印度尼西亚 | 54.94 | 爱沙尼亚 | 21.71 |
| 43 | 以色列 | 3.26 | 印度 | 22.09 | 韩国 | 20.92 | 南非 | 47.14 | 南非 | 18.96 |

**表 7-9　　43 个评价国家 2017 年 5 个二级指标评价结果**

| 排位 | 环境基础竞争力 | | 环境承载竞争力 | | 环境管理竞争力 | | 环境效益竞争力 | | 环境协调竞争力 | |
|---|---|---|---|---|---|---|---|---|---|---|
| | 国家 | 得分 | 国家 | 得分 | 国家 | 得分 | 国家 | 得分 | 国家 | 得分 |
| 1 | 澳大利亚 | 40.62 | 斯洛文尼亚 | 84.69 | 冰岛 | 74.41 | 丹麦 | 99.16 | 瑞士 | 78.38 |
| 2 | 加拿大 | 39.02 | 斯洛伐克 | 84.66 | 法国 | 67.69 | 瑞典 | 99.04 | 荷兰 | 76.80 |
| 3 | 巴西 | 29.65 | 德国 | 83.16 | 瑞典 | 64.65 | 奥地利 | 98.83 | 比利时 | 70.59 |
| 4 | 俄罗斯 | 25.34 | 卢森堡 | 83.09 | 瑞士 | 61.30 | 瑞士 | 98.60 | 卢森堡 | 70.28 |
| 5 | 沙特阿拉伯 | 23.69 | 新西兰 | 82.49 | 挪威 | 60.37 | 德国 | 98.05 | 英国 | 69.08 |
| 6 | 新西兰 | 20.37 | 奥地利 | 75.78 | 斯洛伐克 | 60.10 | 挪威 | 97.95 | 丹麦 | 68.71 |

续表

| 排位 | 环境基础竞争力 | | 环境承载竞争力 | | 环境管理竞争力 | | 环境效益竞争力 | | 环境协调竞争力 | |
|---|---|---|---|---|---|---|---|---|---|---|
| | 国家 | 得分 | 国家 | 得分 | 国家 | 得分 | 国家 | 得分 | 国家 | 得分 |
| 7 | 芬兰 | 19.45 | 法国 | 75.26 | 斯洛文尼亚 | 54.57 | 意大利 | 97.75 | 意大利 | 67.42 |
| 8 | 冰岛 | 19.38 | 波兰 | 74.96 | 芬兰 | 53.93 | 日本 | 97.73 | 日本 | 67.24 |
| 9 | 挪威 | 18.42 | 比利时 | 73.83 | 丹麦 | 53.07 | 英国 | 97.55 | 德国 | 66.32 |
| 10 | 日本 | 16.99 | 澳大利亚 | 73.05 | 西班牙 | 52.84 | 法国 | 97.35 | 法国 | 65.64 |
| 11 | 瑞典 | 16.98 | 匈牙利 | 72.71 | 匈牙利 | 50.49 | 斯洛伐克 | 96.57 | 奥地利 | 64.98 |
| 12 | 奥地利 | 16.42 | 丹麦 | 72.67 | 新西兰 | 49.97 | 比利时 | 96.45 | 瑞典 | 63.73 |
| 13 | 拉脱维亚 | 16.38 | 捷克 | 72.59 | 奥地利 | 49.59 | 荷兰 | 96.44 | 爱尔兰 | 62.92 |
| 14 | 斯洛文尼亚 | 15.91 | 芬兰 | 72.28 | 葡萄牙 | 49.35 | 芬兰 | 96.27 | 拉脱维亚 | 62.76 |
| 15 | 智利 | 15.56 | 瑞典 | 71.13 | 拉脱维亚 | 48.50 | 捷克 | 96.08 | 挪威 | 61.89 |
| 16 | 爱沙尼亚 | 15.42 | 荷兰 | 69.09 | 英国 | 48.49 | 韩国 | 95.56 | 巴西 | 61.82 |
| 17 | 印度尼西亚 | 14.93 | 英国 | 68.94 | 希腊 | 47.05 | 阿根廷 | 95.18 | 韩国 | 61.58 |
| 18 | 美国 | 14.11 | 爱沙尼亚 | 68.41 | 美国 | 46.71 | 匈牙利 | 94.48 | 以色列 | 61.09 |
| 19 | 韩国 | 13.28 | 沙特阿拉伯 | 66.60 | 印度尼西亚 | 46.27 | 加拿大 | 94.07 | 葡萄牙 | 60.92 |
| 20 | 阿根廷 | 12.56 | 挪威 | 65.67 | 意大利 | 46.06 | 斯洛文尼亚 | 93.94 | 阿根廷 | 60.07 |
| 21 | 英国 | 12.44 | 瑞士 | 65.47 | 比利时 | 45.26 | 西班牙 | 93.93 | 西班牙 | 59.90 |
| 22 | 瑞士 | 11.98 | 冰岛 | 65.42 | 巴西 | 45.12 | 拉脱维亚 | 93.89 | 匈牙利 | 58.94 |
| 23 | 法国 | 10.09 | 爱尔兰 | 65.30 | 爱尔兰 | 44.77 | 美国 | 93.44 | 印度尼西亚 | 58.59 |
| 24 | 西班牙 | 10.08 | 加拿大 | 64.31 | 捷克 | 44.68 | 爱尔兰 | 93.06 | 新西兰 | 58.12 |
| 25 | 斯洛伐克 | 9.85 | 拉脱维亚 | 63.93 | 加拿大 | 42.70 | 葡萄牙 | 92.48 | 斯洛伐克 | 58.01 |
| 26 | 希腊 | 9.78 | 意大利 | 63.01 | 墨西哥 | 42.60 | 澳大利亚 | 92.12 | 斯洛文尼亚 | 57.57 |
| 27 | 捷克 | 9.47 | 以色列 | 62.53 | 爱沙尼亚 | 42.50 | 土耳其 | 91.00 | 土耳其 | 57.22 |

续表

| 排位 | 环境基础竞争力 | | 环境承载竞争力 | | 环境管理竞争力 | | 环境效益竞争力 | | 环境协调竞争力 | |
|---|---|---|---|---|---|---|---|---|---|---|
| | 国家 | 得分 | 国家 | 得分 | 国家 | 得分 | 国家 | 得分 | 国家 | 得分 |
| 28 | 波兰 | 9.46 | 希腊 | 60.68 | 南非 | 41.68 | 卢森堡 | 90.78 | 墨西哥 | 56.55 |
| 29 | 意大利 | 9.19 | 西班牙 | 60.59 | 德国 | 41.51 | 以色列 | 90.43 | 芬兰 | 56.15 |
| 30 | 爱尔兰 | 9.19 | 智利 | 60.01 | 智利 | 41.12 | 冰岛 | 88.72 | 捷克 | 52.37 |
| 31 | 葡萄牙 | 9.01 | 葡萄牙 | 57.64 | 阿根廷 | 39.61 | 新西兰 | 88.67 | 希腊 | 51.60 |
| 32 | 卢森堡 | 8.89 | 俄罗斯 | 57.04 | 俄罗斯 | 38.80 | 波兰 | 88.63 | 印度 | 50.46 |
| 33 | 德国 | 8.74 | 阿根廷 | 55.85 | 波兰 | 38.21 | 沙特阿拉伯 | 87.76 | 波兰 | 49.94 |
| 34 | 墨西哥 | 8.20 | 日本 | 55.83 | 澳大利亚 | 37.54 | 巴西 | 81.48 | 智利 | 47.37 |
| 35 | 匈牙利 | 7.89 | 南非 | 54.41 | 印度 | 36.49 | 希腊 | 79.71 | 美国 | 46.57 |
| 36 | 丹麦 | 7.81 | 韩国 | 53.50 | 土耳其 | 35.85 | 墨西哥 | 79.58 | 冰岛 | 46.50 |
| 37 | 比利时 | 7.80 | 美国 | 52.57 | 卢森堡 | 35.38 | 爱沙尼亚 | 77.88 | 中国 | 44.00 |
| 38 | 印度 | 7.73 | 巴西 | 47.08 | 沙特阿拉伯 | 34.26 | 中国 | 76.28 | 加拿大 | 43.19 |
| 39 | 土耳其 | 6.72 | 土耳其 | 41.03 | 荷兰 | 31.54 | 智利 | 73.35 | 澳大利亚 | 37.14 |
| 40 | 中国 | 6.23 | 墨西哥 | 40.72 | 中国 | 30.35 | 俄罗斯 | 71.86 | 沙特阿拉伯 | 34.32 |
| 41 | 南非 | 4.31 | 中国 | 29.13 | 日本 | 29.16 | 印度尼西亚 | 63.57 | 俄罗斯 | 33.23 |
| 42 | 荷兰 | 3.96 | 印度尼西亚 | 23.52 | 以色列 | 26.87 | 印度 | 58.76 | 爱沙尼亚 | 27.80 |
| 43 | 以色列 | 1.49 | 印度 | 19.13 | 韩国 | 21.15 | 南非 | 33.83 | 南非 | 24.51 |

### 1. 环境基础竞争力比较

2017 年与 2010 年相比，43 个国家总体的环境基础竞争力在下降，这主要是由于受荒漠化、乱砍滥伐等因素影响，全球耕地面积和森林面积不断减少，能源消耗的不断增加使不可再生的化石能源的存储量也在不断减少。2017 年中国环境基础竞争力与 2010 年相比排位上升了 1 位，仍处于后列，虽然中国的土地面积较大，资源的存储量较多，但是中国的人口数量众多，人均量处于劣势，弱化了总体环境竞争力的基础。

**2. 环境承载竞争力比较**

2017年与2010年相比，43个国家环境承载竞争力水平呈较大幅度下降，表明各个国家的环境承载能力趋于弱化。由于环境是不可逆的，全球环境的持续恶化导致气候变暖、生物物种较少、空气污染加重等环境问题不断加大了生态环境负担，挑战着生态环境阈值。2010年和2017年中国的环境承载竞争力都排在第41位，得分略有下降，与多个发达国家环境承载竞争力得分下降十几分相比，中国环境承载竞争力得分下降的幅度较小，表明中国环境承载力恶化的趋势相对得以控制。

**3. 环境管理竞争力比较**

2017年与2010年相比，43个国家环境管理竞争力在提升，各国国家和地区对生态环境保护问题愈加重视，制定了严格的法律制度以及在财税、投资、金融等方面的相关政策，同时还不断加大生态科技创新力度，运用现代技术加强生态环境治理，不断提升环境管理竞争力水平。2017年与2010年相比，中国环境管理竞争力只小幅提高了0.04分，排位从第37位下降至第40位，表明中国环境竞争力虽有所提升，但是不及其他国家提升的幅度，导致总体排位下降，中国应进一步加大生态文明体制改革的力度，破除体制机制束缚，激发市场活力，提升环境管理能力水平。

**4. 环境效益竞争力比较**

2017年与2010年相比，43个国家环境效益竞争力总体呈提升趋势，环境效益是对环境保护投入和各种政策措施实施效果的综合体现，表现为环境的改善。由于环境改善是一个长期的过程，环境保护投入的大量人力、物力和财力的效果无法在短期内显现，因此，环境效益的提升的过程相对较为缓慢，反映了过去几年，甚至是几十年的环境保护效果。中国环境效益竞争力提升明显，从2010年的第40位上升至2017年的第38位，得分提高了13.12分，是得分幅度提升较大的国家之一，中国的环境效益竞争力虽然依然较弱，但却呈现出明显改善的势头。

**5. 环境协调竞争力比较**

2017年与2010年相比，43个国家环境协调竞争力总体呈较大幅度的提升趋势，表明人与环境、经济与环境的关系正趋于协调，近年来，全球除了呼吁继续加强环境保护外，也更加注重妥善处理人与自然的关系。中国的生态文明建设强调人与自然的和谐相处，构建人与自然生命共同体，在生态文明理念的指导下，中国积极倡导把生态利益放在首位，把生态文明建设置于社会主义现代化建设的总体布局中。2010～2017年，中国环境协调竞争力排位从第41位上升至第37位，分数大幅度提高了19.96分，中国在推进环境协调过程中取得了较大成效。

**6. 总结**

从5个二级指标评价分析中可以看出，43个评价国家中，环境基础竞争力和环境承载竞争力总体呈下降的态势，环境管理竞争力、环境效益竞争力和环境协调竞争力总体呈上升的态势。环境基础竞争力和环境承载竞争力主要反映环境的自然属性，是天然形成和自然变化的结果，人为的作用会加重自然的负担，随着人类在生态环境中的足迹不断蔓延，生产生活范围不断扩大，对环境基础和环境承载会形成更大的压力，在没有重大技术突破的支撑下，环境基础竞争力和环境承载竞争力在短期内难以有效抑制其弱化的势头。

中国5个二级指标的排位均排在末位，但是在变化幅度上，2017年与2010年相比，环境基础竞争力和环境承载竞争力的弱化水平低于平均水平，环境效益竞争力和环境协调竞争力的提升水平高于平均水平，中国环境竞争力提升的态势总体好于全球的平均水平。但是环境的改善和修复是一个长期过程，要使中国环境竞争力的位次从后位步入到前列还要经历漫长的道路。庆幸的是，中国生态文明建设已经初显成效，为提升中国环境竞争力开辟了一条独特的道路。

### （三）分国际组织机构评价结果

为了更好地反映不同类别国家环境竞争力水平的差异，进一步对OECD、G20和金砖这三个国际组织机构的国家环境竞争力进行分别比较。

图7-1是2017年经济合作与发展组织（OECD）35个成员国的环境竞争力比较，[①] 这些国家的环境竞争力水平总体较高，得分均在40分以上，发达国家环境治理的起步早、投入多，已经取得了较大成效并积累了丰富的经验，这表明只有以强大的物质基础和经济发展实力为保证，才能为优化环境基础和提升环境承载能力提供足够的支撑。中国的环境竞争力水平与OECD国家相比，还有较大的差距，即使与OECD排名最后一位的爱沙尼亚相比，仍有近7分的差距。发达国家是全球环境竞争的优势群体，处于领先地位，中国参与全球环境竞争面临着巨大的压力和挑战。

① 立陶宛是2018年加入OECD，故不在2017年的评价范畴内，只对35个国家进行评价。

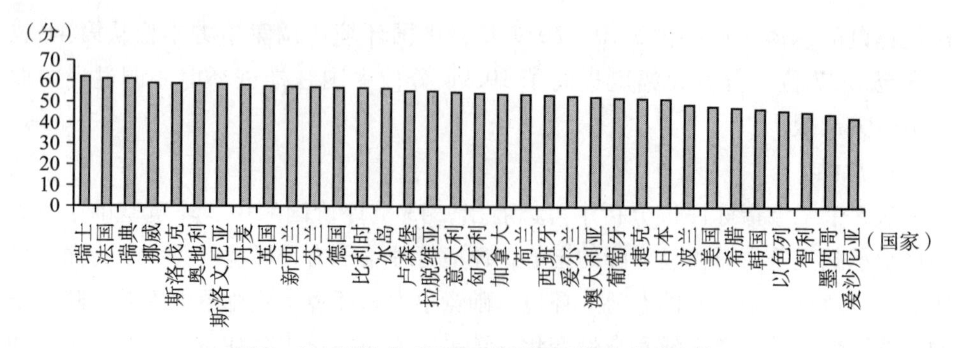


**图 7－1　2017 年 OECD 成员国环境竞争力比较**

图 7－2 是 2017 年 20 国集团（G20）中 19 个国家（欧盟作为一个组织不在评价范围内）环境竞争力比较，结果表现为明显的两大阵营，发达国家排在前列，新兴发展中国家排在后列。G20 是由发达国家和经济体与新兴经济体组成的全球经济合作论坛，不仅承担着促进全球经济增长的使命，同时也肩负着改善全球环境、促进人类可持续发展的责任。一直以来，生态环境问题都在 G20 的议题范围之内，并且就国家和经济体之间如何加强环境合作开展了多次协商讨论，G20 在全球环境治理中发挥着越来越重要的作用。

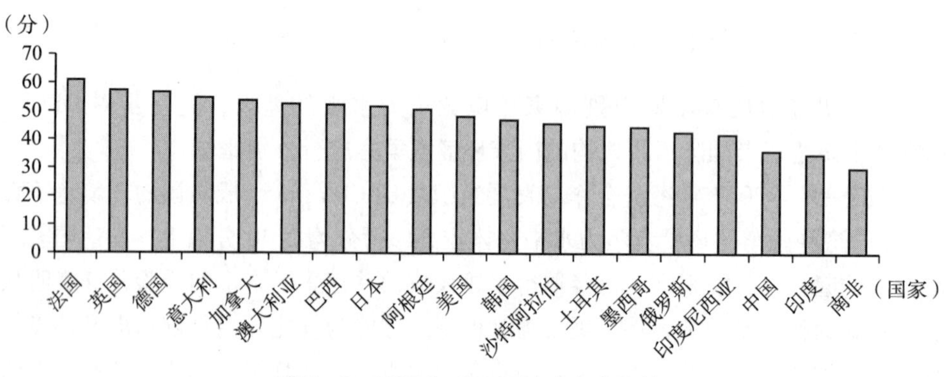


**图 7－2　2017 年 G20 环境竞争力比较**

图 7－3 是金砖五国的环境竞争力比较，金砖五国是新兴发展中国家的代表，特别是金融危机之后，金砖国家在全球经济增长中的表现尤为抢眼，是拉动全球经济增长的重要引擎。金砖国家环境竞争力内部差距较大，2015 年，巴西的环境竞争力最强，然后是俄罗斯，中国处在中等地位，印度和南非排在末两位，从得分来看，中国与巴西相差 16 分左右，差距较大，中国环境竞争力水平不仅低

于发达国家，也低于部分表现良好的发展中国家，提升中国环境竞争力任重而道远。

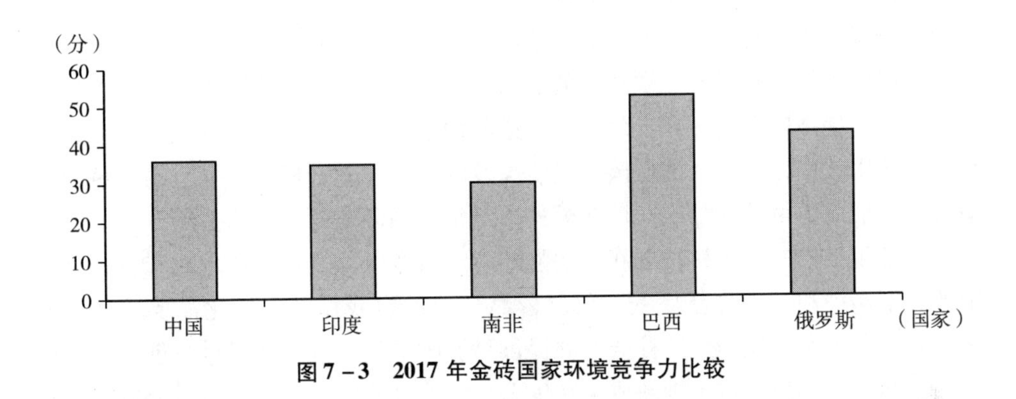


**图7-3　2017年金砖国家环境竞争力比较**

总体而言，2017年，43个国家环境竞争力呈现明显的区域特征，其中环境竞争力较高和较低的国家都比较集中，中等层次的国家相对较为分散，其中环境竞争力较好的国家集中在欧洲，环境竞争力次好的国家分布在北美洲、南美洲和大洋洲。而全球环境竞争力较弱的国家集中在亚洲，亚洲大多数国家是发展中国家，正处于工业化的中后期阶段，生态环境改善缓慢。这也一定程度上反映了环境竞争力的区域影响，环境竞争力较好的国家和地区会带动周边国家和地区的环境改善，而环境竞争力较弱的国家和地区则会拉低周边国家和地区的环境水平，形成强者愈强、弱者愈弱的局面，因此，提升环境竞争力必须加强国家和地区之间的合作，相互协调、相互促进，形成提升环境竞争力的系统性合力。

## 第四节　生态文明视阈下提升中国环境竞争力的着力点

通过对中国与全球部分主要国家环境竞争力的比较，可以明确中国在全球环境竞争中所处的地位，通过对细化指标的分析，把握中国环境竞争的优势和劣势所在，有利于明确提升中国环境竞争力的着力点。不可否认，中国环境竞争力与发达国家相比还有较大的差距，提升中国环境竞争力必须着眼于全球环境竞争的总体态势，发挥优势，有针对性地改善劣势，有针对性地提高中国提升环境竞争力的效率水平。

一是加强生态文明建设，夯实环境基础竞争力。生态文明是新时代中国生态环境保护坚守的理念，生态文明建设在生态文明体制改革、绿色发展、生态文化体系构建等方面实施的创新做法，有力地保障了中国生态环境保护从理论指导到实践推进的全过程、全链条与经济社会发展紧密融合。我国人口众多，人均资源能源在全球处于劣势地位，而且随着我国经济体量的不断增大，要支撑我国庞大的人口群体和经济总量对资源能源的需求就应该积极推进生物工程、能源工程等科技创新，提高资源边际产出效率；推进能源生产和消费革命，开发新能源，提高能源使用效率，构建清洁低碳、安全高效的能源体系；积极倡导节约绿色的消费模式，形成更可持续的生产消费模式，筑牢我国环境竞争力的基础。

二是积极推进生态科技创新，增强环境承载竞争力。环境的承载和容纳是有限的，不污染和不破坏是底线。仅仅依靠环境的自我循环和净化需要较长的时间，要确保生态环境为经济社会发展提供足够的空间，就要依靠科技创新力量的注入。加强现代科学技术创新成果在生态文明建设领域的应用，努力形成源头控制、清洁生产、末端治理和生态环境修复的全链条先进环保技术，围绕大气、水、土壤污染防治等重点难点问题，集中力量开展科技攻关；构建我国绿色标准体系和生态环境技术评价制度，各个企业以此为准则开展绿色技术创新，进行绿色生产和服务；积极构建生态环境科技成果转化平台，提升科技成果转化效率。此外，要充分利用大数据、互联网、人工智能等现代技术，推进生态环境监测网络建设，开展精准、科学、高效的治理，不断拓展环境承载的空间。

三是加强生态环境治理能力现代化建设，提升环境管理竞争力。生态环境行为归根结底是以环境为依托的人的行为，保护生态环境需要每个主体的自觉参与，把生态利益置于经济利益之上，让环境保护意识深入内心并进而转化为人们的自觉行动。要按照“系统化、科学化、法治化、精细化、信息化”的原则，按照生态系统的整体性和内在规律，统筹推进山水林田湖草的系统保护与修复；运用现代科学方式和方法加强环境管理，加强环境监察执法能力建设，从严查处各类环境违法行为；细化区域、流域或污染类型，加强环境管理的精细化和精准化；推进生态环境大数据工程建设，实现大数据、云计算等信息技术与生态环境治理的融合。总之，通过不断完善生态环境监管体系和政策体系、健全生态环境法治体系、构建生态环境社会行动体系、推进生态环境管理制度改革等，积极推动生态环境治理体系和治理能力现代化，持续提升我国环境管理竞争力。

四是广泛开展生态文化建设，凝聚生态效益竞争力。提升生态效益归根结底是要提升整个社会的生态福利水平，满足人们日益增长的美好生态环境需求，增进人类生态福祉。提升生态效益除了依靠更加坚实的环境基础、拓展环境承载空间和提升环境管理能力外，更需要动员全社会的力量共同参与，形成全社会生态环境保护的一致行动。习近平总书记在全国生态环境保护大会中提出了加快建立健全以生态价值观念为准则的生态文化体系，把中国传统丰富的生态文化与当代生态文明建设相结合，增强生态文化的时代感和大众化，在全社会形成追求生态文明价值的氛围。因此，可以通过构建生态文化传播平台，打造生态文化产品，加强生态文明思想宣传，加快绿色社区和家庭、绿色政府等建设，形成生态文明建设最广泛的社会力量，通过多主体、多层面的联合行动，凝聚成整个社会的生态效益竞争力。

五是妥善处理环境保护与经济发展的关系，强化环境协调竞争力。经济发展与环境保护是可以相互协调、相互促进的，评价结果也表明了经济发展水平越高的国家和地区，其环境竞争力也较强。妥善处理好环境保护与经济发展的关系就是处理好绿水青山和金山银山的关系，积极探索协调推进生态优先和绿色发展高质量发展道路，坚持底线思维，守住生态保护红线、永久基本农田保护红线、城镇开发边界红线，建立产业生态化和生态产业化为主体的经济体系，发展壮大节能环保产业、清洁生产产业、清洁能源产业等新兴产业，在产业选择和产业布局方面充分考虑生态要求。合理利用各个地区的生态资源和生态优势，发展生态农业、生态工业、生态旅游等生态经济模式，形成更加生态化的产业结构，构建良好的生态价值实现机制，将绿色资源转化为绿色产品和服务，实现经济发展与生态环境保护双赢，增强环境协调竞争力。

六是着眼于环境竞争的全球性，提升环境竞争力的开放度。我国在推进生态文明建设中要有国际视野，要站在全球的高度来正视我国环境竞争的优势和劣势，承担相应的责任。一方面，我国要立足全球环境治理的开放性和包容性，促进全球环境问题的谈判和各项协议的进展，切实解决全球环境面临的困境。加强同相关国家的能源合作，推动形成全球能源合作体系，不断开辟能源结构调整、新能源开发和能源技术革新的新路径；另一方面，要推动全球环境治理、应对气候变化等国际秩序变革，把构建人类命运共同体与改革现有的国家环境治理制度、建立国际环境治理规则秩序等统一起来，形成更加合理的全球环境治理体系，提升我国全球环境治理能力，培育我国参与全球环境竞争的开放度，提升我国生态文明建设在全球环境竞争中的话语权和影响力。

# 典型国家和地区提升环境竞争力的经验及启示

20 世纪 50 年代，经济学家库兹涅茨提出了著名的倒 U 形“库兹涅茨曲线”，用来分析人均收入水平与收入分配公平程度之间的关系，认为在人均收入水平提高的过程中，收入分配会经历从不公平到公平的变化趋势。1995 年，美国普林斯顿大学的格罗斯曼和克鲁格将这一分析的范式和规律运用到生态环境领域，提出了著名的“环境库兹涅茨曲线理论”，用于分析环境质量与经济增长的关系。该理论认为，在某一国家或地区的发展初期，经济快速增长所需的大规模投入使得污染物排放量不断增加，达到一定程度后会在技术进步和产业结构调整的作用下出现拐点，污染物排放量会随着经济增长而减少，即经济增长和环境污染之间呈现“先污染，后改善”的倒 U 形关系。这一理论反映了经济增长初期会给环境质量带来负的规模效应；但经济增长到一定程度后，生态科技进步和新能源开发会推动经济结构调整，产生对环境质量正的技术进步效应和结构效应。一般而言，在工业化发展的初期阶段，负的规模效应会超过技术进步效应和结构效应，环境质量不断恶化，但到了工业化中后期，特别是后工业化时期，环境保护意识的增强和环境治理能力的提升，负的规模效应会减少，并小于技术进步效应和结构效应，环境质量趋于优化。[①] 反映经济增长与环境变化关系的环境库兹涅茨曲线刻画了工业化进程中“先污染，后治理”的路径。

工业化发展付出了巨大的环境代价使西方国家纷纷反思工业文明，更是投入了巨资治理环境污染，特别是 20 世纪 70 年代后，发达国家和地区开始对环境进行了系统化、规模化的治理，如美国、日本当时的环境保护投资约占国民生产总

① 马相东、王跃生：《“环境库兹涅茨曲线”拐点到来了吗》，载于《人民日报》2012 年 10 月 18 日。

值的1%～2%，[①] 同时还制定了严格的环境保护法律条款。经过几十年的治理，西方发达国家和地区的环境污染得到了较好的控制，环境质量也得到了明显改善。第二次世界大战以后，发展中国家和地区开始探索经济增长之路，率先开展工业化的韩国、新加坡、中国台湾、中国香港等国家和地区在工业化进程中吸取老牌发达国家和地区的教训，在处理经济发展与环境保护的关系中也积累了一定的经验。

发展中国家和地区在工业化过程中如何规避“环境库兹涅茨曲线”陷阱是面临的现实而紧迫的问题，我国可以充分发展后发优势，借鉴发达国家和地区环境治理的经验教训以及新兴发展中国家和地区的有效做法，在促进经济高质量发展中提升环境竞争力。

## 第一节　典型发达国家提升环境竞争力的主要做法

完成了工业化的发达国家在生态环境治理和保护中积极开展技术创新，把握了全球环境竞争的主导权和话语权。英国、美国、德国、日本、新加坡等国家提升环境竞争力的侧重点各不相同，为我国提升环境竞争力提供了多样化的借鉴。

### 一、英国：自上而下地进行系统环境治理部署与规划

英国是世界上最早开始工业革命的国家，由于工业化初期的生产动力主要靠煤等化石燃料，大多数工厂又建在市内和近郊，大量煤炭集中燃烧排放的烟尘和工厂生产的废气直接排放到空气中，再加上当时居民主要靠烧煤取暖，加剧了城市煤烟的排放量，据统计，工业革命期间的伦敦每天都向空气直接排放1000吨的浓烟、2000吨二氧化碳、140吨盐酸和14吨氟化物、370吨二氧化硫。[②] 早在1813年，伦敦就发生了最早有记载的空气污染事件，之后每隔几年都会发生一次严重的大气污染事件，其中，1952年的影响最为严重，笼罩数日的高浓度雾霾造成了大面积污染，大量人口死亡，被称为“雾都劫难”。正是这次烟雾事件使英国下定决心治霾。此外，伦敦泰晤士河的污染也十分严重，19世纪前，泰

① 梅雪芹：《发达国家前车之鉴》，载于《社会观察》2014年第1期。

② 《英国伦敦雾霾治理措施与启示》，人民网，http://scitech.people.com.cn/n/2014/0303/c376843-24514293.html。

晤士河河水清澈、鱼虾成群，但是伴随着工业革命，大量的工业废水和生活污水排入河中，大量垃圾堆放在河岸上，泰晤士河水质恶化，生物绝迹。20 世纪 50 年代后期，英国开始着手进行环境治理，经过了长达半个多世纪的努力，伦敦的雾霾早已不见，泰晤士河也恢复了以往的模样，英国以大气污染和水污染治理为主形成了自上而下的环境治理部署和规划，主要做法有以下几个方面。

### （一）从国家战略高度推进环境保护

英国把生态环境保护提高到国家发展战略高度，如从国家战略层面推进大气污染防治，构建严密的法律体系和政策体系。1990 年，英国政府发起了以实现中央政府部门环境和发展综合决策的“绿化政府”战略行动；1994 年，英国第一个在全球制定了可持续发展战略；1995 年，英国制定了国家控制质量战略，此后，英国还出台了《能效：政府行动计划》《气候变化行动计划》《英国能效行动计划》《国家可再生能源计划》《低碳转型计划》等一系列战略计划，对未来减排的阶段性目标和最终目标都做了战略性的部署，并通过自上而下的力量强制执行，充分体现了英国政府积极开展环境治理的态度和决心。此外，英国还较早开展战略环境影响评价，是世界上第一个提出战略环境评价（SEA）指令的国家，对环境政策与战略实施效果开展动态评价。

### （二）构建生态环境保护的法律体系

英国非常注重运用法律手段约束企业和居民的行为，通过立法为生态环境保驾护航。早在 1847 年，为了解决城市水污染和生活用水问题，英国议会就通过了《河道法令》，明确规定对公共水源的河流、水库、供水系统的管道等进行保护。英国建立了世界上第一个公共卫生体系，并在 1875 年通过《公共卫生法》，规定供水、排水、房屋、垃圾、食品、疾病预防等生产生活、卫生安全等诸多方面的行为规范。伦敦严重烟雾事件后，英国高度重视从法律上来加强雾霾防治，1956 年颁布了世界上第一部空气污染防治法案——《清洁空气法案》，此后，英国又陆续于 1974 年颁布《污染控制法》、1963 年颁布《水资源法》、1981 年颁布《野生动植物和乡村法案》、2008 年颁布《气候变化法案》等数十部与环境保护相关的法律，形成了严格的环境保护法律屏障。

### （三）制定系统的环境保护政策

英国充分利用财政、税收、经济、消费、贸易等多种政策工具手段，形成以市场为基础、政府为主导、企业、公共部门和居民为主体相互联系、相互作用的政策计划体系。财税政策上，2001 年，英国率先开征气候税，此外，还开征了机动车环境税、购房出租环保税、垃圾（填埋）税等，对排污企业征收环境管理费，同时也对由于保护环境而遭受损失的企业实施环保补贴。在消费政策上，英国政府把纺织品、塑料、纸张、玻璃、木材、铝、食品和园艺废物 7 类产品确定为提高资源消费的重点废物材料，可重点强化循环使用；政府劝导消费者不使用一次性塑料袋，绝大多数的超市都会为消费者准备可重复利用的袋子，甚至用积分奖励的办法鼓励消费者使用环保袋。在经济政策上，淘汰钢铁、纺织、造船等高耗能产业，引导产业结构向设计、集成、研发等高端产业升级。在贸易政策上，积极推动贸易结构升级，限制污染性产品的生产和出口。

### （四）充分发挥科学技术的作用

从 20 世纪 50 年代开始，英国就开始注重科学技术在环境保护中的作用，针对土地污染较早地进行土壤改良剂和场地污染修复技术研究，形成了物理方法、化学方法和生物修复技术三方面的土地修复技术。在大气污染治理中，政府鼓励企业开展技术变革，创新生产工艺，采用无污染或少污染的技术，增加清洁能源使用，大力推广使用无烟煤、电和天然气，从源头上减少烟尘和二氧化硫等有害气体排放，同时开发和推广使用废气净化装置，确保大气环境质量。英国还大力发展环境监测技术，自 1961 年开始，在全国范围内建立了一个由 450 个团体参加的大气监测网，对大气质量变化情况进行实时监测。英国还加强汽车的技术改造、机器设备的改造更新、绿色低碳的交通技术等，充分发挥技术创新在环境保护中的重要作用。

此外，英国积极调整工业布局，把重工业向外迁移，建立卫星城缓解城市人口压力，大力发展公共交通系统，建立环境保护信息公开机制，及时向公众发布环境保护的数据，接受社会的监督等。总之，英国通过自上而下的系统环境治理部署有序地推进环境质量改善，奠定了环境竞争力提升的坚实基础。

## 二、美国：自下而上地形成推动环境保护的强大力量

19 世纪末，美国完成了工业化和城市化，1894 年，美国工业产值已经跃居世界首位，接近全球工业总产值的 1/3,[1] 但环境污染问题也愈发严重。美国的

① 《美国制造业的兴衰史“回流”是否奏效》，搜狐网，http：//www. sohu. com/a/231152075_550734。

主要工厂都建在河的两岸，大量生产废弃物直接排放到河里，当时芝加哥河上的油脂形成了“液体彩虹”，煤炭、石油等的大量开发和使用造成了资源能源消耗量急剧增加，据统计，美国能源中煤所占的比率由1850年的9.3%上升至1900年的71.4%。不充分燃烧而排放到空气中的废气造成了严重的大气污染，著名的钢铁工业中心匹兹堡曾由于严重的大气污染被称为“烟雾之城”。此外，城市人口的增加也带来了垃圾、污水等生活废弃物的肆意排放，大大降低了城市环境质量。随着中产阶级队伍的扩大、生活水平和文化素质的提高，对健康生活环境的需求愈加强烈，人们为了争取生存环境空间而掀起的环境运动此起彼伏。20世纪60年代初，美国著名学者蕾切尔·卡逊《寂静的春天》一书的发表，标志着美国规模化环境保护运动的兴起，美国政府和民众的共同参与将运动推向了高潮。美国环境保护最大的特色是公众参与度高，成立了很多非政府组织，形成了政府、非政府组织、公众三位一体的环境保护体系。来自民间环境保护的强烈需求自下而上地推动了美国环境保护政策实施，主要包括以下几个方面。

### （一）形成完善的环境保护法律体系

美国一贯注重加强立法来建立环境保护的法律框架，包括美国国会制定的生态保护相关法律，美国环保局和其他生态保护相关部门制定的规章、总统行政命令、国际条约等。最先引起人们对环境重视的是垃圾肆意向河道倾倒影响了航道通行，1899年，联邦立法机构通过了垃圾管理法。1955年，《空气污染控制法》是第一部联邦大气污染控制法规，之后，《1960年空气污染控制法》、1967年《空气质量法》、1970年《清洁空气法》等针对大气污染的法律法规相继出台，对空气质量标准、车辆生产和配件标准、燃料生产标准等都进行了严格的规定。1969年通过的《国家环境政策法》是美国环境保护法律体系的基础，标志着美国环境治理进入了使用先进立法技术的新阶段。1990年通过的《清洁空气法修正案》，把环境治理与可持续发展紧密联系在一起。在联邦法律制定层面上，地方政府部门也注重加强地方环境保护立法，形成了包括联邦、州、地区、地方政府四个层次的多达几十个法律、上千个条例的完整的、全面的环境治理法律体系。

### （二）成立多层次的环境保护管理机构

美国根据《国家环境政策法》建立了既有联邦政府层面又有州政府层面的环保管理机构，实行层层管理，并通过严格的环境管理，有力地保证了各项法律和政策落到实处。在联邦政府层面上，1969年设立了国家环境质量管理委员会，主要负责向总统报告国家环境质量；1970 年成立美国环保局，根据国会授权可以制定一些解释性条例来完善环境法；1993 年成立总统可持续发展委员会。此外，还有资源保护机构内政部，主要负责保护土地及土地上的自然资源；负责核能研发和安全以及能源相关技术研发使用的能源部，维护美国生态安全；农业部下属的美国林业局主要负责林业及森林中各种动植物以及土地、水和其他资源的保护。在州政府层面，生态环境保护机构主要有各地环保局和环境质量委员会，也有不少州设立可持续发展委员会，与联邦层面的管理部门相互协调，依法享有行政执法权。

### （三）以技术创新强化环境保护力度

美国的环保技术居于世界领先地位，据统计，2015 年，美国对技术研发的支出为 1450 亿美元，居全球首位，其中有很大比例用于生态环境或与生态环境相关的技术领域，生态技术创新被美国官方认为是推动环保产业发展的良好动力之一。美国的生态科技创新主要包括两方面：一是通过环保技术创新提升环境效益；二是通过环保技术创新推动环保产业发展。具体做法有：1993 年美国发起了“环保技术计划”，鼓励环境计划工程的实施；设立环保领域研发中心，截至 1990 年已有 140 家；建立由企业、研究机构和政府共同组成的环保技术创新集群。在环保产业发展方面，美国最早进行生态工业园建设，开展清洁生产和废弃物再利用的循环生产模式，形成改造型、全新型、虚拟型三大类生态工业园形式。近年来，美国积极推动环境大数据，2012 年，奥巴马政府颁布了《大数据的研究和发展计划》，其中与环境保护相关的有通过环境信息交换中心建立设施登记系统、环保实时数据库等整合并传输和分享数据，设立环境信息办公室加强环境数据“搜集—处理—公开—技术支持”一体化管理，等等。

### （四）充分发挥公众的环境保护力量

民众力量的广泛参与以及环保非政府组织的设立在美国环境保护中发挥了巨大的作用，美国的法律对公众参与环保做了明确的规定，使公众参与环境保护活动有法可依。据统计，截至 1990 年，美国各种各样的非政府环境保护组织已经达 1 万多个，在促进公众与政府的沟通上发挥了重要的纽带作用。美国注重改善广大民众的生活和消费环境，如积极发展绿色交通，改善公交、地铁等公共交通出行环境，着力生产和推广新能源汽车，提供资金支持生产节能、高效的混合动力汽车，美国已有 8 个州计划在 2025 年前让 3300 万辆零排放汽车上路。美国注重加强环境保护教育，从小学到大学都开设与生态环境有关的课程，还注重加强社会宣传，借助环保大数据平台，及时向公众发布生态环境变化的信息，以便公众可以及时获取和了解环境变化的进程，形成全民参与的大数据平台。

## 三、德国：注重生态环境治理的系统性和全面性

第二次世界大战前，德国是经济发展仅排在美国之后的资本主义国家，但由于遭受了第二次世界大战的重创，整个国家陷入了瘫痪，急于改变落后面貌使德国选择了以牺牲环境为代价推动工业发展，由此也造成了严重的环境污染。如莱茵河两岸的企业直接把工业废水排放到河中引发严重的水污染问题，20 世纪 50 年代末，被称为“欧洲下水道”“欧洲公共厕所”。20 世纪六七十年代，鲁尔工业区空气污染严重，人们在出行时都难以辨认方向，树木被染成了煤灰色，连昆虫的保护色都是黑色。德国重工业生产最快的时期也是污染最严重的时期，自然环境深受破坏，民众深受其害。虽然德国的生态环境保护意识觉醒和行动比英国和美国晚，但是力度和强度却不弱，经过 30 多年的生态治理，德国已经成为世界上公认的环境保护最好、生态治理最成功的国家之一。德国在生态环境治理中注重系统性和全面性，比较突出的就是建立了系统而全面的法律法规体系和教育体系。

### （一）建立了完备而详细的环保法律体系

1972 年，德国通过了国内第一部环境保护法《废弃物处理法》，随后，德国陆续通过了《循环经济和废弃物管理法》《可再生能源法》《联邦控制大气排放条例》等针对自然资源保护和废弃物排放及循环使用的多项法律法规，形成了覆盖全面、相互联系的完整法律体系。20 世纪 90 年代，德国把环境保护的内容写入了修改后的《德意志联邦共和国基本法》，专门提出“国家应该本着对后代负责的精神保护自然的生存基础条件”，环境保护被置于国家最高权威地位。据统计，德国联邦和各州的环境法律、法规达 8000 多部，此外，还实施欧盟约 400 个法规，环境保护法律几乎渗透到经济社会发展的各个领域。为了确保法律法规落到实处，德国还设立了环保警察，担负着对所有污染环境、破坏生态的行为和事件进行现场执法的职责，形成对全社会环境保护的震慑力。

### （二）积极推动产业转型升级

德国在努力推动工业清洁生产的同时也积极发展电子工业、生物技术、宇航、海洋开发及新能源、新材料等新兴产业和生态产业，着力推动产业结构升

级。在工业生产中，从以煤炭资源使用为主转向积极开发太阳能、风能、水能、地热等可再生能源。德国总理默克尔 2014 年在清华大学的演讲中曾指出："德国可再生能源发电的比例约为 1/4，到 2035 年，太阳能、风力和水力发电的比例将超过 50%。我们做到了在几十年前被认为是不可能的事：我们已经使能源消耗和经济增长脱钩，也就是说，已经使能源消耗的增长速度低于经济增长的速度。"德国在工业中积极推行循环生产模式，通过改进废弃物收集、运输和处理技术，提高废弃物的管理和再利用效率，为了支持循环经济，德国各地都成立了垃圾及废弃物再利用公司，一方面为企业提供技术咨询，帮助企业建立废弃物处理和循环使用系统；另一方面也提供废弃物回收和再利用服务。在农业生产中，德国大力倡导生态农业，规定必须使用有益天敌或机械除草方法、使用有机肥或长效肥、采用轮作或间作等方式种植、不使用抗生素、不使用转基因技术，等等。

### （三）构建广泛的环境保护教育网

德国非常注重对民众的环境保护教育，政府部门、民间组织和学校等不同的主体相互协作、各有侧重，形成了一个覆盖范围广泛的环保教育网络，联邦环境部负责全国环保意识建设的总协调，通过实行"国家环保行动计划"，大范围地向社会宣传新的环保立法、向民众普及环保知识、向企业推广环保技术。德国的环保教育是"终身制"的，幼儿教育法规就规定，幼儿园要把教导儿童维护自己以及周围环境的卫生作为一项重要内容；小学一年级学生在刚入学时，会收到 1 本环保记事本，用于记录孩子在成长过程中的环保活动，从小培养孩子的环保责任感和使命感。据统计，德国大约有 1000 多个全国及地方性的环保组织，人员达 200 万人，多数是非政府类型的环保组织，这些环保组织深入民众广泛宣传，义务向民众免费提供讲座和环保知识宣传手册。

### （四）建立完善的环境管理制度

德国注重运用环境保护规划手段来开展系统化的环境治理，从 20 世纪 70 年代开始，德国政府启动了一系列环境政策，1971 年，德国公布了第一个较为全面的《环境规划方案》，对环境保护进行总体安排，如规定几乎所有投资项目的申请不仅要提供技术数据，而且还要进行环境承载力评价，必须要通过严格的环境承载力测评。德国在 1974 年成立了联邦环境局，主要任务就是为联邦环境部提供环境技术支持，以及法规与制度方面的支持，随后，德国成立了环境问题专家理事会、联邦环境委员会等公共机构。在监督制度上，德国成立了独立的监督机构，对企业的生产和运输等环节的环保进行全方位监管。在信息管理方面，1994 年，德国制定了环境信息法规，要求各级政府和环保机构能够保证所有公民有权了解环境信息，联邦环境局会定期发布全国性的环境信息报告。此外，德国还充分利用财政税收等经济政策加强环境管理，对污染环境行为征税和收费，同时也对环保行为和生态科技创新行为实施税收优惠政策。

## 四、日本：由环境污染事件倒逼环境治理改革与完善

第二次世界大战后的日本，国内经济陷入萧条和混乱，为了尽快恢复经济，建立产业体系，日本走上了重化工业的道路，20 世纪 50 ~ 70 年代，经过了近 20 年的努力，日本基本建立起以石油、化工等重工业为核心的工业体系。但由于钢铁、电力、水泥等重工业以及化工产业，再加上城市化引发的城市环境污染，日本成为当时世界上污染最严重的国家之一，这一时期发生了震动世界的富山县痛痛病事件（锡中毒事件）、熊本县及新潟县水俣病事件（有机汞事件）和大阪机场的飞机噪声事件——被称之为“四大公害诉讼”的公害事件。[①] 四大公害直接导致数千人死亡，多人健康受到影响。公害事件引发了全日本的反公害运动，事件的受害者与庞大的律师团也逐渐开始运用法律手段来解决问题，倒逼日本立法和司法改革。

### （一）适应环境保护的需要健全法律和政策体系

为了应对环境公害事件的影响，日本首先加强环境立法，从 1958 ~ 1967 年，日本一共制定并颁布了 14 部关于环境保护方面的法律，如 1958 年的《公共水域水质保全法》和《工厂排污规制法》，1962 年的《烟尘排放规制法》，1967 年的《环境污染控制基本法》和《公害对策基本法》等。1970 年，日本对《公害对策基本法》进行修改，强调建立公害监督管理体制，把环境保护置于更加重要的位置，在这一法律指导下，日本政府设立了环境保护组织机构加强环境管理和监督。20 世纪 80 年代后，日本原有的公害事件已经得到了抑制，但随之又产生高技术污染、化学物质污染等新的公害问题，日本政府继续颁布完善法律法规，如 1991 年彻底修改了《废弃物处理法》，陆续出台《环境基本法》《节能法》《再循环法》等。此外，政府还制定了一系列节能减排和开发新能源的计划，如 2007 年公布了《21 世纪环境立国战略》，目标是建立一个“低碳化社会”“循环

---

① 翟羽伸、孝玉琴：《日本的环境政策》，载于《华工环保》1995 年第 1 期。

型社会”和“与自然共生的社会”，2009年通过了《绿色经济与社会变革》政策草案，目的是削减温室气体以发展绿色经济。完善的法律和着眼于长远的政策不仅使日本及时解决环境危机，而且把环境保护提升到更高层次。

### （二）推进环保科技创新和开展国际环保技术合作

早在20世纪60年代，为了应对大气污染，日本就把技术开发的重点确定为减少大气污染物质的排放上，推动了发电厂的脱硫、脱硝技术发展。随着新的环境污染问题的出现，日本的环保创新专注于防止全球气候变暖、臭氧层保护、废弃物的处理及循环利用等方面。1999年，日本内阁会议通过的《环境白皮书》提出了“环境立国”新战略，把21世纪定位为“环境世纪”，并指出依靠技术创新实现环境保护的目标。2002年，日本中央环境审议会审议通过了《环境研究和技术开发的推进方针》，为日本环境保护技术的开发和创新提供了宏观指导和支持。2006年，日本政府制定了《环境研究和环境技术开发的推进战略》，并拟定了具体的实施方针，划定了需要重点推进的若干个领域，在产学研合作机制、环境科技创新政策体制、大规模研发资金投入等共同推动下，日本的环保技术已经同其电子技术和汽车技术并列为三大先进技术。此外，环保技术的国际合作也是日本“环境外交”的重要内容，如1989年，通产省成立了“环保技术国际转让中心”，主要目标是向亚洲和东欧国家转让环保技术。为了加强环境技术的研究和开发交流，日本曾多次主持召开有关环境技术问题的国际会议和全球环保技术博览会，为环保技术出口提供了很大的展示平台。迄今为止，日本已为蒙古国提供了矿山废水处理技术，向中国和匈牙利输出脱硫技术，向拉美国家提供城市污染治理技术等。

### （三）激发微观主体参与环境保护的积极性

日本积极鼓励企业、公众、研究机构等各微观主体参与到环境保护的行动中。一方面，对可能造成环境污染的企业进行环境风险意识的教育和培训，提高员工应对环境污染突发事件的能力；另一方面，向广大民众积极宣传环境污染治理研究的最新成果，增强民众对环境保护的信心和对政府的信赖。不少大企业都设立了专门负责环境保护的部门，并采用先进废弃物处理技术和设备，如丰田公司设有“丰田环境委员会”，由丰田社长担任负责人，确保在保护环境的前提下开展生产。日本非常重视民众的环境保护教育，20世纪50年代中后期开始，日本学校开始大力发展环境教育，一开始主要以公害教育为主，后来慢慢转向把环境教育思想融入中小学生的日常教育中，1993年日本通过的《环境基本法》明确规定学校环境教育的主要形式和方法等内容。经过的几十年的教育，日本民众的生态环境保护意识已经十分深刻，生态环境保护行为也更加自觉。

## 五、新加坡：生态环境保护与经济发展协调推进的新兴市场国家典范

新加坡于1965年正式成为独立国家，在建国初期，新加坡的经济社会发展还较为落后，连片的棚户区泥泞不堪、垃圾遍地、蚊虫肆虐、瘟疫蔓延，河水被随意倾倒的垃圾污染。为了改变落后面貌，新加坡开始实施工业化发展战略，海运、船舶修理、建筑、石油冶炼等本土工业得到迅速发展。工业化和城市化引发了严重资源短缺和环境污染问题。所幸新加坡的生态环境问题被较早关注，1970年4月，新加坡政府设立了直属总理办公室的反污染单位，1972年9月，新加坡为了更严格地控制污染，专门设立了环境和水资源部，明确提出“洁净的饮水、清新的空气、干净的土地、安全的食物、优美的居住环境和低传染病率”等国家目标，对工业化造成的环境污染问题进行及时治理，新加坡用10年时间改造河道；20年时间改造沼泽地和旧城，建设新城；30年时间进行文明友善礼貌的宣传教育；40年时间打造旅游城市形象，如今已成为世界公认的花园城市。新加坡环境保护的经验主要有以下几点。

### （一）实施严格的环境执法

新加坡不仅有完善的环境立法，更重要的是法律的执行非常严格，新加坡的法制之严举世闻名，环境法制也不例外。通过对环境污染和破坏行为进行重罚，形成了全社会环境保护的强大威慑力。1966年，新加坡颁布了独立以来第一部与环境保护有关的法律——《破坏法》，此后，又陆续出台《环境公共卫生法》《环境污染控制法》等多项法律，形成对环境污染和资源使用严格的法令管制，对各种废弃物的管理和处理也有详细的规定。新加坡环境执法在全球是最严格的，形成了罚款、没收、矫正工作令、监禁乃至鞭刑的环境犯罪刑事惩罚体系。如乱扔烟蒂、随地吐痰、攀花折木、破坏草坪、驾驶冒黑烟的车辆等都会被处以多达上千新加坡元的罚款。一些破坏公共环境者会被充当反面教员，穿上标志垃圾虫的服装当众扫街，正是破坏环境的刑罚之重和代价之高，使新加坡居民自觉养成良好的环保习惯。

### （二）制定环境保护长远计划

早在20世纪70年代，新加坡的环境管理部门就意识到土地资源的重要性，从而在城市发展规划中充分考虑对土地资源的合理利用，制定了面向2020年土地利用战略规划，该规划限制影响环境的土地利用，规定工业项目和公共住房建设要有配套的环境设施，工业集中区和自然保护区要分开。新加坡作为水资源短缺的海岛，在水源的规划和保护中实行“全民水源”的政策，制定了合理使用天然降水、进口水、新生水和淡化海水的计划，有效保证了生产和生活用水。近年来，新加坡又先后出台了新加坡2012年绿色计划、国家再循环计划、无垃圾行动等环保措施，其中绿色计划又进一步细化为废物处理、清洁空气、自然保护等24个项目的155个行动计划，明确了新加坡环境保护的方向和目标。

### （三）开展全民环境保护终生教育

在严格执法的同时，新加坡政府也注重加强环境保护教育，不断提高整个社会的环境保护意识，经过多年的努力，新加坡已经形成了由学校、社区、企业和大众媒体等构成的完善的环境教育体系。在学校教育中，学校课程体系中设置了环保教育课程，如地理、社会知识和科学等课程中就有有关循环经济和节约资源能源的知识。2013年，新加坡发起了“生态学校项目”，这是当今世界上面向青少年最大的国际环境教育项目，旨在通过让学生参与有趣的、实践导向的环境学习，把环境知识与实践相结合，帮助当地改善生态环境。在社会教育中，定期开展清洁与绿化新加坡运动，社区和企业经常组织一些环境保护活动，开展环境保护评比。此外，大众媒体也对环境保护负有宣传报道的义务，开辟专栏进行案例介绍和评论等，不断扩大广大居民对环境问题的认识度和知晓度。

### （四）政企合作和市场化管理

新加坡积极探索由政府与企业合作共同治理环境污染的新方式，引入市场化管理，不断提高环境治理效率。如大型环境基础设施建设需要大规模投资和大量人力物力投入，企业的参与可以大幅度提高效率水平，吉宝西格斯大士垃圾焚化发电厂是新加坡首个国家与私人合作的垃圾处理项目，整个项目由国家策划，但是建设和经营交由吉宝西格斯环境科技公司负责。新加坡“新生水”厂的建设也是政企合作的成功典范，由政府出资规划，具体建设采取企业招标，参与整个工程建设的公司有600多家。在日常的环境维护中，政企合作也非常普遍，如对于生活垃圾的处理，政府把新加坡分成七个区域，采取统一招标方式，由有资质的垃圾收集商参与投标。中标的垃圾收集企业为相应区域提供生活垃圾和可回收利用垃圾的收集服务，居民向企业缴纳相应的垃圾回收费用。市场化的管理方式大大提高了新加坡的环境保护效率，也有利于发挥企业创新积极性和实现废弃物的再利用。

## 六、小结

无论是老牌的工业化国家，还是新兴的工业化国家，几乎都走过了一条“先污染，后治理”的工业化道路，在环境治理中付出了高昂的代价。发达国家的环境污染主要源于两个方面：一是重化工业的发展，如钢铁、水泥、化学工业等引起的资源能源过度消耗和废弃物的任意排放，引发了大气、水、土壤等严重污染和破坏；二是伴随工业化和城市化进程，大量人口的过度集中导致生活废弃物的肆意排放而引发环境破坏。

虽然不同的发达国家环境治理的侧重点和实施方式不同，但大都包含以下几个方面：一是加强立法，制定生态环境保护严格的法律，对破坏环境行为制定严格的惩罚措施，清楚地界定了全社会环境行为规范。二是政府制定了多样化的环境保护政策。成立了由中央到地方的多层次政府环境保护管理部门，各部门相互分工，各司其职，确保各项环保政策落到实处。在具体政策实施中，囊括了计划规划、法律政策、财税政策、产业政策、投资政策、奖惩政策等政治、经济、文化等多重政策，把政府干预与市场机制有机地结合在一起。三是民间环境保护运动的巨大推动作用。西方发达国家的环境保护运动作为自下而上的力量，有力地推动了政府环境保护的开展，在环境保护运动中纷纷成立的非政府环境保护组织，发挥了沟通政府和民众的重要纽带作用，成为民间环境保护的重要力量。四是注重环境保护教育。很多发达国家和地区都把环境教育纳入居民的终生教育中，通过环境教育进课本、进课堂、进社区、进企业等在全社会形成了广泛的环境教育网，有力地提升了居民的环境保护意识。五是积极推动生态科技创新，围绕污染治理、新能源开发、废弃物处置、发展循环经济、生产高效能等方面积极开展技术创新，为生态环境保护提供更多先进的技术手段，破解环境保护的难题，提升环境保护效率。

老牌的工业化发达国家和新兴的工业化发达国家在应对环境污染方面又会有所差别，英国、美国、德国等老牌发达国家工业化水平较高，经济实力较强，但是积累的环境污染问题也较严重。产业结构的调整、城市布局的规划等方面的体量和规模都较大，环境保护面临较大压力。日本、新加坡等国是在第二次世界大战后才开始加速推进工业化，一方面要推进工业化的进程，另一方面又要应对生态环境问题，但可以在工业化进程中不断调整产业结构和建立有利于环境保护的产业部门，在产业布局、城市规划等方面也更加现代化。

发达国家和新兴工业化国家在环境治理方面也存在一些不足。第一，大多数发达国家对环境保护缺乏总体规划，主要是针对具体的环境问题进行治理。第二，发达国家的环境治理和保护比较注重发挥市场机制作用，如给予企业和个人更多的自主权和选择权，政府的干预力和约束力相对较弱，因此，西方环境保护政策中充满了自由主义的思想，缺乏顶层设计和自上而下的宏观把控，环境资源配置中往往出现市场失灵。第三，西方环境治理的计划和政策缺乏连贯性，特别是领导人的更迭对政策的影响很大，不同政党的领导人执政后可能会否定之前的政策和计划，破坏了生态环境保护政策的持续性和稳定性。第四，受资本主义制度的影响，发达国家的环境保护比较看重自我利益和个体利益，很多企业、个人，甚至是政府部门的环境保护行动往往会把成本与收益放在一起进行比较，只有对自身有利的才有积极性。因此，他们缺乏主动对外开展环境合作的意识，在国际环境谈判中注重个体利益的得失妨碍了全球环境治理的进程。

## 第二节　发展中国家提升环境竞争力的行动

相比于发达国家而言，发展中国家提升环境竞争力面临的压力要比发达国家大得多，发达国家是在完成工业化或者基本完成工业化后对环境污染进行治理，雄厚的经济实力和先进的科技手段可以为环境保护提供有力支撑。发展中国家在工业化起步时期就必须同时开展生态环境保护，然而，经济发展水平的落后，资金和技术的缺乏使发展中国家面临着如何协调经济发展与环境保护关系的难题。世界银行对“极端贫困”定义的标准是每天生活费不到 1.9 美元，1 年约合 694 美元。截至 2015 年，全球生活在极端贫困中的总人数为 7.36 亿，主要集中在南亚和撒哈拉以南非洲地区。[①] 很多发展中国家连温饱问题都没有解决，执意要求这部分发展中国家承担环境保护责任只会徒劳无益。然而发达国家仍然强烈要求发展中国家承担减排义务，并且不履行或不完全履行对发展中国家提供资金和技术援助的承诺，发展中国家长期在面临环保和发展的双重挑战中艰难前行。尽管

① 《美媒：世行称全球极端贫困人口首次降至 7.5 亿人》，中国网，http：//news. china. com. cn/2018 - 09/21/content_63746629. htm。

如此，一些率先发展的新兴发展中国家在环境保护中仍然采取了积极有效的措施，并且在很多方面借鉴了发达国家的经验，如完善环境保护的法律体系建设，加强对国民保护环境的教育，成立专门开展环境保护工作的政府部门和管理机构，实施各种配套政策等，也形成了一些较有特色的做法，不断提升发展中国家的环境竞争力水平，以金砖国家的环境保护努力为例，可以从中得到一些提升我国环境竞争力的经验借鉴。

## 一、俄罗斯：努力提高资源能源利用效率

俄罗斯是一个自然资源存储量极其丰富的国家，长期以来，自然资源出口成为拉动俄罗斯经济增长的重要动力，但是过度依赖能源等原材料出口也使俄罗斯经济增长受制于国际市场能源价格。要推动经济发展模式的转型，首先要解决能源的合理利用问题，即降低经济转型成本，提高自然资源的利用效率。据统计，俄罗斯国内约有 1/3 的燃料能源被浪费或者没有被有效利用，俄罗斯的 GDP 单位能耗率比世界平均水平高 1. 5 倍，超过发达国家 2. 5 倍。有专家测算，如果对俄罗斯的能源利用结构进行升级，提高能源开发和能源加工的技术工艺水平可以使其经济增长量提高近 70% 。2009 年，俄罗斯通过了《俄罗斯联邦关于节约能源和提高能源利用效率法》，从法律上明确规定要把节约能源和提高能源利用效率作为环境保护的重要方面，随后，俄罗斯政府根据该项法律推出了 6 个联邦级节能项目并落到实处。2013 年，俄罗斯政府通过了《2013 年 – 2020 年能源效率和能源发展规划》，更加具体地提出了能源开发和使用的具体步骤，并提出到 2020 年，俄罗斯单位国内生产总值能源消耗将比 2007 年降低 13. 5% ，原油加工深度平均提高至 85% 的具体目标。为了配合规划的实施和目标实现，俄罗斯推出了“节约能源和提高能源效率、能源发展和现代化、石油工业发展、天然气工业发展、煤炭工业重组和发展、再生能源使用发展、国家规划实现保障”① 7 个项目。此外，为了及时发布能源利用和能源效率工作进展，俄罗斯政府于 2010 年成立了“节能和提高能源效率国家信息系统”，成为政府公开环保信息的重要渠道。

## 二、巴西：政府、企业、公民三方联动治理城市化污染

从 20 世纪 50 年代开始，巴西进入了快速工业化时期，在 60 ~ 70 年代的 10

① 《俄罗斯：未雨绸缪应对环境挑战》，载于《经济日报》2013 年 8 月 21 日。

多年间，巴西经济增长速度均在10%以上，创造了著名的“巴西奇迹”。城市化在工业化的带动下也快速发展起来，20世纪70～90年代，在不到20年的时间里，巴西的城市化水平就从50%提高至70%，步入了城市化后期阶段。但是城市基础设施建设的落后导致城市承载力不足，过快过度的城市化引发环境污染对巴西的生态环境造成了集中性的破坏。根据世界卫生组织2013年公布的91个国家逾1100个城市的空气污染品质研究报告数据显示，巴西城市平均水平比可接受的污染标准高出2倍，空气品质恶劣全球排名第44位。① 巴西在治理城市环境污染中制定了严格的法律，特别是“许可证制度”和《环境犯罪法》的惩罚性力度很大，如“许可证制度”规定，对环境可能产生较大影响的活动一律必须通过环境监管部门的事先评估与审核，《环境犯罪法》也对破坏环境者规定了严格的刑罚。巴西的环境治理中还有一些比较有特色的做法，如开展“绿色交换”活动，由政府部门组织和补贴，市民将生活垃圾，诸如纸类、金属类、塑料类、玻璃类、油污类等垃圾收集起来送到附近的交换站，可以换回一些基本食品，久而久之，市民养成垃圾分类和垃圾集中处理的习惯。“绿化换税收减免”也是有特色的做法，巴西南部的库里蒂巴市的法律规定，某个家庭只要在庭院或者房屋周围植树种草绿化，土地税和物业税可根据绿化面积的大小相应减免，但是如果破坏森林、乱砍滥伐，将会受到严厉惩罚。巴西的环境保护已经形成了政府、企业、公民三方联动、共同参与的环保治理格局。

## 三、印度：注重法律和管理改善城市环境卫生

印度的城市化进程、工业化进程以及严重的贫富不均都对环境产生了巨大的破坏。印度在工业化进程中，钢铁企业、矿业以及造砖厂基本采用的都是高污染生产工艺，粗放式的生产方式和落后的技术导致了大量废气排放，工业废水及油漆中的重金属对水资源的污染也极其严重。数量庞大的贫民窟缺乏最基本的生活设施，生活废水和排泄物未加处理地直接排放到环境中。在全球污染最严重的城市中，印度就有13个，地下水污染、河流污染、采矿污染、森林退化等生态环境问题对广大公众的身心健康造成了巨大的伤害，在过去的40多年里，印度的资源减少和环境破坏已使印度的粮食减产一半。据世界银行统计，每年环境退化给这个南亚最大国家增加的发展成本是800亿美元，相当于其1年GDP的5.7%。印度早在甘地任总理期间就把环境保护置于较高的地位，在1976年宪法

---

① 《巴西过度城市化致环境污染等多方面问题》，载于《经济参考报》2013年12月10日。

中加入了“国家将努力保护和改善环境，并保护国家森林和野生动物的安全”，成为世界上第一个把环保写入宪法的国家。由于印度是联邦制，印度的环境管理由中央政府和邦政府两级实施，中央层面的国际环境委员会是有关环境事务的最高决策机构，地方各邦也成立了相应的环境管理机构。印度司法体系比较完善，在环境治理中坚持司法独立，最高法院作出了很多有利于环境保护的裁决，赢得了广大民众和非政府组织的支持。印度还积极参与全球环境治理，是最早参与联合国气候大会的发展中国家之一。印度把改善基础设施与联合国的“可持续发展”城市计划相结合，采取公私合作模式，适当地引入一些国外投资者参与本国公共产品的供给，充分利用国外投资者的资金、技术来改善城市贫民窟和城市环境的卫生，印度泰米尔纳德邦首府金奈市的环境治理就是跨界公私合作成功的典型案例。[①] 截至2010年，印度是签署国际环保条约最多的发展中国家。

## 四、南非：生态修复与自然资源合理开发有效结合

南非的矿产资源丰富，是世界五大矿产国之一，矿业的过度开采也给当地的生态环境造成了较大的破坏，如矿井的不当开采导致严重酸性矿井水问题，对南非用水安全造成极大威胁，5000多座的废弃矿山严重危及环境安全。南非制定了详细的矿山生态环境恢复方案，如把废弃的矿山改造成矿业博物馆和矿业公园，约翰内斯堡郊区的金矿博物馆是保留较完整的矿山公园，南非把矿山公园与旅游业发展紧密结合，开发了许多旅游项目，既保护了矿山遗迹，又有效解决了废矿井的环境安全问题。南非生物种类数量名列世界第三，为了有效地保护生物多样性，南非在全国建立了400多座生态环境保护区，数量和比例都位居世界前列，这些生态保护区被开发成相应的旅游项目。南非还注重减少环境污染，在农业生产中，南非重视发展有机农业，明文规定禁止使用任何污染环境和损害人畜健康的农药，尽量通过对豆科作物、作物秸秆、牲畜粪肥等循环利用来生产有机肥，保持土壤肥力等。此外，对废弃物的回收和再利用也是南非生态环境保护中重要的做法，如早期政府立法对超市塑料袋征税，大大减少了塑料垃圾问题，成立了回购塑料袋的公司，据统计，南非回收利用的废旧纸张占国内纸张总产量的37%，废旧塑料制品的回收率达17%，高于美国和欧洲的一些发达国家。

---

① 王金强：《印度环境治理的理念与困境分析》，载于《江西师范大学学报》（哲学社会科学版）2017年第3期。

## 五、小结

最近几十年来，新自由主义主导的经济全球化，在推动发达国家占领全球市场、把低端和污染型制造业对外转移的同时，也把工业化推向了全球，这股浪潮也席卷了广大发展中国家，在推动部分发展中国家工业化进程的同时，也引发了自然资源的可持续利用和生态环境污染破坏问题的全球化。在国际环保主义日益高涨的形势下，发展中国家的工业化进程面临的压力越来越大。从大多数发展中国家的国情来看，发展经济仍然是首要需求，发展中国家的环境污染问题还会持续一段时间，峰值的下降一定程度上取决于经济发展的程度。

金砖国家是新兴发展中国家的代表，金砖国家环境保护的主要做法有几个共性：一是加强立法，根据环境保护和污染治理的需要出台相应的法律法规，同时加强执法，对违反环境保护法律法规制定了严厉的惩罚措施。二是加强教育，把环境保护教育融入学校教育、企业教育、社区教育中，提高广大居民的环境保护意识，通过加强宣传引导人们采取更加主动的环境保护方式。三是推动产业结构升级，淘汰资源消耗大、污染严重的产业部门，开发新能源和新产品，建立新兴产业部门。四是开展有针对性的环境污染问题治理，发展中国家正处于环境污染集中爆发时期，对一些破坏性强的环境污染问题进行重点治理。五是实施环境保护的相关政策，以政策引导广大企业和居民形成自觉环境保护行为。

当然，发展中国家的环境竞争力水平还较弱，与发达国家相比还有较大差距，主要表现为：一是环境保护的力度不够。无论在政策制定还是执行方面，受制于经济发展的需要，政策制定者和执行者往往会从经济利益的角度出发，放松了政策制定和执行力度，也缺乏有效的监督。特别在一些发展落后的地区，为了逃避上级监管，资源破坏和污染偷排现象时有发生。二是承接转移的污染产业。发达国家为了保护本国的环境，把一些污染性企业和生产的污染环节转移到发展中国家，一些发展中国家和地区为了引入外资，促进本地经济发展，对外来的产业和企业采取不同于国内企业宽松的环境影响评价标准，在承接产业的同时也承接了污染，如何加强对外资企业环境保护的监管和承接产业的筛选是发展中国家在环境保护中的漏洞。三是生态科技创新能力不足。发展中国家总体科技实力不强，缺乏创新基础，也缺乏创新的资金、人才等要素，与发达国家的生态科技创新能力相比还有很大的差距。因此，发展中国家缺乏环境保护的先进手段，在关键技术领域受制于发达国家。四是贫困问题限制了环境保护的开展。贫困是发展中国家普遍存在的问题，许多贫穷国家和地区首先要解决的是生存问题和人的可持续发展问题，短期内仍然会以牺牲环境为代价来求发展，无暇也无心开展环境保护。

## 第三节　发达国家与发展中国家提升环境竞争力的比较

发达国家与发展中国家所处的经济发展阶段不同，面临的环境问题不同，提升环境竞争力的侧重点也不同，把发达国家与发展中国家环境保护的行动进行比较可以看出，两者既有相同之处，也有不同之处。

### 一、发达国家与发展中国家提升环境竞争力的共性

发展中国家的工业化起步较晚，生态环境问题也是近十几年来才集中爆发，广大民众的生态环境保护意识觉醒和政府部门的生态环境治理行动也是近年来才较大规模地开展，可以借鉴发达国家的经验做法。发展中国家与发达国家的环境保护政策制定与实施和发达国家有许多共同之处，具体表现为：

一是立法先行。发达国家和发展中国家对环境污染治理普遍都注重制定法律法规，不仅有总的环境保护法，而且还针对大气、水、土地、矿山等自然资源利用和保护、生态环境治理的具体领域等制定细化的法律法规，形成了多层次、多领域的环境保护法律体系，并根据生态环境形势变化实时对法律进行修订和不断出台新的法律法规。为了确保各项法律落到实处，各个国家都不同程度地加大了执法力度，强化监督。立法先行有利于形成全社会环境保护的行为规范，确保各项政策实施的有效性，提升广大企业和居民环境保护的自觉性。

二是教育为导。发达国家和发展中国家都认识到提高广大群众生态环境保护意识的重要性，通过教育引导力求使生态环境保护从被动地要求广大群众参与到成为广大民众的日常行为习惯。因此，各个国家和地区都重视环境保护教育，许多国家把环境教育作为终生教育的重要组成部分，形成从幼儿园一直到大学的环境教育体系，同时还强化社会教育、社区教育、企业教育等，通过媒体宣传、活动开展、环保实践等形式，把生态环境保护理念渗入人们日常工作、学习和生活中。

三是政策多样。发达国家和发展中国家都十分重视环境保护政策的制定和实施，引导和激励全社会参与环境保护的行动，如产业政策、财税政策、投资政策、金融政策、贸易政策等，这些政策一般又是通过专门的环境保护机构和部门

来实施，确保政策的有效性。税收减免、利率优惠、财政补贴等政策有利于提高环境保护的积极性；环境税的征收、项目环评政策等会约束企业和个人的生态行为。由于环境保护是一个系统性的问题，这些政策彼此又相互影响，并随着生态环境的变化和环保技术的进步而不断创新，形成日益多样化的政策体系，为各个国家和地区环境保护提供保障。

四是兼顾利益。提升环境竞争力的目的是为了给经济社会可持续发展提供更有利的资源要素和环境空间支撑，然而，环境保护需要支付高昂的费用以及以经济社会发展的机会成本为代价。因此，发达国家和发展中国家在环境保护行动中会对成本和收益进行权衡，力求实现经济利益和生态利益的共赢。发达国家在环境治理中注重发挥市场机制的作用，无论是政府的投入，还是企业的投入，都着眼于追求收益的最大化。发展中国家的环境治理侧重解决经济发展与生态环境保护的矛盾，在污染治理的同时兼顾工业化进程和经济增长，因此，各国在提升环境竞争力的进程中都有相应的利益诉求。

## 二、发达国家与发展中国家提升环境竞争力行动的差异

由于发达国家与发展中国家所处的经济发展阶段不同，经济发展水平、科学技术水平的差异以及环境保护利益诉求的不同，两者在对污染治理的认识、手段、主体力量等方面又存在着较大的差异，具体表现为以下几个方面：

一是环境治理对象的差异。发达国家环境污染主要是由本国的工业化以及工业化带动的城市化引起的，因此，污染治理的对象主要是工业生产以及过快聚集的城市生活排放的废弃物污染的空气、土地、河流等自然环境，同时也对日益紧张的资源能源的合理利用进行安排，对企业生产和排放进行严格管理控制。发展中国家的环境污染除了由本国的工业化以及不成熟的城市化引起外，还有一部分来自发达国家污染产业的转移。当前的环境污染已经越来越呈现出跨国性和全球性，因此发展中国家环境治理的对象除了着眼于本国的污染源外，还要置身于全球环境系统中，应对全球环境变化，在积极参与全球环境治理中赢取话语权。

二是环境保护力量的差异。发达国家环境保护的民间力量很大，此起彼伏的环境保护运动激发了广大民众参与的积极性，同时也成立了很多民间环保组织，开展丰富多样的环境保护活动，为政府部门政策的制定贡献了很多创新性的意见和建议。发展中国家经济发展总体水平偏低，人们的生活水平也比较低，对美好生态环境需求的欲望还较低，因此，广大民众对环境保护的认识不足，民间环境保护力量还很薄弱，没有像西方国家一样出现大规模的生态环境

保护运动，环境保护主要是政府自上而下地推动，有时还会受到一些地区企业和民众的抵触。

三是环境保护手段的差异。发达国家的生态环境治理和恢复投入了大量的资金，同时也注重环境保护的人才培养，积极开展生态科技创新，提高了环境保护的质量和效率，资本、人才、技术构成了发达国家环境竞争力提升的要素支撑，也是其核心竞争优势所在。发展中国家的经济发展水平落后，市场机制不成熟，环境保护所需的投入主要由政府出资，民间资本的参与积极性不高，同时生态科技创新的力量还比较薄弱，专业人才也比较缺乏，发展中国家的环境保护手段相对还比较单一和落后，环境治理主要还是从数量上减少污染物的排放量和自然资源消耗。

四是环境治理过程的差异。发达国家环境治理是在完成了工业化后才大规模地开展起来，发达国家凭借着雄厚的经济实力和较为成熟的产业部门，通过环境治理开拓了新兴产业部门，开辟经济增长的新路径，因此，发达国家面临的环境保护与经济发展的矛盾走过了先激化后缓和的过程。发展中国家在工业化进程中，环境污染已成为制约其工业化进程的“瓶颈”，因此，发展中国家不仅要进行环境污染治理和生态修复，而且要协调好经济发展与环境保护的关系，妥善协调环境利益与经济利益。同时发展中国家的发展还会面临着发达国家施加的环保压力，外在压力和内在发展困境使其环境竞争力的提升更加艰难。因此，发展中国家环境治理过程要经历更多结构调整和经济波动，机会成本也较大。

## 第四节　国外环境治理实践对提升中国环境竞争力的经验启示

发达国家环境治理和保护的经验以及发展中国家环境治理的一些特色做法为提升我国环境竞争力提供了有益的经验和启示。我国是世界上人口最多的发展中国家，工业化和城市化起步晚，需要在工业化和城市化快速推进期间同时解决好生态环境污染问题，提升环境竞争力受制于经济规律和自然规律的双重约束，面临着更大的困难。如美国提出 PM2. 5 控制是 1996 年，人均 GDP2. 8 万美元，煤炭、工业能耗占比仅为 20% 和 7% 左右，我国是 2011 年提出治理 PM2. 5，人均 GDP 只有 5400 美元，5400 美元和 2. 8 万美元对比，而煤炭消耗和工业消耗都占将近70%。[①] 显然，中美身处不同的发展阶段和发展水平，但面临着同样的环境治理任务，中国在经济发展、能源消耗结构转变等方面都面临着更大的压力和挑战。但从另外的方面看，中国的生态环境治理又具有“后发优势”，可以借鉴国际环境治理的先进经验，引进先进的技术等。虽然当前国外环境治理与保护实践形成了很多有益的经验做法，但却缺乏普遍性的指导理念和忽视对生态价值观的培育，并且生态价值观倡导的包容和共享与新自由主义显得格格不入。撇开这些不足之处，国外环境治理实践对提升中国环境竞争力还是具有有益的借鉴之处。

## 一、完善的法律体系是提升环境竞争力的前提

发达国家和部分发展中国家开展生态环境治理的前提是建立完善的法律体系，把人们的生态环境活动限制在一定的范围之内，使生态环境保护和治理行为有法可依，生态环境保护走法制化道路，凸显权威性和有序性。环境保护的法律法规主要包含两大类，一类是防治污染的法律，主要是对污染源的控制；另一类是资源保护的法律，主要是对自然资源进行合理利用。这些法律涵盖的范围广泛，不仅有总体上的一般规定，而且针对具体的污染又有细致的法律法规，形成了全面的环境保护法律网，而且法律的可操作性强，贯穿于环保系统的各个部门，生态司法、绿色执法、环保守法等各个环节紧密相扣，使环境保护井然有序。我国有关环境保护和治理的成文法律数量不多、系统性不强、环保执法能力不足、执法手段单一、司法机关的执行积极性也不高等。应借鉴国外的经验，既加强综合性环境保护的立法，又立足生态环境的短板，制定相关单行性法规，同时还要加强各个法律法规之间的协调，形成结构合理、层次分明的法律体系。要强化《中华人民共和国环境保护法》的执行力度，提高法律的权威性和执行力。此外，还可以借鉴美国、日本和巴西等国经验，制定《环境教育法》或《环境教育推进法》，以法律的权威确保环境教育的落实和实施。

## 二、加强生态环境保护教育是提升环境竞争力的根本

生态环境保护和治理不能局限于当前的努力，更重要的是要代际相承，久久为功，把由政府部门推动的保护环境行为转变为每一个公民自觉参与的行动，并

① 《陈吉宁：我国当前生态环境保护面临五方面挑战》，人民网，http：//env. people. com. cn/n1/2016/0419/c1010－28287924. html。

上升为个人价值追求。一些发达国家和发展中国家非常注重加强公民的环境保护教育，如美国，“人人享有优美环境的权利，但人人都有保护环境的义务”“我们只是子孙后代生活环境的托管者”等理念深入人心；德国、新加坡等国家建立了环境教育的终身制度，环境保护成为这些国家日常生活的习惯。人是生态环境保护中最积极能动的主体，人的素质提高和生态环境保护能力的提升是持续维持和提升环境竞争力的根本，我国应借鉴这些国家的经验，把开展生态环境保护教育作为持续提升环境竞争力的重要抓手。我国近年来虽然也注重环境教育，但程度还远远不够，学校教育中没有把环境保护教育作为独立的一个方面凸显出来，社会教育中一般注重对城市的社区宣传，农村的生态环境教育几乎还是空白。应建立从学校到社会的广泛的环境保护教育网络，真正推进环境保护的代际传承。

## 三、强化科技创新能力是提升环境竞争力的动力

人类的经济社会活动以环境为载体，当原有的环境问题被解决时，新的环境问题又会产生，环境保护的手段和方式需要与时俱进的改进和创新。发达国家的环境保护历程表明，环境保护是人类必须持之以恒的行动，要以动态和发展的视野来看待环境污染问题，对可能产生的环境污染进行预判和评估，必须通过技术创新提高环境保护效率，把环境污染从末端治理逐渐向前端的控制转变。美国和欧洲等国家非常注重环境科技创新，如美国制定了2050年前美国全部使用清洁能源路线图，并在清洁能源开发方面取得了一系列尖端的研究成果；瑞典借助其高度发达的技术体系，注重森林生态的科研投资，推动了生物质能的研发及在森林工业中的运用。我国也要在创新驱动发展战略实施中加大生态科技创新的力度，努力突破一批节能环保的关键技术和工艺，大力发展绿色环保产业，努力推动科研成果转化，推动制造业的绿色转型。此外，要把现代信息技术和互联网技术融入环境保护中，运用环保大数据及时收集和提供有关环境质量变化的信息，并通过数据分析，实时监测环境变化，动态调整环境保护方案。

## 四、培育多元环境保护主体是提升环境竞争力的基础

国外的生态环境治理实践表明，环境保护不应只是政府唱“独角戏”，应该充分调动企业和广大公众的积极性，形成政府—企业—公众三位一体的主体力量。在国外，公众参与生态环境保护主要有两个渠道，一是政府引导公众参与到生态环境保护过程中，建立群众参与机制，通过听证会、意见征求等渠道提供群

众意见诉求的渠道；二是公众自发参与生态环境治理，对政府及行政管理部门进行监督，对其中的不作为行为提起环境诉讼。[①] 企业参与生态环境保护主要是企业的生产要在环境保护法律允许的范围内，各类企业每年都要向社会公布企业社会责任年度报告，并公开环境保护信息。如日本政府从国民教育、非政府组织发展、企业环境经营等多个方面构建了社会参与环境治理的激励机制，英国把公众的意见作为政府部门环境治理评价的重要考量。我国生态环境保护中，政府是主体，广大企业和公众被动参与，缺乏激励机制，也缺乏企业和公众环境诉求的渠道。借鉴国外经验，一方面通过开展科普活动和宣传来提升企业和公众环境保护意识；另一方面实施听证代理人制度，选择公众代表参与听证，开通网络通道，接受群众的意见、提议和监督。大力实施奖励政策，对环境保护中积极参与的企业和个人给予物质和精神上的奖励，充分调动企业和公众参与的积极性和创造性。此外，政府还可以建立生态环境治理考核体系，将生态环境改善和政策执行力度与效果作为政府执政能力的重要评价指标，增强政府管理的积极性。

## 五、完善生态环境治理体制机制是提升环境竞争力的支撑

发达国家生态环境治理较多地引入了市场机制，充分发挥市场在资源配置和提高效率方面的积极作用，如西方国家把环境看作是一种生态要素，实施污染者付费、排污权交易、碳汇、环境税等经济政策手段，市场价格机制的引导一定程度上会自发减少环境污染；发达国家还通过财政补贴、税收减免等激励性的手段来降低治理成本和鼓励企业开展生态科技创新，极大提升了环境治理的效率，如日本通过建立碳排放交易市场、可再生能源市场、排污权交易市场等市场机制作用自动引导环境资源配置。在国外，环境污染普遍采用第三方治理模式，即排污企业与专业环保公司签订合同，环保公司为排污企业的污染物治理提供专业化的服务，并从中收取一定的费用。我国当前的生态环境治理主要依靠行政机制，环境执法、总量控制、区域限制等不仅使环境保护机械化，也造成了区域分割，环境治理效率不高。可以把行政机制与市场机制相结合，在做好顶层设计的基础上，更多地引入市场机制，行政手段与经济手段相结合，完善市场的价格调节机制，进一步健全排污权交易、碳交易等市场的运行机制。积极推广环境污染第三方治理方式，鼓励和支持环境污染治理服务企业的发展。此外，打破行政条块分割，对环境污染治理开展多个区域合作，形成一体化的治理机制。

---

① 朱作鑫：《城市生态环境治理中的公众参与》，载于《中国发展观察》2016 年第 5 期。

## 六、系统性推进环境治理是提升环境竞争力的保障

国外在生态环境治理中，非常注重从整体上把握生态环境的变化，并注重区域间和国家间的合作。如德国在莱茵河的治理过程中，主推成立了由德国、法国、瑞士、荷兰、卢森堡等国家共同组成的“保护莱茵河国际委员会”，在纵向上对莱茵河上下游进行跨国的整体治理，横向上视莱茵河为大生态系统，把莱茵河同周边的城市、农村、森林、湖泊等作为一个整体进行综合治理。[①] 国外在生态城市的建设规划中，也把城市看作是一个大生态系统进行综合考虑，美国的克利夫兰生态城市建设议程，涉及空气质量、水质量、气候变化、能源、绿色建筑、基础设施、交通等一系列目标。我国的生态环境治理还缺乏从系统性和整体性的角度来把握，特别是受制于行政条块分割，各个地区地方环境保护政策缺乏衔接，环境管理过程中多头管理，责任不清，降低了环境保护的效率。我国要从整体上推进环境保护，加强对生态文明建设的总体设计和组织领导，建立污染防治的区域联动机制，通过成立跨区域的环保机构和组织，实施统一规划、统一标准、统一行动、统一监测、统一执法等手段，从根本上解决环境污染问题。此外，我国要加强环境治理的国际合作，致力于全球气候变暖、新能源开发等，推动全球环境的改善。

中国在环境治理与保护中虽然缺乏实践经验，但是中国具有深厚的生态文化基础，生态文明建设理念已经成为我国生态环境治理和保护的重要价值观，在实践中探索出了一条中国特色的生态环境保护之路。因此，我国提升环境竞争力既要有国际视野，积极吸取国际上的有益经验，又要立足于我国社会主义制度和生态文明建设的优势，走中国特色的生态环境保护的道路，把中国传统的生态文化、长期生态环境保护实践中形成的价值理念以及当代中国生态环境保护行动相结合，不断凝聚中国参与全球环境竞争的核心竞争优势。

---

① 王莹：《国外生态治理实践及其经验借鉴》，载于《国家治理》2017 年第 24 期。

# 第九章

# 生态文明视阈下中国环境竞争力提升的路径

站在人类文明发展的历史长河中，中国提出的生态文明是人类文明发展史上的重大创新和突破，从来没有一个国家和地区把环境问题提高到如此高度和重要地位，也没有一个国家和地区把环境问题视为如此深刻而长远的问题。生态文明理念为中国环境竞争力提升构建起系统化的路径，开启了中国特色的生态环境治理与保护的征程，生态文明引领下的中国在生态环境治理中一系列的创新性实践更是提升了中国在全球环境治理中的影响力。自中共十八大提出加快生态文明建设，并把生态文明建设纳入中国特色社会主义事业“五位一体”总体布局中，中国的环境保护和建设以前所未有的速度向前推进，一系列文件的密集出台以及生态文明体制改革总体方案的确定构建起了中国生态文明建设的顶层设计，从理念升华到制度设计，再到实践检验，中国探索出了不同于西方工业文明、突破传统经济增长束缚的绿色发展之路，成为中国道路的重要组成部分。中共十九大进一步对美丽中国建设进行了总体和长远的部署，引领中国在建设美丽的社会主义现代化强国征程中不断前进。中国还在国际上积极传导生态文明的价值理念，参与全球生态环境治理，为全球生态环境改善、构建人类命运共同体作出了巨大的努力。生态文明理念指导下的中国环境竞争力提升要站在人类永续发展的进程中，适应时代发展的变化，从理论和实践上不断凝聚中国环境竞争的核心优势。

## 第一节　中国环境竞争力提升步入新阶段

中共十九大报告指出，经过长期努力，中国特色社会主义进入了新时代，这是对我国发展新的历史方位的重大判断，意味着中国特色社会主义步入了新的发展阶段，需要解决的问题更加复杂，人们对美好生活也有了更高的期待。新时代的一个重要特征就是我国社会主要矛盾已经转化为人民日益增长的美好生活需要和不平衡不充分的发展之间的矛盾，不平衡不充分主要表现为区域、城乡、收入分配、经济结构等经济社会发展多个领域的失衡和不协调，其中，生态环境方面的不平衡不充分表现为经济快速发展需求与生态环境污染破坏的不平衡、经济发展对资源能源需求的增加与资源能源存储量不足之间的不平衡、人们生活水平的提高对生态环境质量要求提高与美好环境供给不足之间的不平衡、生态环境发展质量的不充分等方面。新时代开启了我国建设社会主义现代化强国和实现中华民族伟大复兴的新征程，中共十九大报告把第二个百年奋斗目标表述为“把我国建成富强民主文明和谐美丽的社会主义现代化强国”，增加了“美丽”的要求和“强国”的表述。“美丽”一词描绘了未来美丽中国建设、人与自然和谐相处的新画卷，是社会主义现代化强国的重要标志之一，这意味着良好的生态环境是国家综合国力的重要组成部分，是国家强大的重要标志，是国际竞争力的衡量标准。在美丽中国建设中提升中国环境竞争力适应了我国社会主义现代化强国目标方向，有利于补齐我国生态文明建设的短板，在适应全球环境变化中提升中国的国际地位。

新时代意味着我国生态环境保护也步入了一个新的发展阶段，习近平总书记在全国生态环境保护大会上提出：“建设生态文明是中华民族永续发展的根本大计”，“根本大计”一方面指出了生态环境保护任重而道远，要有长远的谋划；另一方面也表明生态文明是中华民族伟大复兴征程中的不可或缺的重要部分，处于根本性的地位。全国生态环境保护大会进一步提出了新时代推进生态文明建设必须坚持好四大原则，即坚持人与自然和谐共生、绿水青山就是金山银山、良好生态环境是最普惠的民生福祉、山水林田湖草是生命共同体。新时代我国生态文明建设一系列的理论创新和制度创新，形成了我国生态环境保护和建设的科学布局，也为提升中国环境竞争力构建起了全方位的支撑。中国环境竞争力提升要适应新时代的新特征，积极承担起新时期的新任务，瞄准问题，精准发力，不断累积环境竞争力的核心优势。中国环境竞争力提升步入了新阶段的特征主要表现在以下几个方面。

## 一、“两个一百年”奋斗目标的历史交汇期

“两个一百年”奋斗目标指的是在中国共产党成立一百年时全面建成小康社

会；在新中国成立一百年时建成富强民主文明和谐的社会主义现代化国家。“两个一百年”奋斗目标勾勒出中国在复兴发展之路上有序推进、步步为实的路线图，体现了中国从富到强的发展延续性，从一个高阶段迈向更高阶段的继起和开往。在第一个百年目标即将实现之际，中共十九大报告提出了“从十九大到二十大，是‘两个一百年’奋斗目标的历史交汇期”。这不仅是时间上的交汇，更是发展目标的交汇，从对物质生活的追求转向对更高尚的文明、更受尊重的地位、更富强的国家、更安全的环境等精神和价值观的追求。这一交汇期要实现人们从一个高目标向另一个高目标迈进的顺利对接，使人们更加深刻地理解富强民主文明和谐美丽的内涵。美好的生态环境是人们追求更高生活质量阶段对生存发展空间和消费需求的新期待，推动着我国环境竞争从量的优势转向质的优势，从注重外在竞争转向内涵竞争，环境竞争的目标也在动态调整中不断提升。

## 二、经济从高速增长转向高质量发展阶段的过渡期

随着中国特色社会主义进入新时代，我国经济发展也进入了新时代，最基本的特征就是我国经济由高速增长阶段转向高质量发展阶段。1978～2016年，我国名义GDP年均增长率为15.24%，远高于世界平均水平，然而我国经济长期的高速增长是以大规模的资源能源消耗、污染物排放和生态环境破坏为代价，大量廉价商品出口以及低效率的规模化投资使我国经济发展与生态环境之间的矛盾越陷越深，这些隐藏的矛盾和问题在经济发展进入新常态后逐渐浮现，并且愈加成为制约我国经济持续发展的“掣肘”。要把环境从经济发展的制约因素转为促进经济发展的积极因素，就要摆脱传统一味追求数量和规模的发展模式，以高质量的发展模式和路径促进经济发展与环境保护的协调。目前我国正处于经济转向高质量发展阶段的攻关时期，这一时期的长短取决于我国转变经济发展方式和调整经济结构的决心，对传统粗放式发展方式的变革和重建高质量发展体系可能会以牺牲部分经济利益为代价，但是这是突破我国经济社会发展“瓶颈”必经的“阵痛”。以提高供给体系质量为主攻方向，彻底改变过去主要靠要素投入、规模扩张，忽视质量效益的粗放式增长方式，这一转变本身也是生态文明建设的要求，是提升中国环境竞争力的必要举措。

## 三、巩固污染防治攻坚战成果的关键期

中共十九大报告提出的我国全面建成小康社会决胜阶段要坚决打好防范化解

重大风险、精准脱贫、污染防治攻坚战，其中，污染防治作为三大攻坚战之一凸显了我国环境污染的严峻形势。2018 年 6 月 24 日，《中共中央国务院关于全面加强生态环境保护　坚决打好污染防治攻坚战的意见》对 2020 年之前坚决打赢蓝天保卫战，着力打好碧水保卫战和扎实推进净土保卫战制定了详细的战略和路径，并且已经取得了较大的成效。据统计，2018 年，全国 338 个地级及以上城市优良天数比例为 79.3%，同比提高 1.3 个百分点；PM2.5 浓度为 39 微克/立方米，同比下降 9.3%。2018 年在对全国集中式饮用水水源地环境整治中，1586 个水源地 6251 个问题整改完成率达 99.9%。我国环境总体质量不断改善，但是解决一些根深蒂固的环境污染问题的力度还需要进一步强化。要巩固污染防治攻坚战的成果，加强监督，防止破坏环境和污染的“反弹”和“卷土重来”，打赢污染防治攻坚战只是落实中华民族永续发展根本大计的第一步，关键还要把成果巩固和延续，稳妥渡过关键期，把解决临时环境污染问题变为常态化的工作，在参与全球环境竞争中行之更稳。

## 四、生态文明建设机遇与挑战的叠加期

2018 年召开的全国生态环境保护大会上提出了我国生态文明建设正处于压力叠加、负重前行的关键期，已进入提供更多优质生态产品以满足人民日益增长的优美生态环境需要的攻坚期，也到了有条件有能力解决生态环境突出问题的窗口期。“关键期”“攻坚期”“窗口期”的三期叠加客观、精准、全面地概括了我国当前生态环境保护正处于转型过关、爬坡过坎的特殊时期。一方面，要正视我国生态文明建设的困难，打赢污染防治攻坚战必定是一场“大仗、硬仗、苦仗”；另一方面，也要对我国解决生态环境问题充满信心，我国已经为持续增加优质生态产品供给，补齐全面建成小康社会短板积累了充分的条件。因此，在“三期叠加”的特殊时期，机遇和挑战并存，困难与决心同在，既要客观认识我国生态文明建设所处的历史方位和阶段，持续推动我国生态环境保护建设中攻坚克难、爬坡过坎，又要充分利用我国已经积累的优势和条件，把握当前经济新旧动能转换的历史机遇，凝心聚力，推动我国生态文明建设迈向更高阶段，持续提升我国环境竞争的新优势。

## 五、走向全球环境治理中心的角色塑造期

为了摆脱危机，推动全球经济增长走出危机阴霾，中国积极参与全球经济治

理，为重建国际经济新秩序提供了方案和智慧。中国在经济外交上提出的一系列新思想和新理念得到了国际社会的广泛认可和借鉴，充分证明了中国有能力参与全球经济治理，中国的强大会给全世界带来红利，中国正从全球经济治理的边缘走向中心舞台。近年来，习近平等党和国家领导人在出席联合国大会、G20 国家领导人峰会、金砖国家领导人会晤、亚太经合组织领导人会议、达沃斯世界经济论坛、博鳌亚洲论坛、“一带一路”国际合作高峰论坛等国际场合时，都提出了中国有关全球经济治理的理念和倡议，特别是坚持共商共建共享理念的全球治理方案，维护了全球人民的共同利益。中国在全球环境治理中的作用也越来越大，如积极开展气候外交，促成了《巴黎协定》，推进绿色“一带一路”建设等，中国向世界发出的“积极参与全球环境治理，落实减排承诺”“为全球生态安全作出贡献”等庄严承诺并对全球环境改善作出了实质性的贡献。中国正以实际行动不断强化自己在全球环境治理中的地位和作用，在积极参与全球环境竞争中加强同各国合作，在促进全球环境利益共享中贡献中国智慧。

## 第二节　构筑中国环境竞争力提升的动力体系

环境竞争力的提升可以源源不断地向经济社会发展输送动力，而经济发展水平的提升又会夯实环境竞争力提升的基础。经济发展水平较为落后的国家和地区，资源开发利用不足且效率低下，环境污染治理的资金投入有限，提升环境竞争力的动力主要依靠有限的投入和政策，动力基础不牢也不稳定。在经济发展水平较高的国家和地区，可以为环境保护提供规模较大的资金支持，并且为环境保持提供技术支撑，提高资源利用效率。经济社会发展与环境竞争力之间会形成一个循环机制，良好的经济社会发展水平为环境竞争力提升提供基础和动力，环境竞争力的提升又会为经济社会发展提供更优的资源要素；但是落后的经济社会发展可能会和环境竞争力提升之间形成恶性循环，要打破恶性循环，需要有外在动力的注入突破环境竞争力提升的“瓶颈”。

要在经济社会发展与环境竞争力之间形成良性循环机制（见图 9 - 1），就必须使两者都持续发挥正向的积极效应，以此推动循环的螺旋式上升。促进经济社会发展的动力在循环机制的传导中也可以成为环境竞争力提升的动力，而且，受循环系统内部力量的限制和惯性束缚，需要有源源不断的外力注入发挥催化和优化作用，发挥动力的边际效应递增作用，因此，有必要构筑环境竞争力提升的动力体系。在我国，生态文明建设已经渗入经济社会发展的方方面面，经济建设、政治建设、文化建设、社会建设、生态文明建设“五位一体”的总体布局是一个有机整体，经济、政治、文化、社会的发展和进步都可以为生态文明建设提供更好的载体、方式和手段，进而转化为环境竞争力提升的动力。从我国生态文明建设的大局出发，环境竞争力提升的动力正从以物资要素投入为主向创新驱动转变、从政府为主导向全民参与转变、从局部区域性调整向全面变革转变。具体而言，环境竞争力提升的动力体系主要包括以下几个方面的动力。

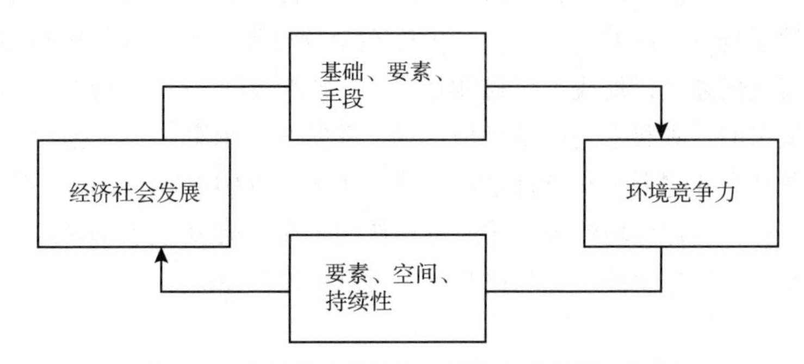


**图 9－1　经济社会发展与环境竞争力的循环机制**

## 一、改革的动力

中共十八届三中全会作出了《中共中央关于全面深化改革若干重大问题的决定》，改革的“全面性”凸显了改革领域的宽泛性，包括生态文明建设领域的改革，只有着眼于从全面整体上破除体制机制的障碍，才能充分发挥生态资源优势，从根本上解放和发展生产力；改革的“深化性”表明改革不是停留在表面上的小修小补，而是要究根问底，解决深层次的矛盾，从根本上破除束缚生态文明建设的体制机制，确保改革的彻底性。2015 年，中共中央、国务院先后印发了《关于加快推进生态文明建设的意见》和《生态文明体制改革总体方案》，我国生态文明建设的总体目标和生态文明体制改革的总体推进得以基本确立，生态文明体制改革成为我国全面深化改革的重要领域。我国生态文明体制虽然还处于建设阶段，但是却面临着不少的体制障碍，如传统粗放式发展观念、传统的政绩考核制度、自然资源市场不健全、环境执法不严等。习近平总书记指出，“只有实行最严格的制度、最严密的法治，才能为生态文明建设提供可靠保障。”[①] 生态

① 《习近平主持政治局第六次集体学习》，中国经济网，http：//www. ce. cn/xwzx/gnsz/szyw/201305/t20130524_24417883. shtml。

文明体制改革是对生产方式、生活方式、思维方式和价值观念的重大变革，构建人与自然和谐相处的生态价值观，把生态环境保护纳入政府的考核和评价，完善自然资源市场机制，从顶层构建生态文明建设的总体规划，这也是国家治理体系和治理能力现代化的重要组成部分。生态文明体制改革将极大释放出我国经济社会发展的新动能，激发推动我国环境竞争力提升的新动能。

## 二、创新的动力

当前，我国经济正转向高质量发展阶段，创新是第一动力，创新推动着中国经济发展从重数量转向重质量，从规模扩张转向品质升级，从要素驱动转向创新驱动，量子信息、人工智能、互联网技术等新兴高科技正颠覆着传统经济的发展模式，并进而与经济发展紧密结合形成现代化商业模式，引领经济形态向高级化迈进。创新广泛渗透到生态文明建设过程中，生态环境领域创新主要包括两个方面，一是在产业和企业转型升级中，生产企业为了消除外部性影响，减少对环境的污染破坏，面向资源节约和环境友好开展技术创新，在追求利润最大化的同时实现生态利益和经济利益的统一；二是生态环境保护手段和方式的创新，如大力发展节能环保产业、清洁生产和清洁能源产业，开发新能源和清洁能源代替传统的化石燃料和能源，利用互联网、大数据等信息技术建立环境保护信息系统，及时搜集和发布环境保护的最新信息，并且把这一信息系统广泛用于污染防治等环境保护的具体实践中，提高环境保护的效率。以市场为导向建设绿色技术创新体系，让市场在资源配置中发挥决定性作用，实行生态补偿、低碳补贴等财税制度、加大绿色产品的政府采购比重、活跃绿色技术市场的交易等都将形成绿色技术创新的市场激励机制，激发创新积极性，不断转化为环境竞争的核心优势。

## 三、自信的动力

中华民族历来就是有自信的民族，中共十九大报告中强调："全党要更加自觉地增强道路自信、理论自信、制度自信、文化自信"，"四个自信"是中国特色社会主义的重大理论创新，凝聚了中华民族伟大复兴征程中砥砺前行的精神动力，这是伟大的民族力量，也是把全国人民号召在一起勠力同心、努力奋斗的力量。"四个自信"赋予了生态文明建设的精神动力。在道路自信上，生态文明建设纳入了中国特色社会主义事业"五位一体"总体布局和"四个全面"战略布局，成为治国理政的重要组成部分，中国正在努力探索不同于西方逻辑的绿色发展道路；在理论自信上，中国生态文明思想本身就是一个重大的理论创新，从人类文明发展的高度来看待生态环境建设，“绿水青山就是金山银山”“山水林田湖草是一个生命共同体”“生态兴则文明兴，生态衰则文明衰”等一系列创新性观点体现了中国生态文明理论的大局观、整体观和未来观；在制度自信上，生态文明体制改革和创新搭建了我国生态环境建设的大框架，自上而下地激发全社会生态文明建设的积极性和创造性，形成了强有力的制度保障；在文化自信上，中国古代“天人合一”的生态思想奠定了人与自然和谐共处的文化底蕴，顺应自然，按自然规律办事是中国传统文化价值观，也是当前我国生态文明建设最基本的遵循。中国生态文明建设实践中取得的一系列成效既源于“四个自信”的支撑，也极大增强了“四个自信”，自信使中国参与全球环境竞争更有信心、更有底气。

## 四、开放的动力

我国从推动形成全面开放新格局和构建人类命运共同体的全局战略高度出发，走出了一条中国特色的对外开放道路，把“走出去”和“引进来”的力量对接在一起，大大提升了我国在全球治理中的地位和话语权，形成了内外联动的经济发展机制，实现资源在更大空间范围内的优化配置。作为人口众多、正处于工业化后期阶段的发展中国家，中国既要保证经济增长以提供足够的就业岗位和满足广大人民美好的生活需求，又要妥善处理好经济增长与环境保护的关系，实现经济利益与生态利益共赢，这既没有成熟的经验可以借鉴，也没有成功的模式可以模仿，中国在自主探索中走出了一条中国特色的生态文明建设之路，成功实现了经济发展与环境保护的协调。生态文明建设的开放性让全世界更多地关注和认可中国环境保护的理念和道路，也把中国生态环境保护的成功经验和做法向其他国家推广，大大强化了中国在全球环境治理中的地位。对外开放是提升我国环境治理体系和治理能力现代化的重要动力，不仅深刻地改变着中国，也影响了世界。站在新的历史起点，面对全球单边主义、保护主义等逆全球化的行径，我国更应保持定力，坚定不移地扩大开放，实施更主动的开放战略，以高水平开放推动高质量发展，以高质量的开放带动生态文明建设的提升，内外联动推动中国环境竞争力提升的动力。

## 五、民众的动力

随着我国社会主要矛盾的转变，人们的需求早已突破了物质范围界限，转而追求更加清新的空气、干净的水、安全的食品等美好安全的生态环境需求。改善民生、造福人民是我们党始终追求的目标，为广大人民群众提供良好的生态环境是新时期党的重要任务之一。生态为民、生态惠民、生态利民的理念彰显了保护和改善生态环境就是保护和改善民生，顺应了广大人民群众的共同愿望和追求。广大人民群众从不断改善和优化的生态环境中切实感受到了实实在在的幸福感和获得感，共享生态文明建设的成果，对生态文明建设更加拥护和支持，并在感化中转化为环境保护的自觉行动。另外，我国也注重对广大民众生态文明的教育和宣传，通过广泛的媒体报道，以及在社区、学校、社会中开展各种类型的教育活动，使生态文明理念真正进入人们的思想中，把对生态文明建设的支持转化为自身的行动，通过参与、监督和评价维护自身的生态权益。广大人民群众蕴藏着巨大的智慧和无限潜能，是推动我国环境竞争力提升最基础、最广泛、最无限的力量。

## 六、绿色的动力

绿色是大自然的底色，是生命的象征，是人与自然和谐共处的底板，绿色代表着经济的可持续发展，是经济社会永续发展的动力。中共十八届五中全会把绿色发展作为五大发展理念之一，绿色与发展的结合，是我国探索发展方式转变的重大创新，是转变经济发展方式的重要途径，也加速着新旧动能转化。绿色发展是在充分考虑生态环境容量和资源承载力的约束条件下，把环境保护作为支撑可持续发展的新型发展模式，着眼于经济活动过程和结果的绿色化和生态化，建立绿色、低碳、循环发展的产业体系；更加高效、节约和集约地利用资源能源；健全用能权、用水权、排污权、碳排放权初始分配制度；提倡生活节约和绿色消费等。以绿色托底来推动社会经济发展，会使经济发展基础更加牢靠，形成经济社会可持续发展的动力，筑牢经济社会发展的基础。绿色发展将极大地约束市场主体行为，引导企业自主开展技术创新，积极调整产业和产品结构，提高资源能源使用效率，推动广大人民群众建立起更加绿色的生活方式。绿色的动力本身也是环境竞争力提升最直接的动力，赋予全球环境竞争更大的生机活力。

改革动力、创新动力、开放动力、自信动力、民众动力、绿色动力共同构成了我国提升环境竞争力的动力体系。在这六大动力中，又可以分为直接动力和间接动力，其中自信动力、民众动力、绿色动力是直接动力，直接作用于生态环境保护并转化为环境竞争力；改革动力、创新动力、开放动力是间接动力，通过作用于绿色发展、增强自信、激发民众热情转化为环境竞争的动力。六大动力又可以分为内力和外力，其中开放动力是我国生态环境保护体系之外的力量注入，改革动力、创新动力、自信动力、民众动力既来自整个经济社会发展的大范围，也来自于生态文明本身的调整，绿色动力是内力，是直接推动生态文明建设的内在力量。六大动力还可以分为物质的力量和意识的力量，创新动力和绿色动力可以直接为环境竞争力提升提供环境保护的技术和手段，作用于环境治理的过程；改革动力、开放动力、自信动力和民众动力总体表现为意识的力量，环境治理取得的成效被感知和认可从而激发人民群众对环境保护的支持，意识的力量虽然是无形的，但却是一个国家或民族的价值观体现。此外，这六大动力也是中国提升环境竞争力特有的动力优势，源自中国在生态文明建设探索和实践中不断总结升华，是中国参与全球环境竞争的核心动力优势所在。这些动力是持续和长久的动力，源源不断地被释放，形成驱动我国环境竞争力不断提升的持久动力体系。

## 第三节　化解中国环境竞争力提升的内外矛盾

环境竞争力的作用机理以及环境竞争力的构成要素表明，环境竞争力是环境、经济、社会等各领域中各要素系统化作用的合力，但系统内部不同要素的层次和水平不同，又一定程度上会阻碍作用机制的传导。我国是发展中国家，正处于工业化快速推进时期，环境保护和经济转型的双重压力倒逼我国必须处理好两者的关系。同时，环境治理又是一个全球性的问题，需要各个国家和地区加强合作，以构建人类命运共同体为目标来消除各国之间的分歧。提升环境竞争力既要妥善处理好一国内部的矛盾，也要化解国家之间的分歧，为提升中国环境竞争力营造轻松良好的环境。

### 一、中国环境竞争力提升的内部矛盾及化解

#### （一）中国环境竞争力提升的内部矛盾

**1. 环境供给与需求的矛盾**

随着我国社会主要矛盾的转变，人们对美好生活需要除了丰富的物质产品、

高雅的精神产品，还包括干净的水、清洁的空气、安全的环境等生态产品。随着温饱问题解决，人们更加关注生存的环境空间和可持续发展，对美好生态环境的需求越来越大。然而粗放型的发展方式以及忽视环境配套的城市化带来的严重环境污染、自然资源枯竭等问题日益严峻，耕地资源减少、荒漠化和石漠化、水质恶化、雾霾侵袭、高峰期工业电力供给不足、重要资源能源价格上涨等资源环境问题不断涌现，我国环境供给能力越来越弱。转变经济发展方式是一个漫长的过程，我国所经历的化解落后产能、调整能源结构等阵痛期还将持续，环境保护与经济发展的矛盾仍然存在。当前，我国美好生态环境的供给不仅难以满足需求，而且需求增加的速度超过供给增加的速度，缺口会越来越大，化解环境供给与需求之间的矛盾不仅是生态环境供给侧结构性改革的需要，也是我国全面建成小康社会、实现社会主义现代化强国的战略举措。

**2. 工业化、城镇化与环境承载的矛盾**

人类的经济社会活动必须在生态环境合理的阈值内，一旦超过了阈值边界，生态环境的自我修复能力就会失去弹性，陷入恶性循环，承载力越来越弱。我国当前正处于工业化后期阶段，工业生产从主要依靠资源要素投入向创新驱动转变，工业结构向智能化、绿色化加速转型升级。然而由于我国工业生产体量大，并且呈现区域和行业发展不均衡，工业生产仍然面临着产能过剩、结构升级和新技术革命的挑战。在运用大数据智能化改造传统制造业的同时依然需要以消耗大量的资源能源来支撑工业庞大的体量，如果不注重生态环境保护，也有可能会产生电子辐射、电子垃圾等新的环境污染问题，工业化对生态环境的压力依然很大。当前，我国正处于城镇化快速推进阶段，固定资产投资增加、城镇生活污染物的排放以及城镇生态空间格局压力不断增大，也对生态环境保护形成了巨大的挑战。我国工业化、城镇化前期积累的环境问题总量巨大，污染物排放仍将处于高位水平，不断挑战着我国环境承载阈值，在工业化、城镇化进程中应尽快使污染物排放达到峰值后下降，减轻环境承载压力，提升环境承载水平。

**3. 产业开发与环境保护的矛盾**

我国一些落后地区缺乏远见，也缺乏经济发展与环境保护相协调的经验和技术，在产业开发与环境保护中两难取舍，出现了一些地区为了促进经济发展，在自然保护区内大肆开发水电、交通和矿山等项目，对生态系统造成了巨大破坏，如我国甘肃省祁连山国家级自然保护区内大量水电项目和矿山开发项目对核心区生态造成了严重的破坏，新疆维吾尔自治区布尔津县哈纳斯国家级自然保护区、四川省贡嘎山国家级自然保护区等在核心区开放旅游和开发水电也存在为了经济利益而破坏生态利益的事件。当前，我国正处于新旧动能转换和结构转型升级的关键时期，大量劳动密集型产业从东部地区向中西部地区转移，也推动着涉重产能和一些污染性产业转移。中西部地区经济发展的内在需求使其在产业承接中也承接了一批能耗大和污染性产业，如新疆、青海、甘肃等省区把石油化工、有色冶金和电力行业等作为规划的重点项目，中部地区主要集中承接装备制造、石油化工、钢铁、有色冶金等基础能源原材料产业。落后地区要在区域经济发展中合理开发和布局产业，推动产业开发与环境保护的协调提升。

**4. 环境技术创新与体制机制落后的矛盾**

随着我国生态文明建设的顶层设计与市场机制不断完善的结合，会产生推动环境保护手段和方式创新的巨大动力，如企业会转向开发和使用成本更低的新能源，或者采用新的机器设备以提高资源利用效率和生产效率，个人在日常生活中也会产生对绿色消费和节约消费更大的需求，环境保护内在地蕴含着技术创新的巨大潜能。然而我国与生态环境保护相关的体制机制还比较落后，如环境管理交叉错配、多头管理的现象突出，各个部门缺乏沟通和协调；环境产权制度不明晰，经济政策体系不完善，难以发挥市场机制的作用；环境监督机制不完善，环境执法成本高，违法成本低；对官员的政绩考核中生态环境的比重太低。此外，我国也没有建立起完善的企业、社会公众等个体参与生态文明建设的体制机制，没有明确的参与方式和路径，难以有效激发企业和社会公众环境保护的积极性和创新性。

**5. 环境治理的复杂性与治理手段落后的矛盾**

当前，我国正处于经济发展的转型期，既要保证经济增长，又要保证环境质量，与同水平阶段的发达国家相比，发展难度更大，情况更加复杂。传统煤烟型污染与 PM2. 5、挥发性有机物等新型污染物等新老环境问题并存、工业化和城市化同时推进的生产和生活污染问题交织、城市工业生产污染与农村农业生产污染并行、自然环境破坏与交通污染等污染形式多样化，等等，环境污染治理对象广泛且复杂。此外，我国环境污染问题多年累积、根深蒂固，可能会由于影响一部分地区和一部分企业的利益而遭到抵制，环境治理需要有大规模物质和资金投入，但短期内难以见到成效，也很难通过具体数字来衡量。此外，我国环境治理的手段还比较落后，主要是传统的末端治理方式，现代信息技术运用还比较有限，有利于生态文明建设的财税、投融资等经济政策还不完善，市场机制比较落后，环境监测技术也不规范，利益协调和关系处理中的思想观念还比较保守，环境治理的复杂性和治理手段不足降低了环境治理效率。

## （二）中国环境竞争力提升内部矛盾地化解

### 1. 推进生态环境供给侧结构性改革

“三去一降一补”是供给侧结构性改革的总体任务，生态环境领域的供给侧结构性改革是通过调结构、增动力，提高生态环境的质量和生态产品供给效率，满足人们日益增长的美好生态环境的需要，实现最普遍的民生福祉。在去产能上，要坚决淘汰落后无效产能，加快“三高两低”行业的退出，充分利用现代技术对传统产业进行绿色化改造，建立环保产业、新能源产业、绿色交通、绿色建筑等新兴产业部门，增加有效产能供给；在去库存上，要敢于向多年来积累的根深蒂固的环境污染问题宣战，从制度上进行彻底的改革，完善法律体系和增强执法能力，破除利益集团的阻挠；在去杠杆上，积极推进政府与社会资本合作（PPP）模式，引入社会资本，健全第三方治理的管理、评估和激励机制，有效引导环保产业的投资，提高投资效率；在降成本上，制定优惠政策引导和鼓励企业开展绿色技术创新，提高生产效率以及减少污染物排放降低成本，通过降税负和收费，建立合理的生态补偿机制，鼓励更多企业和个人使用绿色产品；在补短板上，要推进空气、水、土地污染和石漠化、荒漠化等综合治理，持续强化自然保护和重大生态修复工程，增加更多优质生态产品和高质量生态环境的有效供给。生态环境领域的供给侧结构性改革是有效化解环境供给与需求矛盾的重要途径。

### 2. 打通绿水青山转化为金山银山的通道

“绿水青山就是金山银山”这一理念坚信生态环境保护和经济发展是可以协调的，特别是发展落后的地区，应该充分利用良好的生态资源优势，合理进行产业开发，选对和选准产业部门，走适合的产业发展道路，把绿色资源优势、生态优势转化为经济优势，有效化解产业开发与环境保护的矛盾。打通绿水青山转化为金山银山的通道，第一，要大力发展生态产业，如发展生态农业，做精做深做长生态农产品产业链，提高农产品的附加价值；发展生态工业，运用循环低碳的生产方式，对废弃物综合利用；合理开发生态资源发展生态旅游业，打响生态品牌，并结合旅游发展生态文化创意产业。第二，中西部地区要结合自身的资源优势和生态优势选择和承接转移的产业，不仅要引入产业部门，而且要引入先进技术，在产业承接过程中推动产业结构升级，形成有独特竞争优势的绿色产业体系。第三，要把自然保护区和自然环境资源视为宝贵财富，加强对自然保护区的保护和监管，通过实施生物多样性保护重大工程、濒危野生动植物抢救性保护工程、湿地保护和恢复工程等构建更加宜居宜业的生态环境，吸引更多人投资创业。第四，要把现代的生态环保技术与良好的生态资源相结合，建立现代生产生活的新方式，使广大民众切实感受到良好生态环境利益，进而提升广大民众干事创业的积极性。

**3. 拓展生态空间提升生态环境承载力**

为了经济社会发展不突破生态承载的阈值，必须进一步拓展生态空间。在工业化进程中，积极发展智能制造和绿色制造，把信息技术嵌入绿色制造生产过程，大幅度节约资源能源和减少污染物排放。例如，制造 1 个 100 克的零件，传统的减材制造技术必须用超过 100 克的原料进行制造，还要许多的机床设备配套。而通过增材制造技术，即 3D 打印技术，只需用 100 克的原料，且能较快完成复杂构件的制造，这是智能制造和绿色制造融合推进的一个典型的例子，不仅节约了材料，而且还缩短了设计周期、减少了零件数量及生产步骤，提高了生产效率。城镇化建设也要走绿色城镇化道路，节约土地资源，缓解紧张的人地关系，形成特色的城镇规模和产业特色，推动物联网、云计算、大数据等现代信息技术在城镇化中的运用，建设智慧城市、智能交通、智能建筑，实现城镇化进程中的节能减排效应。建设城镇水资源保护和综合利用系统，建成自然积存、自然渗透和自然净化的“海绵城市”，形成城镇管理信息化、基础设施智能化、产业发展合理化、公共服务便利化的现代化人居环境格局，通过信息技术的精细管理对各种污染物和废弃物的排放进行有效控制，实现城市环境治理能力现代化。[①] 工业化和城镇化的创新发展将会进一步拓展生态环境承载空间，增强承载能力。

**4. 深化生态文明体制改革**

环境利益既是公共利益，也是个人利益，随着广大企业、公众生态环境保护意识不断提高，市场机制会引导这些主体作出理性选择，一定程度上提升个体参与环境保护的主动性。2015 年，中共中央国务院印发了《生态文明体制改革总体方案》，对我国生态文明体制改革进行了总体部署，并提出了通过八项制度改革和建设实现生态文明领域国家治理体系和治理能力现代化的目标，努力走向社会主义生态文明新时代。中共十九大报告进一步提出了加快生态文明体制改革，建设美丽中国。要使各项改革任务落到实处，首先要加强立法，并将法律细化，形成纵向上从源头到末端，横向上涵盖大气、水、土地、矿产等每一项重要的资源能源，构建生态文明建设严密的法律框架；其次要加强生态文明建设管理体制改革，完善生态环境监管体制，解决生态文明建设涉及的多个部门职能交叉、职责不清的矛盾，形成自然资源产权统一管理、生态环境有效监管和国土空间有序

① 周宏春：《多措并举推进绿色城镇化》，载于《经济日报》2015 年 12 月 12 日。

管控的统一职责行使的体制格局。深化生态文明体制改革既要做好国家的总体规划和顶层设计，又要充分发挥市场机制的作用，完善各项资源的产权交易制度和交易市场的建设，激发广大企业和公众参与生态建设的积极性。此外，还要把生态文明建设纳入政府官员的考核，并提高考核的比重。随着生态文明体制改革的深入，生态文明建设的效率会不断提高，主体积极性也会更加充分地发挥出来。

**5. 推进生态环境治理体系系统性创新**

生态环境治理的复杂性决定了必须从系统的角度理顺内部各要素之间的关系，并把各要素有机地统一起来，正如习近平总书记指出的“要用系统论的思想方法看待问题，生态系统是一个有机生命躯体，应该统筹治水和治山、治水和治林、治水和治田、治山和治林”。2018 年第十三届全国人民代表大会第一次会议通过《关于国务院机构改革方案的决定》，批准了《国务院机构改革方案》，根据这一方案，新组建了自然资源部和生态环境部，开启了我国生态治理体系的系统性创新，将原来分属于不同部门自然资源相关职能统一归属于自然资源部，形成自然资源主体行政部门，把原来归于不同部门的生态环境治理和污染防治职能统一到生态环境部。行政体制的改革着眼于生态治理的系统性而进行的行政管理体制创新，真正做到了统筹山水林田湖草系统治理的整体系统观，提高环境治理的行政效率。环境治理体系的系统性创新还要着眼于治理方式和手段的创新，如利用现代互联网技术和信息技术，实现系统化的信息管理，及时对系统内各要素的变化进行动态监测；运用现代技术把各个要素串联在一起，同时实现技术的共用和共享；积极推进绿色技术创新，统筹环境系统的前端和末端、生产和消费，壮大节能环保产业、清洁生产产业、清洁能源产业等产业，积极开发新能源，引导居民开展绿色消费，建立清洁低碳、安全高效的能源体系。

## 二、中国环境竞争力提升的外部矛盾及化解

### （一）中国环境竞争力提升的外部矛盾

环境治理是一项长期的任务，也是经济社会可持续发展必须要攻克的难关，只有做到人口、资源、经济、环境相协调，才能拓展经济社会发展空间，进一步解放和发展生产力。在激烈的全球环境竞争中，提升我国环境竞争力要充分考虑所处的竞争环境，着力解决制约我国环境竞争力提升的外部不利影响。由于全球环境竞争涉及不同的国家和地区，每个国家和地区都有自我的个体利益，不同主

体发展程度的差异、利益的博弈一定程度上也会阻碍环境竞争力作用机制的传导，中国环境竞争力提升面临的外部矛盾主要包括以下几个方面。

**1. 工业化国家与非工业化国家环境成本分担的矛盾**

环境治理需要大量的成本投入，一般情况下，成本与收益是相对应的，成本应该由利益获得者们来承担。按照这一逻辑，从工业革命至今，工业化发达国家已经排放了200多年，全球温室气体大约有70%是由发达国家排放的，它们理应对全球环境变化和全球环境治理负主要责任。在工业化完成后的几十年治理中，发达国家投入了大量资金和技术使本国的生态环境得到了很大的改善，然而部分国家的改善并没有扭转全球环境恶化的趋势。发达国家自认为已经完成了自己造成的那部分环境破坏，现今的全球环境问题主要是发展中国家的工业化造成的，再加上环境的公共物品的属性，发达国家的环境治理会惠及周边国家和地区，但是却不能从中得到补偿。因此，它们不愿意继续承担全球环境治理的过多责任而让其他国家享受其中的好处，它们认为追究过去是穷国避免承担责任的借口。非工业化的发展中国家却认为历史的因素很重要，资源的枯竭和环境破坏是不可逆的，全球环境恶化是发达国家工业化过程中长期积累的污染造成的，发达国家的治理并没有从根本上改善全球生态环境。由于在成本分担上难以达成一致意见导致了工业化国家不愿投入与非工业化国家的无力投入的局面，工业化发达国家甚至通过产业投资转移和国际贸易等方式，将污染产业和废弃物转移到发展中国家，通过加大外部成本来消除外部不经济，更是加深了国家间环境成本分担的矛盾。

**2. 国家环境合作与主导权争夺的矛盾**

在全球环境日益恶化的威胁下，各个国家和地区逐步意识到环境问题是一个全球性问题，凭借单个国家的力量是难以解决的，必须集结所有国家的力量共同努力，一致行动。因此，开展国际环境合作成为国家合作的重要组成部分，在联合国环境署等国际组织的召集下，各个国家和地区参加世界环境大会、联合国气候大会等，试图通过谈判相互妥协，达成一致的意见。但是基于各国利益出发点不同，面临的环境形势的差异，谈判和磋商的进展十分缓慢，而且还会由于少数国家的出尔反尔而陷入僵局。部分国家特别是发达国家觊觎解决世界环境问题的主导地位，如美国、欧洲和日本等国的环境外交都主要通过国际制度建设和环境谈判来维护全球利益和未来资源的主导权，其实质是为了遏制并延缓新兴发展中大国的工业化和资源开发的进程，以环境为借口干涉发展中国家的经济自主权，极大破坏了环境合作基础。即使是已经达成的协议在履行的过程中又带有很大的随意性，如美国无视减排承诺宣布退出《巴黎协定》，是其傲慢和强势霸权的表现。发达国家的强势使很多项目谈判迟迟未能达成一致意见，破坏了全球环境合作的基础。

**3. 经济持续发展与环境持续发展的矛盾**

经济与环境如同环境竞争力的两翼，经济是基础，环境是根本，只有两者协调共处才能形成环境竞争力提升的正向合力。然而，在人类工业化进程中，经济持续发展与环境持续发展似乎是一对难以调和的矛盾，工业化国家以环境污染为代价换取城市化和工业化的快速发展，而后通过经济快速增长来尽快跨过对环境不利的发展阶段。然而这样的发展模式是不可持续的，工业化国家给发展中国家留下的环境污染的“烂摊子”是发展中国家经济如何快速发展都无法超越的。现今，发展中国家的工业化已经遭遇了环境的“瓶颈”，必须先收拾好“烂摊子”以腾出经济发展的空间。要保护环境、治理环境，必然要放弃传统工业化方式，走资源消耗少、环境污染小的新型工业化道路，这要以巨大的机会成本为代价，发展中国家不得不承受由于经济转型带来的增长受限的阵痛，寻求经济持续发展与环境持续发展之间的平衡。

**4. 国家个体利益与全球整体利益的矛盾**

解决全球生态环境的破坏和污染，各国政府必须要有智慧和勇气超越狭隘的国家利益观念的束缚，朝着人类追求的国际合作、集体安全、共同利益、理性磋商的方向发展。然而，在国际环境问题的应对中，许多国家一方面支持国际合作，但另一方面又将环境责任推卸给其他国家，都希望能在维护个体利益的同时尽量享受全体利益的好处。各国个体利益分歧难以将国际环境合作推向一个实质性的高度，如在减排方面，各国都不愿意减排限制本国经济发展和居民生活水平的提高，都希望别国多减排，本国少减排。持续了 20 多年的气候谈判也因为难以平衡各国的利益迄今仍未能实现减少温室气体排放的目的，甚至还出现了日本决定把 2020 年温室气体减排目标定位“比 2005 年减少 3.8%”，撤回民主党政权时代提出的“比 1990 年削减 25%”的目标，加拿大已退出要求主要工业化国家将二氧化碳排放量降至低于 1990 年水平的承诺。特朗普在宣布退出《巴黎协定》时声称：“为了履行我对美国及其公民的庄严职责，美国将退出《巴黎协定》。”个体利益凌驾于整体利益之上限制了全球环境竞争力的提升。

**5. 个体国家环境治理的有序性和全球环境治理无序性的矛盾**

全球环境的竞争不仅是生态环境和可持续发展能力的竞争，更体现为环境管理能力、协调能力的竞争，强调环境治理的制度设计和安排，制度竞争力在环境竞争力中的重要性越来越凸显。各个国家也重视提升本国环境的管理能力，创新环境治理的路径，通过设立专门的组织机构，制定专门的规章制度，以法律的形式形成强有力的约束机制，自上而下地开展环境治理，构建提升本国环境竞争力良好的体系安排。特别是发达国家，已经形成了完善的环境治理法律体系和管理体系，政府、企业和个人相互协作、共同参与。相比之下，全球环境治理缺乏强有力的制度安排，虽然联合国环境规划署是统筹全世界环境保护工作的组织，但是其权力范围有限，没有强制力，也未能制定出统一的制度。全球环境治理还主要依靠召开国际环境会议时各国讨论而达成的协议，协议的达成缓慢，即使达成了在履行的过程中也往往存在着很高的违约风险，协议的执行没有监督机制，也没有惩罚机制，带有很大的随意性。此外，由于各国的环境制度安排是基于本国的环境保护与治理需要建立起来的，带有很强的国别特色和区域特色，各国的环境治理制度缺乏沟通和衔接，各自为政，建立统一的全球环境治理制度任重而道远。

### （二）中国环境竞争力提升的外部矛盾化解

**1. 强化全球环境的管理和协调，形成各国环境责任分担的强制约束力**

全球环境治理的关键在于构建权威性的全球环境治理组织和机构，使不同国家和地区的行动得以有序的管理和协调，同时监督各项协议和承诺的履行，对违约者实施惩罚，确保全球环境责任的有效落实和利益共享。第一，进一步发挥联合国的核心领导和组织协调作用，引导国际社会各有关机构、多边机制和条约相互沟通衔接，采取协调一致的行动致力于可持续发展。第二，可以将联合国环境规划署整合为一个联合国专门性的全球环境治理机构，为其提供资金保障、更广泛的会员基础以及赋予更大的权力来支持环境科学研究和协调全球环境战略，提升可持续发展机制在联合国系统中的地位和重要性。第三，可以考虑建立高级别政治论坛来取代联合国可持续发展委员会，监督各个国家和地区的环境保护履约情况。第四，要充分发挥世界自然保护同盟（IUCN）、世界自然基金会（WWF）、绿色和平组织等环境非政府组织强有力的环境管理监督功能、公众诉求表达功能以及与政府沟通功能等，发挥民间的力量。国际组织机构的改革和权力强化，可以形成自上而下的强制约束力，为提升中国环境竞争力提供更有利的外部条件和保障。

**2. 构建全球环境利益共享机制，在整体利益提升中实现个体利益的普惠**

全球环境竞争的实质是国家之间、地区之间的利益之争，既要妥善处理好整体利益与个人利益的矛盾，又要平衡各个国家和地区之间的利益分配，在促进全球环境竞争力提升的同时实现国家环境竞争力的提升。有必要构建全球环境利益共享机制，每个国家和地区作为全球环境利益网中重要的一环，任何一个环节出现问题不仅会影响到整体的利益，也会影响到自我利益的实现。因此，每个国家和地区都应在自己所处的节点上尽职履责，并通过利益网的传递正向影响其他国家和地区并最终形成整体的合力，达到“正正为正”的效果。积极构建利益共享平台，促进各国资源能源的优化配置，成立普惠联盟，促进环境投资以及生态技术的推广与普惠。同时处于不同发展阶段的国家应该担负着不同的责任，工业化发达国家应该要有大国的气魄和胸怀，积极承担全球环境保护的责任，并对发展中国家和不发达国家给予资金、技术方面的援助；发展中国家和不发达国家要积极推动产业转型，在工业化和城市化进程中积极减排，走新型工业化道路。此外，要确保环境利益面前“国国平等”，各个国家和地区共同协商形成监督和惩罚机制，如果有哪个国家或地区不履行相应的责任，其他国家可以在国际贸易、投资等方面进行相应的惩罚，以国际压力倒逼各国自觉履行，在提升全球环境竞争力中实现各个国家和地区个体利益的普惠。

**3. 加强世界各国环境治理合作，共同应对全球性环境难题**

地球环境是一个整体，各国所管辖范围内的环境都是地球整体环境中不可分割的一部分，世界各国必须以合作的姿态共同应对当前严峻的环境形势。[①] 事实上许多全球性环境问题往往是各国国内环境问题的延伸和蔓延，“全球性问题难以孤立解决，必须加强合作和整体协调。大量全球公共问题和共同危机的出现，使得国际合作越来越必要，共同安全和共同发展等理念越来越成为各国政治家的共识。”[②] “构建良好的利益共享机制是加强各国环境合作的基础，地方政府间的合作协调机制是各国开展环境综合整治合作规范化、有序化运作的重要保障，各国应该坚持‘共同但有区别的责任’原则，推动全球环境治理向前发展。”[③] 部分发达国家应该充分认识到国家利益与全球利益的关系，放弃走单边主义、保护主义的危险行径。广大发展中国家在全球环境治理中面临着资金不足、技术缺乏、能力建设薄弱等困难，更需要加强国际合作以解决自身短板，发达国家从道义和责任上应加强对经济发展落后国家的环境治理提供资金和技术援助，发展中国家生态环境的改善有利于促进整个生态系统的平衡，并在生态系统的循环反馈中形成对发达国家的好处。

---

① 吴昊、麻宝斌：《中国参与全球环境治理：背景、现状与对策》，载于《长春工业大学学报》2011年第5期。

② 吴志成、王天韵：《全球化背景下全球治理面临的新挑战》，载于《南京大学学报》2011年第2期。

③ 于宏源：《从联合国可持续发展峰会看全球环境治理和中国环境外交》，载于《电力与能源》2012年第4期。

**4. 大力发展生态科学技术，以技术创新促进经济发展与环境保护的协同提升**

技术创新是沟通经济发展与环境保护的桥梁纽带，生态科技创新要遵从削减总量、改善质量、防范风险的总体思路，通过新技术、新产品、新方法的发明与运用促进环境保护的跨越式发展。生态科技创新要着眼于当前全球生态环境的突出难题，加紧对关键技术和核心技术的研发突破，重点发展具有自主知识产权的重要环保技术装备和基础装备，立足自主研发的基础，通过引进消化吸收并进一步改进创新，努力掌握核心技术和关键技术，率先取得生态环境治理难点问题的突破。加大全链条技术创新力度，构建包括资源开发、原材料开发、加工制造、流通消费、循环利用等全过程节约资源的技术支撑体系。大力发展生态经济、循环经济、低碳经济等经济模式，用先进技术改造传统产业，调整产业结构，转变经济增长方式，构建符合低碳、绿色发展要求的现代化产业化体系。此外，应把环境科学重大技术突破作为引领新一轮产业变革和技术变革的重要突破口和全球新一轮经济增长的重要引擎，开展关键技术上的联合攻关。技术创新的注入可以增大环境容量，为经济发展提供更大空间，开创经济与环境协调持续发展的新模式。

**5. 完善全球环境治理的制度建设，有序规范地推动环境竞争力的稳步提升**

制度设计规定了能做什么和不能做什么，制度设计可能会有利于某些国家或不利于某些国家，因此，制度竞争将是未来环境竞争的重要组成部分，良好的环境制度安排在环境竞争力提升中会扮演着“加速器”的角色。从全球的角度来看，首先，联合国环境规划署等全球性的环境治理机构应该担当起全球环境治理制度建设的重任，包括明确全球环境保护的主要内容、任务、措施手段、奖励和惩罚措施等，使各个国家和地区在履行全球环境保护责任时有统一的行动指南。其次，各个国家和地区必须承诺遵守制度，联合国等国际机构对各项制度进行确认，以联合国的权威对外发布，强制保证各项制度的实施。最后，各个国家和地区在本国或本地区的环境治理制度建设上要加强沟通联系，对于应对气候变化、资源开发与保护、污染源控制等关乎全球性的环境问题的制度设计上，既要考虑本国或本地区环境治理的特殊性，又要考虑同其他国家和地区制度的沟通和衔接，确保全球行动的一致性，更有序、规范地推动全球环境竞争力的稳步提升。

## 第四节　提升中国环境竞争力的总体思路与路径选择

新中国成立以来特别是改革开放以来我国就一直致力于生态环境保护，制定了越来越健全的法律制度，形成了越来越完善的监管体系，投入了越来越多的资金以及拥有了越来越先进的技术，但也要清醒地认识到，我国生态环境依然还很脆弱，生态安全形势不容乐观，经济发展与环境保护的矛盾还很突出，区域性的环境污染事件还时有发生。单从环境质量上看，大多数城市空气质量远未达标，饮水安全尚存风险，土壤治理任重道远，环境治理和监管稍有放松可能就会使环境污染和破坏卷土重来。在世界经济增长依然乏力的背景下，西方发达国家内部矛盾加剧并产生外溢效应，出现了一波反全球化浪潮，极大地冲击了全球治理的信心，同时也反映了全球治理机制的失灵，传统治理方式已经很难应对全球出现的新问题，需要有新方法和新思路，在此背景下，最重要的是把自己的事情做好，只有拥有了强劲和稳定的环境竞争力，才能以不变应万变，在全球环境竞争中游刃有余。当然，提升中国环境竞争力也是一个长期的过程，要有正确的理论引导，也要有明确的目标方向，既要借鉴发达国家的经验，也要凝聚自己的特色优势，在着力解决制约环境竞争力提升的内外矛盾中走出一条中国特色的生态文明建设之路。

## 一、提升中国环境竞争力的总体思路

提升中国环境竞争力的总体思路可以沿着三个层面展开：理论层，这是中国环境竞争力提升的核心价值基础、指导思想和顶层设计，也是最根本的方向引领；目标层，这是中国环境竞争力提升的归宿点，是环境保护和环境竞争要解决的实际问题所在；作用层，这是中国环境竞争力提升过程的作用机制，是各项政策的具体落实和执行。理论层居于第一次层次，为目标层和作用层提供理论指导和方向引领，作用层通过强化环境竞争力提升的动力源、环境竞争力各要素的作用机制，以及政府的各项配套政策的实施，不断传导至目标层，确保分期目标的实现。总体而言，提升中国环境竞争力要以生态文明建设思想为引领，以绿色发展为引擎，以人与自然和谐共生为目标导向，在参与全球竞争与合作中不断提升自身的环境竞争力水平，形成现代人类文明发展的新方式。

理论层、目标层和作用层勾勒了我国环境竞争力提升的总体思路（见图9－2），理论是前提和基础，目标是最终指向，作用层是具体的实践行动，三个层面相互分工、相互协调、相互促进，形成了中国推动环境竞争力提升的巨大合力。

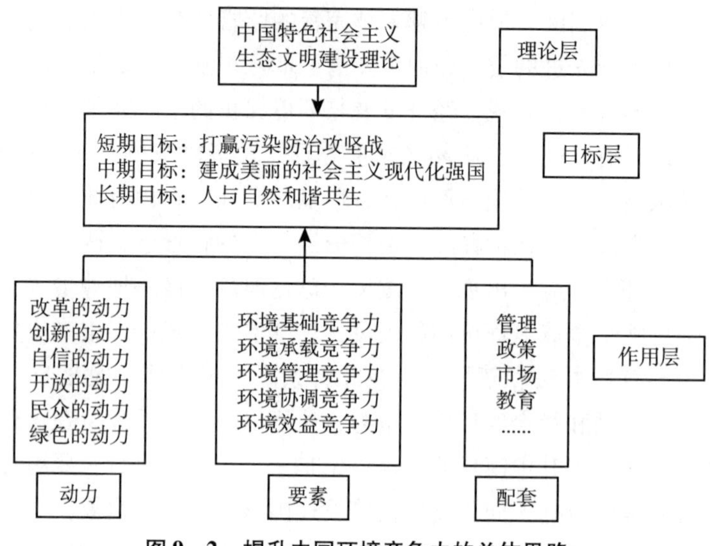


**图9－2　提升中国环境竞争力的总体思路**

理论层：中国特色社会主义生态文明建设理论是提升中国环境竞争力的理论基石和科学引领，塑造了全社会正确的生态价值观和伦理观，与时俱进地推进有利于生态保护的方法和方式的创新。生态文明建设理论是中国千百年来思考人与自然关系，从人类文明的发展与传承中不断总结和升华的伟大创新，是新时代中国特色社会主义现代化建设进程中对什么是生态文明，建设什么样的生态文明以及怎样建设生态文明深邃思考的理论突破，是从中国生态环境建设实践中不断总结的规律和经验，也是中国环境竞争力的独特优势，凝聚了中国对生态环境治理探索和实践的智慧。中国生态文明建设理论继承了中国传统“天人合一”的生态智慧，是马克思主义生态思想与中国环境保护实践相结合的创新，汲取了西方工业化以生态环境为代价的教训，同时也吸收了其生态环境修复的经验。中国生态文明建设思想中有关“绿水青山就是金山银山”“保护生态环境就是保护生产力，改善生态环境就是发展生产力”“人与自然是生命共同体”等一系列创新性的思想闪耀着中国生态环境保护和建设的智慧光芒。

目标层：中国生态文明建设的最终目标是要实现人与自然的和谐，根本目标是以人为中心，为广大人民群众提供美丽、干净、安全的生态环境和生态产品，提升广大人民群众的幸福感和获得感，实现人类的共同福祉。2015 年我国公布的生态文明体制改革方案提出了建立八大制度，这是我国生态文明体制的“四梁八柱”和改革的顶层设计，形成了自上而下推动我国生态环境保护和建设的系统性框架，使我国生态文明建设有了更明确的目标与方向。具体目标又可以分为三个阶段：短期目标是打赢污染防治攻坚战。通过对大气、水、土壤等治理，打赢蓝天碧水净土保卫战；促进向绿色生产和生活方式转变，提升生态系统保护和修复能力，加快生态环境治理能力现代化建设；力争到2020年使主要污染物排放总量大幅减少，生态环境质量总体改善，农用地和城市用地使用风险得到有效管控。中期目标是建设美丽的社会主义现代化强国。党的十九大报告将“美丽”与富强、民主、文明、和谐并列，共同作为社会主义现代化强国的描述词，提出到2035年“生态环境根本好转，美丽中国目标基本实现”，到本世纪中叶，把我国建成富强民主文明和谐美丽的社会主义现代化强国，我国生态文明建设目标与社会主义现代化强国建设的目标高度契合，有机统一，美丽是强国的衡量标准之一也凸显了环境竞争力提升是我国综合竞争力提升的重要部分。远期目标是实现人与自然和谐。人与自然真正实现融为一体，彼此相互尊重、相互促进，实现了在更先进文明和更高发展阶段上的“天人合一”，这也是中国环境竞争力提升的制高点。

作用层：中国特色社会主义生态文明建设的理论层要与目标层有效对接，把理论上所蕴含的巨大价值和能量转化为提升环境竞争力的强大动力，这要落实在作用层上。作用层主要包括三个方面，一是动力层，从整个社会的改革、创新、自信、开放、民众、绿色等方面凝聚环境竞争力提升的动力，这是提升我国环境竞争力的动力基础；二是要素层，环境竞争力主要由环境基础竞争力、环境承载竞争力、环境管理竞争力、环境协调竞争力和环境效益竞争力五个方面构成，每一方面的侧重点各不相同，共同构成了环境竞争力的有力支撑，只有各个要素的竞争力稳定平衡地提升才能聚合成环境竞争力的总体优势；三是配套层，环境竞争力提升的动力聚集和要素作用还需要有强大的政府以及完善的市场提供有力的保障。如绿色发展的行动，政府完善生态环境管理，制定完善的政策体系，充分发挥市场机制的作用建立各种资源能源产权交易市场，开展广泛的生态环境保护教育，调动最广泛的社会公众环境保护积极性。作用层通过生态环境保护实践把生态文明建设理论落到实践层面，不断实现生态文明建设各阶段的目标，理论层和作用层共同保障了目标层的实现。

## 二、提升中国环境竞争力的实现路径

生态文明建设是中国共产党作为马克思主义政党根据具体国情、正视当前我国发展难题作出的正确决策，是国家治理体系和治理能力现代化的新拓展，丰富了中国特色社会主义理论体系，推动了人类文明的发展与进步。应该把生态文明建设与提升环境竞争力深入融合，以生态文明建设为指导，以绿色发展为引领，以全球化为视野，形成中国环境竞争力的具体路径。

### （一）地位问题：通过绿色发展将五大发展理念紧密串联

“五位一体”的总体布局是一个整体，生态文明建设是基础，提升环境竞争力要从总体上进行把握，在具体实施路径中要走绿色发展的道路，深入贯彻新发展理念，把绿色发展与创新、协调、开放、共享四个发展理念共同统一于中国特色社会主义的伟大实践进程中。因此，提升环境竞争力要首先对生态文明建设进行清晰的定位，正确处理五大发展理念中绿色发展与其他发展理念的关系，并把绿色发展理念作为坚守的底线渗透到其他发展理念中。其次绿色发展代表的是未来发展的方向和主色调，在战略实施中要为其他的发展理念提供绿色引领和发展导向，通过绿色的传递把五大发展理念紧密联系在一起。同时，绿色发展又要广泛汲取其他发展理念的支持。创新会为绿色发展提供动力，协调会为绿色发展提供方法和目标，开放会为绿色发展提供更大的视野和机遇，共享是绿色发展的归宿，促进绿色成果转化。因此，绿色发展要推动绿色低碳循环技术创新，提高资源利用率和生产效率；要促进区域和城乡的协调，按照人与自然和谐的要求促进主体功能区建设，实现城乡和区域环境治理的协调；要进一步开放资源和环境产品市场，促进环境产品的贸易，加强国际环境合作，与其他国家和地区共同应对气候变化和携手推进绿色发展；要着眼于广大民众的生存发展，加大生态补偿力度，加快扶贫事业发展，使广大民众能共享良好生态环境这一公共产品。绿色已经充斥于我国经济社会发展每一个层面，就像是一条无形的纽带把各个发展理念紧密地串联在一起，只有精准把握好绿色发展既基础又引领的地位，才能更加坚定绿色发展的方向和信心，形成环境竞争强劲而广泛的合力。

### （二）投入问题：加大生态文明建设的各类要素保障

长期以来，我国以牺牲环境为代价的粗放式发展模式已经积累了日益严重的环境问题，体量庞大且根深蒂固，生态环境的历史欠账太多，加强环境治理、恢复良好生态是一场硬仗、苦仗和持久仗，需要巨额的投入，因此，必须有充分的要素保障确保生态文明建设的顺利推进。加强环境保护和治理的资金投入，除了政府部门加大财政投入外，要积极引导广大的社会资本投入，通过金融政策和金融体制机制创新，实施多样化的金融工具，实行政府和社会资本合作模式（PPP），引导资金更多投资于环境基础设施建设和其他公共基础设施建设，引导资本加大向生态农业、生态工业、节能环保产业等在内的绿色产业领域的投入。

加强生态文明建设的技术投入，广泛实施创新驱动发展战略，加大绿色技术研发资金投入，加快发展新环保技术、新能源技术，全面推行绿色制造，为生态环境保护提供更加先进的手段。要加快发展各类清洁能源，开发更多的新能源实现对传统化石能源的替代，实现资源能源的可持续利用。加大生态文明建设的人才投入，有针对性地培养和引进掌握先进技术、能为环境治理提供技术支持的创新型科技人才、擅长产业合理布局的规划型人才、熟知国内外环境规则、懂得谈判和合作的法律人才等，同时要引导高层次人才向企业流动，激发环保企业的积极性，充分发挥环保企业的主体作用。总而言之，环境污染治理和修复是一个长期的过程，要确保形成稳定而持续的投入机制，将有限的资源集中于亟须解决的重点领域，通过以点带面，逐步实现全面的环境治理和生态恢复，持续提升环境竞争力。

### （三）力度问题：强化生态环境建设的制度规范和法治约束

生态文明建设的推进并不是政府部门的“独角戏”，而是需要全社会的共同支持和参与，把自上而下的统筹规划与协调与自下而上的民间力量参与和支持结合在一起，形成上下联动的灵活治理机制。要把广泛宣传的理论传输转化为全体民众的习惯性行为，就要强力推进生态文明理念深入人心。若要落到实处，必须建立起绿色发展的制度规范和法治约束，通过制度和法治的要求形成全社会的行为规范，发挥自下而上的积极性和能动性作用。着力生态文明体制改革，完善绿色发展的科学决策机制，制定绿色标准，从产业发展、结构调整、项目投资等源头上控制资源环境问题的产生。实行最严格的耕地保护制度、水资源管理制度、环境保护制度和生态保护红线管理制度，建立健全生态保护责任追究制度、环境损害赔偿制度和环境损害责任终身追究制度。充分发挥市场机制作用，积极探索建立自然资源资产产权等一系列制度，实现理论和实践上的创新和突破。实施最严格的环境法律制度，加强绿色发展的立法工作，明确规定各个部门和个人在环境建设和保护、清洁生产等方面可以做什么、不能做什么，增强立法的实效性和针对性。对绿色发展的具体实施要加大法律监督力度，确保各项法律法规的有效实施和各项制度的有效落实。执法部门要加大对污染环境和破坏生态行为的惩罚力度。只有通过强制力、权威性和高效率的规则体系的制定，才能确保环境竞争力提升的稳定性和实效性。

### （四）配置问题：确保环境供给侧和需求侧有效对接

生态环境治理和保护不能依靠行政命令式的推进，也不能脱离发展实际而凭空想象，必须对我国社会主义市场经济发展特征进行深刻总结，也要顺应市场经济发展的规律，因此，生态文明建设应充分发挥市场机制的作用引导实现资源的优化配置。绿色生产和绿色消费是生态环境保护的重要组成部分，如何实现两者的有效对接是提升生态文明建设效率的重要环节。绿色生产代表了供给的一面，要推进生态文明建设的供给侧改革，通过推广低碳循环和减量化的生产方式淘汰落后产能，化解过剩产能，减少过度供给。同时，调整生产结构和产品结构，面向消费者需求促进产业结构升级，生产高质量的产品，消除供需缺口。充分发挥市场机制对生态环境资源的优化配置作用，提高资本、劳动等要素的配置效率。绿色消费代表了需求的一面，德国学者魏茨察克曾提出“生态包袱”这一概念，即每单位产品重量所需要的物质投入总量，例如，1 个 10 克重的金戒指，生态包袱是 3500 千克、1 件 170 克重的汗衫，生态包袱是 226 千克，因此，倡导勤俭节约、绿色低碳的生活和消费方式可以极大地节约物质能源的消耗。通过广泛进行绿色消费宣传鼓励消费者购买节能环保型产品，反对过度消费和炫耀性消费，形成全社会勤俭节约、绿色低碳的消费新风尚。此外，各级政府还要加强生产和消费的联系和对接，从生产的绿色化引导消费方向的转变，同时也要通过绿色消费倒逼生产方式的变革。供给和需求的有效对接可以更好地发挥市场机制的调节作用，促进资源的优化配置，大幅度提高生态文明建设的效率。

### （五）定位问题：立足全球视野建立环境利益共同体

环境问题是一个全球性问题，环境治理需要全世界所有国家和地区共同的努力。中国始终致力于推动国际环境合作的开展，并在重要的国际环境会议上积极呼吁实行共同但有区别的责任，共同遵守环境保护的各项公约，以实际行动履行承诺。中国也在探索环境保护的道路上不断开展理论和实践创新，为全球环境治理提供了丰富的理论依据和实践经验，同时不断呼吁在全球建立命运共同体。命运共同体可以分为利益共同体、责任共同体、命运共同体三个阶段，其中利益共同体是基础和纽带，全球各个国家应首先基于共同利益，建立利益共同体。生态文明建设理念的提出是中国对环境保护认识的新发展，是中国参与全球环境治理的又一重要贡献，是中国积极维护全球生态安全的具体行动——以生态文明理念为纽带，建立全球环境利益共同体。中国在推进全球环境利益共同体中既要立足中国的实际，又要着眼于世界，在参与国际绿色经济规则和全球可持续发展目标制定中坚持立场，争取主动权，坚持维护广大发展中国家的利益，彰显作为发展中大国的使命担当和中国共产党作为马克思主义先进政党的广阔胸襟和视野。要积极参与国际绿色交流，向国外推介我国在环境科技创新方面取得的先进成果，对不发达国家的环境保护开展技术、资金等方面的援助，同时，我国也要善于引进发达国家先进的环保技术来增强环境保护的能力。此外，我国还要加强与国际上其他国家的绿色合作，借助我国新一轮对外开放的机遇，共同研究开发绿色关键技术，共同应对和治理区域性的生态环境问题，将中国的生态文明理念不断向世界传播，扩大中国在全球环境治理中的影响力，形成更加团结紧密的全球利益共同体，不断提升中国在全球环境竞争中的优势地位。

# 参考文献

[1] 中共中央宣传部:《习近平新时代中国特色社会主义思想学习纲要》,学习出版社、中国人民大学出版社2019年版。

[2] 中共中央宣传部、中央广播电视总台:《平语近人:习近平总书记用典》,人民出版社2019年版。

[3]《习近平新时代中国特色社会主义思想三十讲》,学习出版社2018年版。

[4] 中国工程院"生态文明建设若干战略问题研究"项目研究组:《中国生态文明建设若干战略问题研究》,科学出版社2019年版。

[5] 简新华:《中国特色社会主义政治经济学的探索与发展》,济南出版社2019年版。

[6] 顾钰民:《新时代中国特色社会主义生态文明体系研究》,上海人民出版社2019年版。

[7] 邓纯东:《绿色发展思想研究》,人民日报出版社2019年版。

[8] 顾学宁:《社会主义生态文明与经济生态化》,中国环境出版社2019年版。

[9] 牛文浩:《生态思想维度中社会主义生态文明研究》,经济日报出版社2019年版。

[10] 潘家华等:《生态文明建设的理论构建于实践探索》,中国社会科学出版社2019年版。

[11] 解振华、潘家华:《中国的绿色发展之路》,外文出版社2018年版。

[12] 任铃、张云飞:《改革开放40年的中国生态文明建设》,中共党史出版社2018年版。

[13] 任保平等:《新时代背景下的中国经济增长质量》,中国经济出版社2018年版。

[14] 方世南:《马克思恩格斯的生态文明思想》,人民出版社2018年版。

[15] 课题组:《中国生态文明建设若干战略问题研究》,人民出版社2018年版。

[16]《习近平谈治国理政》(第二卷),外文出版社2017年版。

[17] 中共中央文献研究室:《习近平关于社会主义生态文明建设论述摘编》,中央文献出版社2017年版。

[18] 张云飞、李娜:《开创社会主义生态文明新时代》,中国人民大学出版社2017年版。

[19] 刘希刚、徐民华:《马克思主义生态文明思想及其历史发展研究》,人民出版社2017年版。

[20] 李志青:《中国经济新平衡:重建绿色发展》,中信出版社2016年版。

[21] 张友国、张晓等:《环境经济学研究新进展——中国绿色发展战略与政策研究》,中国社会科学文献出版社2016年版。

[22] 李军:《走向生态文明新时代的科学指南:学习习近平同志生态文明建设重要论述》,中国人民大学出版社2015年版。

[23] [英] 庞廷著,王毅译:《绿色世界史——环境与伟大文明的衰落》,中国政法大学出版社2015年版。

[24] 贾治邦:《论生态文明》,中国林业出版社2015年版。

[25] 李建平、李闽榕、王金南:《全球环境竞争力报告(2013)》,社会科学文献出版社2014年版。

[26] 刘思华:《生态马克思主义经济学原理》,人民出版社2014年版。

[27]《习近平谈治国理政》(第一卷),外文出版社2014年版。

[28] 郭兆晖:《生态文明体制改革初论》,新华出版社2014年版。

[29] 陈家宽:《生态文明:人类历史发展的必然选择》,重庆出版社2014年版。

[30] 陈宗兴:《生态文明建设:(理论卷/实践卷)》,学习出版社2014年版。

[31] 胡鞍钢:《中国:创新绿色发展》,中国人民大学出版社2012年版。

[32] [日] 岩佐茂:《环境的思想与伦理》,中央编译出版社2011年版。

[33] 刘思华:《生态文明与绿色低碳经济发展总论》,中国财政经济出版社2011年版。

[34] [英] E. 库拉著,谢扬举译:《环境经济思想史》,上海人民出版社2007年版。

[35] 廖福霖:《生态文明建设理论与实践》,中国林业出版社2003年版。

[36] 陈英旭:《环境学》,中国环境科学出版社2001年版。

[37] 洪银兴:《可持续发展经济学》,商务印书馆2000年版。

[38] 马中:《环境经济与政策:理论及应用》,中国环境出版社2010年版。

［39］习近平：《推动我国生态文明建设迈上新台阶》，载于《求是》2019年第3期。

［40］孙永平：《习近平生态文明思想对环境经济学的理论贡献》，载于《南京社会科学》2019年第3期。

［41］方世南、储萃：《习近平生态文明思想的整体性逻辑》，载于《学习论坛》2019年第3期。

［42］李昕、曹洪军：《习近平生态文明思想的核心构成及其时代特征》，载于《宏观经济研究》2019年第6期。

［43］廖冰、张智光：《中国生态文明“阶段—水平”格局演化实证研究》，载于《宏观经济研究》2019年第3期。

［44］张盾：《马克思与生态文明的政治哲学基础》，载于《中国社会科学》2018年第12期。

［45］黄志斌、任雪萍：《马克思恩格斯生态思想及当代价值》，载于《马克思主义研究》2008年第7期。

［46］戴丽：《论新时代中国特色社会主义生态文明思想的理论渊源》，载于《北华大学学报》2018年第7期。

［47］董静、黄卫平：《西方低碳经济理论的考察与反思——基于马克思生态思想视角》，载于《当代经济研究》2018年第2期。

［48］黄茂兴、叶琪：《马克思主义绿色发展观与当代中国的绿色发展——兼评环境与发展不相容论》，载于《经济研究》2017年第6期。

［49］叶琪：《〈资本论〉生态思想的三个层面》，载于《政治经济学评论》2017年第6期。

［50］齐振宏，邬兰娅：《习近平生态文明思想与中国生态文明建设的制度创新》，载于《社科纵横》2017年第3期。

［51］钟贞山：《中国特色社会主义政治经济学的生态文明观：产生、演进与时代内涵》，载于《江西财经大学学报》2017年第1期。

［52］周宏春：《“两山理论”与福建生态文明试验区建设》，载于《发展研究》2017年第6期。

［53］秦书生、鞠传国：《生态文明理念演进的阶段性分析——基于全球视野的历史考察》，载于《中国地质大学学报》2017年第1期。

［54］杨世迪、惠宁：《国外生态文明建设研究进展》，载于《生态经济》2017年第5期。

［55］陈雪峰：《生态学的流派思想解构》，载于《重庆社会科学》2017年

第1期。

[56] 王丹、雄晓琳：《以绿色发展理念推进生态文明建设》，载于《红旗文稿》2017年第1期。

[57] 王雨辰、王永星：《论后发国家生态文明理论的建构与基本特点》，载于《中国地质大学学报》2016年第6期。

[58] 欧阳天凌：《民族地区生态文明理论研究》，载于《学术论坛》2016年第9期。

[59] 卜小龙：《社会主义生态文明的理论解读与实现路径》，载于《商业经济研究》2016年第6期。

[60] 张乐民：《习近平生态文明建设思想探析——正确处理生态文明建设中的“四对关系”》，载于《理论学刊》2016年第1期。

[61] 张胜旺：《生态文明内在本质的理论阐释——一个基于生态经济视角的分析》，载于《生态经济》2016年第7期。

[62] 王雨辰：《论西方绿色思潮的生态文明观》，载于《北京大学学报》2016年第4期。

[63] 蓝庆新、彭一然：《中国当代生态文明观体系构建——基于马克思主义人与自然关系理论的解析》，载于《中国人口科学》2016年第2期。

[64] 叶琪：《全球环境治理体系：发展演变、困境及未来走向》，载于《生态经济》2016年第9期。

[65] 蔡木林、王海燕等：《国外生态文明建设的科技发展战略分析与启示》，载于《中国工程科学》2015年第8期。

[66] 赵林、任秀芹、吴小彦：《生态文明理论：云南省绿色经济发展的理论归宿》，载于《经济研究导刊》2015年第8期。

[67] 刘思华：《关于生态文明制度与跨越工业文明“卡夫丁峡谷”理论的几个问题》，载于《毛泽东邓小平理论研究》2015年第1期。

[68] 郇庆治：《生态文明理论及其绿色变革意蕴》，载于《马克思主义与现实》2015年第5期。

[69] 包庆德、朱蜡：《人类生态思想史的卓越探索及其当代价值——唐纳德·沃斯特〈自然的经济体系〉文本解读》，载于《自然辩证法研究》2015年第5期。

[70] 张宏武：《生态文明建设视角下的天津生态效率评价——基于脱钩理论的分析》，载于《天津商业大学学报》2014年第5期。

[71] 刘思华：《社会主义生态文明理论研究的创新与发展——警惕“三个

薄弱”与“五化”问题》，载于《毛泽东邓小平理论研究》2014年第2期。

[72] 夏国军：《社会可持续发展何以可能——兼评新古典环境经济学和生态学马克思主义》，载于《哲学研究》2014年第5期。

[73] 叶琪、李建平：《全球环境竞争力的演化机理与矛盾突破》，载于《福建师范大学学报》2014年第5期。

[74] 张春华：《中国生态文明制度建设的路径分析——基于马克思主义生态思想的制度维度》，载于《当代世界与社会主义》2013年第2期。

[75] 梁伟、张慧颖、朱孔来：《基于模糊数学和灰色理论的城市生态环境竞争力评价》，载于《中国环境科学》2013年第5期。

[76] 郇庆治：《“包容互鉴”：全球视野下的“社会主义生态文明”》，载于《当代世界与社会主义》2013年第2期。

[77] 李新廷：《从生态经济到生态政治——西方绿党的生态理念及其对中国建设生态文明的启示》，载于《中共贵州省委党校学报》2013年第5期。

[78] 王学义、郑昊：《工业资本主义、生态经济学、全球环境治理与生态民主协商制度——西方生态文明最新思想理论述评》，载于《中国人口·资源与环境》2013年第9期。

[79] 郇庆治：《21世纪以来的西方生态资本主义理论》，载于《马克思主义与现实》2013年第2期。

[80] 解保军：《社会主义与生态学的联姻如何可能？——詹姆斯·奥康纳的生态社会主义理论探析》，载于《马克思主义与现实》2011年第5期。

[81] 钟志奇：《生态文明建设中的生态经济发展——从自然观的视角分析》，载于《社会科学家》2010年第5期。

[82] 胡连生：《论西方资本主义的生态文明与发展中国家环境恶化的关系》，载于《当代世界与社会主义》2010年第3期。

[83] 于文杰、毛杰：《论西方生态思想演进的历史形态》，载于《史学月刊》2010年第11期。

[84] 赵成：《马克思的生态思想及其对我国生态文明建设的启示》，载于《马克思主义与现实》2009年第2期。

[85] 李猛：《中国环境破坏事件频发的成因与对策——基于区域间环境竞争的视角》，载于《财贸经济》2009年第9期。

[86] 康宇：《儒释道生态伦理思想比较》，载于《天津社会科学》2009年第2期。

[87] 钟远平、王冰松：《通向可持续发展的协同进化理论研究进展》，载于

《生态经济》2009 年第 12 期。

[88] 黄志斌、任雪萍:《马克思恩格斯生态思想及当代价值》,载于《马克思主义研究》2008 年第 7 期。

[89] 林莎、金盛红:《生态文明的经济发展方式:生态文明建设理论的一个重要命题》,载于《南京林业大学学报》2008 年第 3 期。

[90] 李长青、王琴:《基于生态文明理论下的企业经营》,载于《华东经济管理》2018 年第 6 期。

[91] 张云飞:《试论生态文明在文明系统中的地位和作用》,载于《教学与研究》2006 年第 5 期。

[92] 徐玉凤、耿宁:《中国古代哲学中的生态伦理观》,载于《山东师范大学学报》2005 年第 6 期。

[93] 刘思华:《生态文明与可持续发展问题的再探讨》,载于《东南学术》2002 年第 6 期。

[94] 宋夏:《论罗尔斯顿的"生态整体论"》,载于《科学技术与辩证法》2002 年第 2 期。

[95] 石田:《评西方生态经济学研究》,载于《生态经济》2002 年第 1 期。

[96] Andy Scerri, The Philosophical Foundations of Ecological Civilization: A Manifesto for the Future, New Political Science, 2019, 41 (3).

[97] Shin Chang & Wenqi Wang, To Strengthen the Practice of Ecological Civilization in China, Sustainability, 2019, 11 (17).

[98] Xiufeng Sun & Lei Gao, China's Progress towards Sustainable Land Development and Econological Civilization, Landscape Ecology, 2018, 33 (10).

[99] C. P. Pow, Building a Harmonious Society through Greening: Ecological Civilization and Aesthetic Governmentality in China, Annal of the American Association of Geographers, 2018, 108 (3).

[100] Sam Geall & Adroam Ely, Narratives and Pathways towards an Ecological Civilization in Contemporary China, The China Quarterly, 2018, 236 (4).

[101] John Bellamy Foster, The Earth - System Crisis and Ecological Civilization: A Marxian View, International Critical Thought, 2017, 7 (4).

[102] Chao Feng & Miao Wang, Green Development Performance and Its Influencing Factors: A Global Perspective, Journal of Cleaner Production, 2017, 144 (15).

[103] David Gibbs & Kirstie O'Neill, Future Green Economies and Regional De-

velopment: A Research Agenda, Regional Studies, 2017, 51 (1).

[104] Chang An Lu & Yang Guang Dong, On the Concept of Ecological Civilization in China and Joel Kovel's Ecosocialism, Capitalism Nature Socialism, 2016, 27 (1).

[105] Chaofan Chen & Jing Han, Measuring the Level of Industrial Green Development and Exploring Its Influencing Factors: Empirical Evidence from China's 30 Provinces, Sustainability, 2016, 8 (2).

[106] Moucheng Liu & Xingchen Liu, An Integrated Indicator on Regional Ecological Civilization Construction in China, International Journal of Sustainable Development & World Ecology, 2015, 23 (1).

[107] Arran Gare, Toward an Ecological Civilization: The Science, Ethics and Politics of Eco - Poiesis, Process Studies, 2010, 39 (1).

# 后　　记

2006年12月，全国经济综合竞争力研究中心福建师范大学分中心成立，本人有幸成为了最早一批研究人员之一，也自此踏入了竞争力研究领域。十几年来，研究中心聚焦于竞争力问题研究，追踪国内外经济热点变化，从最初主要从事省域经济综合竞争力研究逐步拓展到环境竞争力、创新竞争力、国家竞争力、城市竞争力等研究领域，以我国省域、20国集团（G20）、全球主要国家和地区等作为评价对象，每年定期发布研究报告，形成了省域竞争力蓝皮书、环境竞争力绿皮书、创新竞争力黄皮书三大系列、多个研究产品，奠定了研究中心在全国经济竞争力研究领域的重要地位，同时，一批年轻研究人员的学术能力和研究水平在这一过程中得到历练和提升。

依托于福建师范大学经济学院理论经济学学科和竞争力研究中心的研究平台，本人主要从事竞争力理论研究，并且把重心放在环境竞争力研究领域，结合中国生态文明建设的背景，积极探索生态文明与环境竞争力的关系，以及生态文明理论强大的指导力、创新力如何转化为环境竞争优势的传导机制和转化机制。本书是在由我承担的国家社科基金青年项目“生态文明视阈下中国环境竞争力研究”的最终研究报告基础上修改完善而成的，本书的研究写作过程中得到了很多老师和同事的大力帮助，特别要感谢李建平教授、李闽榕教授、黄茂兴教授对本人的学术研究给予的精心指导和大力支持，感谢黄瑾教授、林寿富教授、李军军副教授、陈伟雄副教授、张宝英博士等对本书撰写提出的宝贵意见和提供的便利条件，他（她）们既是我的同事，也是我的“战友”，一起携手走过的“蒸笼岁月”让我们结下了深厚的友谊。感谢参考文献的作者为本书研究提供的研究基础和参考资料。

在本书即将付梓出版之际，感谢经济科学出版社的何宁编辑对本书修改完善提出的宝贵意见，感谢其他老师对本书的细致校对、编排付出的艰辛劳动。科研的道路从来都不是平坦的，一路上有汗水，也有欢乐；有逆境，也有希望；有悬崖峭壁，也有满树繁花。一段旅程的结束也是一个新征程的开始，心存梦想，心怀感恩，坚实地踏出每一步，朝着目标不断前进。

叶　琪

2019年9月28日